次世代土地利用型農業と企業経営

―家族経営の発展と企業参入―

日本農業経営学会編

責任編集

南石晃明
土田志郎
木南　章
木村伸男

養賢堂

まえがき

　このたび，日本農業経営学会として『次世代土地利用型農業と企業経営―家族経営の発展と企業参入―』を刊行することとした。本書は，当学会平成21年度大会シンポジウム「農業における企業参入の現状と展望」および22年度大会シンポジウム「農業における『企業経営』の可能性と課題」の報告および総合討議の成果を取りまとめたものである。当学会が「企業参入」や「企業経営」を研究大会シンポジウムのメインテーマとして取り上げたことは今までなく，本書は，このテーマに関する初めての体系的な書籍といえる。

　戦後の我が国の農業の歴史において，今日ほどこれまでの伝統的な家族農業経営のあり方が問われたことは無い。その背景には先祖伝来の農地と地域社会を大切に守ってきた戦前生まれ世代の農業からの離脱が急速に進むとともに，農地を集積して家族経営の枠を超えた企業経営を実現する農家が各地で出現していることがある。一方，企業経営が出現しない地域では耕作放棄農地が急増し，地域農業の維持存続の危機に瀕している。また，近年における公共工事の減少，2008年9月のリーマンショックに端を発する世界同時不況の影響を受けた建設業を中心とする地域企業は，農業生産に参入することによって保有する重機の有効利用や従業員の持続的な雇用の確保を目指すといった経営行動をとるようになってきている。この背景として，農地法の改正により農業参入条件の緩和が大きく作用したことを指摘できる。

　これまでも我が国の農業経営の転換期が叫ばれたことは何度かあったが，現在は最大かつ最終的な転換期であると言えよう。すなわち，家族経営から企業経営へ脱皮する農家の増加，企業の農業参入により新たな農業経営が生まれるなかで，地域農業の持続性を支え，我が国の食料生産と地域の自然や資源を守り未来世代に農業・農村を継承できるか否かの分岐点に我々は立っている。さらに環太平洋戦略的経済連携協定（TPP；Trans-Pacific Partnership）に関わる論議は，保護主義的な農業政策のあり方，食料の安全保障，さらには国土の保全といった問題と密接に関わっている。TPPへの参加を受け入れた場合，果たしてどれだけの数の農業経営，そしていかなる形態の農業経営が生き残れるか誰も自信を持って言えないのが現実である。

　こうした我が国の農業経営を取り巻く状況の大きな変化は，伝統的な家族

農業経営を前提として理論を展開してきた日本の農業経営学に大きな転換を求める事になるのか，また新たな理論，経営診断・分析手法の開発を不可避とするのか，日本農業経営学会の活動のあり方に関しても大きな問題提起をするものである。

しかしながら，現在の日本農業経営学会にはこの課題に答えるために必要な研究蓄積が体系的になされているとは言えない。とりわけ，家族経営から成長した企業経営を支える農業経営理論，経営管理の方法に関する研究蓄積は乏しい。また，農業参入企業がよって立つ経営理論はどのようなものなのか，農業経営学との接点はないのか，といった点に関しても研究蓄積は無い。

繰り返しになるが，本書は家族農業経営から企業経営への成長，そして他産業からの企業の農業参入に焦点をあてた初めての研究書であり，様々な貴重な情報・知見を提供している。この分野の研究の羅針盤として，今後の研究の方向性を提示する重要な成果をとりまとめている。本書が，カオス状態にある我が国の農業経営の現状と課題の理解，そして農業経営学の新たな研究分野の開拓に貢献できれば，幸いである。今後とも関連テーマの研究深化とその社会還元を加速する学会活動を推進したいと考えている。なお，本書の背景，課題および構成については，序章や各部解題で詳しく述べているので，それらを参照されたい。

本書は，執筆者をはじめとする多くの会員諸氏，大会シンポジウム関係者，そして養賢堂担当者のご協力を得て刊行する運びとなったものである。また，本書の編纂は，大会シンポジウム座長でもある南石晃明（九州大学），土田志郎（東京農業大学），木南　章（東京大学），木村伸男（岩手大学）の諸氏にお願いした。これら全ての方に，心から感謝する次第である。

平成 23 年 5 月
日本農業経営学会会長
門間敏幸

目次

まえがき　（門間敏幸）……………………………………………… 1

序章　本書の課題と構成（南石晃明・土田志郎）………………… 1
  1. 背景と課題……………………………………………………… 1
  2. 本書で用いる主な用語の定義………………………………… 5
  3. 本書の構成…………………………………………………… 12
  4. 今後の課題…………………………………………………… 14

第Ⅰ部　農業における「家族経営」の発展と「企業経営」

  第Ⅰ部解題　農業における「家族経営」の発展と「企業経営」
      （南石晃明・土田志郎）……………………………… 18
    1. 背景および目的……………………………………………… 18
    2. 各章の内容と相互関連……………………………………… 20
    3. 主な論点……………………………………………………… 22

  第1章　農業における「企業経営」発展の論理と展望
      （酒井富夫）…………………………………………… 25
    1. はじめに─問題意識─……………………………………… 25
    2. 農業構造の変化……………………………………………… 25
    3. 農業構造分析の理論的フレームワーク～農民層分解論と農業経営学の分析視角～…………………………………………… 27
    4. 農業構造変化のメカニズム………………………………… 31
    5. まとめ─企業化の展望と農業経営学─…………………… 36

  第2章　農業における「企業経営」の実態と課題─経営実務の視点から─
      （佛田利弘）…………………………………………… 42
    1. はじめに……………………………………………………… 42
    2. 農業経営の分類……………………………………………… 43
    3. 法人経営の分類視点………………………………………… 44

4．調査モデルケース……………………………………………………… 46
　5．結語……………………………………………………………………… 52
第3章　農業における「企業経営」の経営展開と人的資源管理の特質―水田作経営を対象にして―
　　　　　（迫田登稔）…………………………………………………… 55
　1．はじめに………………………………………………………………… 55
　2．既存の研究と本章の作業仮説………………………………………… 56
　3．水稲作法人における雇用労働力管理の概況………………………… 57
　4．事例にみる人的資源管理の現状と課題……………………………… 58
　5．おわりに………………………………………………………………… 70
第4章　農業における「企業経営」と「家族経営」の特質と役割
　　　　　（内山智裕）…………………………………………………… 73
　1．はじめに………………………………………………………………… 73
　2．「家族経営」「企業経営」と「新しい農業経営」論………………… 73
　3．米国における「企業経営」と「家族経営」の議論………………… 75
　4．ファミリービジネス論の農業への適用……………………………… 80
　5．考察：農業における「企業経営」の条件と「家族経営」の柔軟性
　　　……………………………………………………………………………… 83
　6．おわりに………………………………………………………………… 84

第Ⅱ部　農業における企業参入の現状と展望
　第Ⅱ部解題　農業における企業参入の現状と展望
　　　　　（木南　章・木村伸男）……………………………………… 90
　1．目的および背景………………………………………………………… 90
　2．各章の内容とその意義………………………………………………… 91
　3．テーマの位置付け……………………………………………………… 92
　4．主な論点………………………………………………………………… 93
　第5章　農業への企業参入をめぐる動向
　　　　　（清野英二）…………………………………………………… 95

1. はじめに……………………………………………………………… 95
2. 企業等の農業参入の現状……………………………………………… 95
3. これまでの制度の推移（農地法等の改正の経緯）………………… 98
4. 農業参入の課題等……………………………………………………100
5. 今後の展望……………………………………………………………105
6. おわりに………………………………………………………………108
7. 追補……………………………………………………………………109

第6章　企業による農業ビジネスの実践と課題
　　　　（蓑和　章）…………………………………………………111
1. はじめに………………………………………………………………111
2. 地域の概要……………………………………………………………111
3. 農業参入と特定法人設立の経緯……………………………………112
4. 東頸城農業特区参入までの経緯……………………………………118
5. 今後の企業の農業参入に関して～まとめにかえて～……………121

第7章　小売企業と組合員・農協出資による農業法人の取り組み
　　　　（仲野隆三）………………………………………………122
1. はじめに………………………………………………………………122
2. 地域農業の概要………………………………………………………122
3. 農協事業の概要………………………………………………………123
4. 「セブンファーム富里」設立の経緯………………………………124
5. 事業計画及び出資構成………………………………………………126
6. 具体的な取り組み……………………………………………………126
7. 最後に…………………………………………………………………128

第8章　農業における企業参入の分類とビジネスモデル
　　　　（渋谷往男）………………………………………………130
1. はじめに………………………………………………………………130
2. 企業参入の分類………………………………………………………130
3. 研究の方法……………………………………………………………137
4. 参入企業へのバリューチェーン・モデルの適用…………………139

    5. 農企業バリューチェーン分析のケーススタディ……………………141
    6. 考察……………………………………………………………………150
    7. おわりに………………………………………………………………151

第Ⅲ部　「企業経営」の現状と地域農業における役割

第Ⅲ部解題　「企業経営」の現状と地域農業における役割
　　　　　　　　（南石晃明・土田志郎）………………………………154
    1. 背景および目的………………………………………………………154
    2. 各章の内容と位置づけ………………………………………………155
    3. 主な論点………………………………………………………………156
    4. 今後の課題……………………………………………………………160

第9章　企業農業経営の現状と特徴―文献レビューによる分析―
　　　　　　　（竹内重吉・南石晃明）………………………………………161
    1. はじめに………………………………………………………………161
    2. 分析方法―定義と対象―……………………………………………161
    3. 分析結果―属性別の動向と特徴―…………………………………165
    4. おわりに………………………………………………………………183

第10章　企業経営と地域農業発展―地域資源の活用と経営間連携―
　　　　　　　（津田　渉・長濱健一郎）……………………………………190
    1. はじめに―課題の射程と限定………………………………………190
    2. 企業経営の展開………………………………………………………192
    3. 企業経営と地域農業の発展をめぐって……………………………206

第11章　水田作における企業農業経営の現状と課題―従業員の能力養成に向けた取り組み―
　　　　　　　（藤井吉隆）……………………………………………………210
    1. はじめに………………………………………………………………210
    2. フクハラファームの経営概況と経営展開…………………………211
    3. 従業員の能力養成に向けた実験プロジェクト……………………216
    4. おわりに………………………………………………………………221

目次　(7)

第 12 章　水田作業受託による企業農業経営の展開と課題—条件不利圃場の受託と地域での信頼形成—
　　　　　　（鬼頭　功・淡路和則）……………………………223
　1. はじめに……………………………………………………223
　2. 愛知県の水田作の発展と現状……………………………224
　3. 大規模な水田作経営の現状～愛知県岡崎市東部地区 A 経営の事例～……………………………………………………226
　4. A 経営の特徴と経営戦略…………………………………228
　5. 畦畔管理への対応…………………………………………231
　6. むすび………………………………………………………236

第 13 章　畑作における企業農業経営の現状と課題—契約生産と人的資源管理への取り組み—
　　　　　　（金岡正樹）……………………………………………238
　1. はじめに……………………………………………………238
　2. 企業農業経営の動向と特徴—南九州畑作を対象として—……238
　3. 企業農業経営の展開事例—南九州畑作を対象として—……242
　4. おわりに……………………………………………………250

第 14 章　建設企業の農業参入事例と地域農業における役割—生産管理革新に着目して—
　　　　　　（河野　靖・南石晃明）…………………………254
　1. はじめに……………………………………………………254
　2. 法人経営の農業参入の現状—愛媛県の場合—…………254
　3. 有限会社あぐりの概要と特徴……………………………258
　4. 地域農業における企業経営の役割………………………266
　5. おわりに……………………………………………………268

第 15 章　食品企業参入の現状と地域農業における役割—参入企業経営の持続性に焦点をあてて—
　　　　　　（山本善久・青戸貞夫・竹山孝治・津森保孝）………270
　1. はじめに……………………………………………………270

2．企業参入の概要と食品企業参入の特徴……………………………271
　3．食品企業参入の実態と経営管理の要点―株式会社キューサイファーム島根を事例として―……………………………………………274
　4．食品企業参入の地域農業における役割―むすびにかえて―………284

あとがき　　（南石晃明）……………………………………………287

編纂委員（責任編集者）および執筆者紹介……………………………292

序章　本書の課題と構成

南石晃明・土田志郎

1. 背景と課題

　農業生産は主に農家によって担われているが，農家数は昭和30年代後半から減少に転じている。その後も大幅な減少傾向が続き，平成22年には昭和35年の3割以下になった。中でも専業農家は，昭和20年代後半から大幅に減少し，昭和50年には昭和25年の2割にまで減少したが，平成になってからは急激な減少に歯止めがかかり，安定的に推移している（第0-1図）。

　その一方で，農業生産法人は，昭和40年代から緩やかに増加傾向を示していたが，平成10年前後から増加傾向が顕著となり，過去40年間で4倍になっている（第0-2図）。これは，同じ期間に，農家数が3割にまで減少したことと対照的である。法人形態別では，有限会社が最も多く，農事組合法人がこれについで多数を占めているが，会社法制定（2006年5月施行）により有限会社制度が廃止され，最近では，株式会社が増加している。主要業種別にみると，昭和55年以降は，畜産が最も多かったが，米麦作が急速に増加し，最近では畜産を上回っている。また，そ菜（野菜）も増加傾向が強

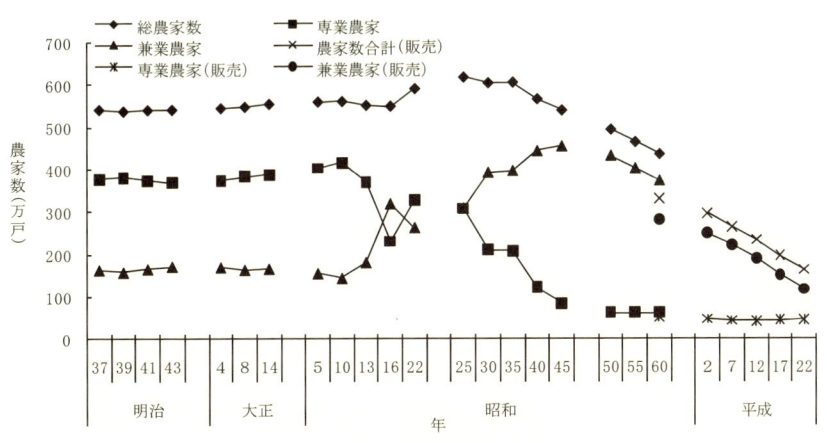

第0-1図　農家数の推移

出典：統計センター（2008）[23]および農林水産省（2011b）[15]に基づいて作図。

（2）

a）法人形態別

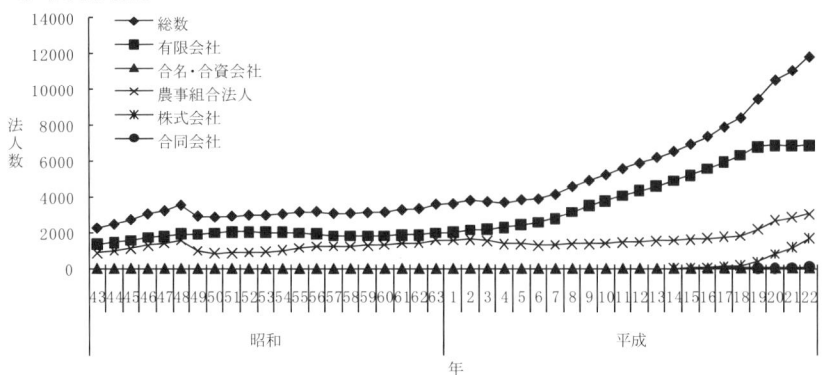

b）主要業種別

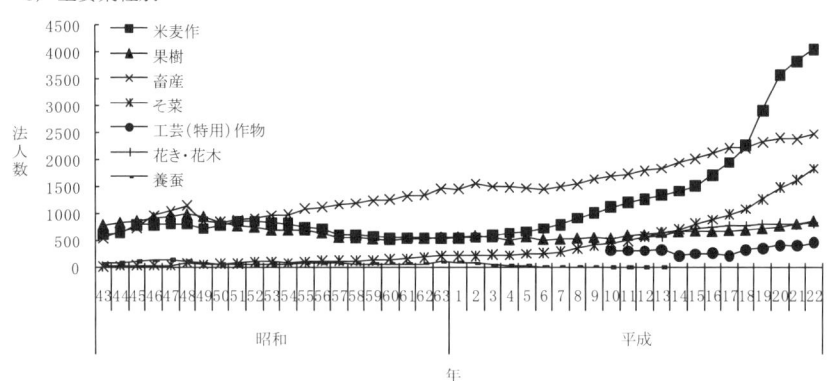

第 0-2 図　農業生産法人数の推移（法人形態別，主要業種別）

注：1）農事組合法人は、農協法に基づく農事組合法人のうち、農地法第2条7項各号の要件のすべてを備えて農地等の所有権及び使用収益権の取得を認められたものである．

2）2007年以降の有限会社は特例有限会社の法人数である．

3）工芸作物については，2002年までは特用作物，花き・花木については，2002年までは花きとして表記されている．

出典：農林水産省『ポケット農林水産統計』各年版に基づく澤田（2008）[18]の図を引用．その後の最新データ追加済みの図を，澤田氏のご好意により利用．

まっており，畜産に迫っている。

　最新データによれば，農業生産法人を含めて農業を行う「法人化している経営体」は約2万法人あり，過去5年間で13%増加した（「2010年世界農

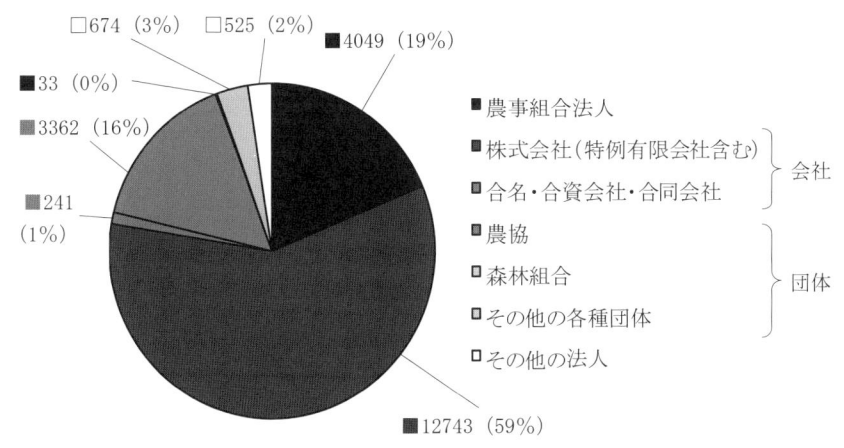

□ 674 (3%)　□ 525 (2%)　■ 4049 (19%)
■ 33 (0%)
■ 3362 (16%)
■ 241 (1%)
■ 12743 (59%)

■ 農事組合法人
■ 株式会社(特例有限会社含む)　｝会社
■ 合名・合資会社・合同会社
■ 農協
■ 森林組合　　　　　　　　　　　｝団体
■ その他の各種団体
□ その他の法人

第0-3図　組織形態別農業経営体の数と構成比率
出典：農林水産省（2011b）[15]

林業センサス」（農林水産省 2011）[15]）。このうち，株式会社（特例有限会社含む）が全体の6割を占めており，過去5年間で2割増加した（**第0-3図**）。農事組合法人は全体の2割を占め，5割増加している。株式会社と農事組合法人で全体の8割弱を占めており，会社法人のうち6割は農業生産法人である。

また，農地法等の改正により農業参入要件が緩和されたことに伴い，平成15年以降，農業に参入する法人が大幅に増加している。特に，平成21年の農地法等改正後，参入数が急増し，過去6年間で10倍に達している。参入法人の8割が株式会社（特例有限会社含む）であり，NPO法人等も2割を占める（**第0-4図**）。新聞，雑誌，TV番組などで，企業の農業参入も大きく取り上げられ，農業が社会の注目を集めることとなったのも記憶に新しい。

作物や家畜を育てる農業は，家族経営こそが適した営農主体であり，従業員が農作業を行う会社組織には馴染まないという一種の「定説」がある中で，このような農家の大幅な減少と農業を行う企業の急速な増加は，何を意味しているのであろうか。こうした疑問は，「耕作者主義」の再検討にもつながる大きなテーマである。農地法では，「投機目的の農地取得を排除し，地域の土地・水利用と調和した農地の効率的な利用を確保」するため，農地に関する権利の取得を「農地を適正かつ効率的に耕作する者」に限定している

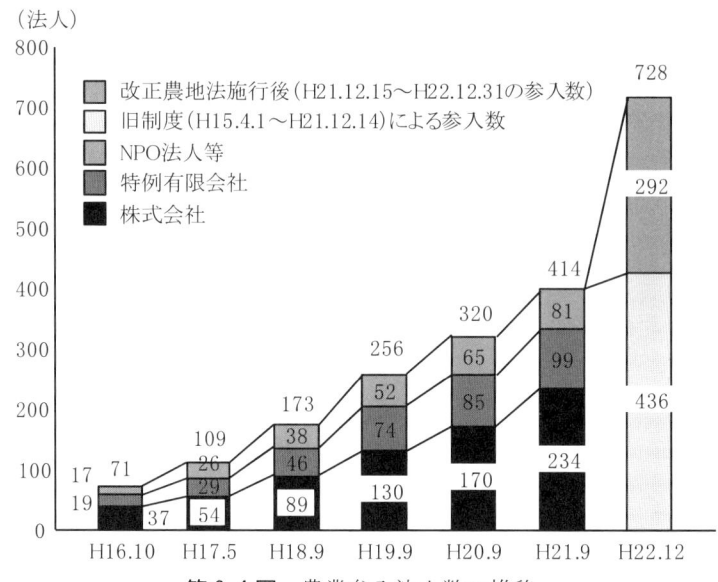

第 0-4 図　農業参入法人数の推移
出典：農林水産省（2011a）[14]

（農林水産省 2004）[13]。つまり，「自らが農作業（＝耕作）に常時従事する者」が農地を所有することで，「農地を適正かつ効率的に耕作」できると考えるのである。こうした考え方に従えば，農地を所有してない従業員が農作業を主に行う企業では，「農地を適正かつ効率的に耕作」することはできないのではないかとの懸念が生じる。

　しかし，その一方で，現代の農業には，世界規模で導入が進んでいる適正農業規範（GAP）に代表されるように，食品安全確保，環境保全，労働安全確保，動物福祉維持などの様々な点についても，社会的責任が課せられている。それらの多くは，高品質農作物の高収量を目指す伝統的な農作業とは異なる作業内容が求められている。例えば，農作業履歴などの農産物に関わる情報の収集・整理・伝達といった情報マネジメントが，農業経営に期待されているのである。また，現代の農業経営における成功では，生産と同等に，あるいはそれ以上に，マーケティングが重要な役割を果たしており，「農地の耕作」以外の作業が農業経営においても重要になっている。さらに，豊富な資金力や多彩な人材の活用という面でも，企業の有利性が指摘されること

もある。

　農業の中でも，多額の資金や高度な飼養技術が必要とされる大規模な施設型畜産経営では，企業による農業経営（以下「企業農業経営」）が比較的多くみられるが，土地利用型農業においても，企業農業経営が増加する可能性があるのであろうか。また，そのような企業は，どのような課題に直面し，それをどのように解決しようとしているのであろうか。さらに，そうした企業は，地域の農家や農協とどのような関係を持ち，地域農業においてどのような役割を果たしているのであろうか。

　これらの一連の疑問は，次世代の農業，特に土地利用型農業を展望し，また，進むべき方向を明らかにする上で，避けて通れないものである。環太平洋戦略的経済連携協定（TPP；Trans-Pacific Partnership）が，政策的にも議論されている中，農業の内発的発展による企業経営と共に，企業参入による農業経営の可能性と課題を明らかにすることは，日本農業経営学会が果たすべき社会的使命の一つであろう。このような問題意識のもと，本書は，農業企業経営に関連する定義・概念，歴史的展開，実務・実態，今後解決すべき課題などについて，多角的に考察を行うことを課題としている。

　なお，本書は，企業農業経営を対象としているが，家族農業経営の役割も重視しており，地域農業の中で今後とも主要な主体の一つであり続けると考えている。さらなる農業発展を実現し，安全で高品質な食料を安定的に供給するためには，家族農業経営と企業農業経営の連携と分担が必要な時代になっているのである。

2. 本書で用いる主な用語の定義

　以下では，本書で用いる主要な用語について，その定義を述べる。各章で，独自の定義がなされる場合もあるが，一定の基準となる定義を示すことは，本書に対する読者の理解を深める手助けとなるであろう。

1）農家と家族経営

　「農家」とは，一般に「農業を営む世帯」と理解される。これは，例えば，「1990年世界農林業センサス」（平成2年）で用いられた統計上の規定に代表される。つまり，農家とは，「経営耕地面積が10a以上の農業を営む世帯

及び経営耕地面積がこの規定に達しないか全くないものでも，調査期日前 1 年間における農産物販売金額が 15 万円以上あった世帯」（統計センター 2008）[23]である。

また，世帯とは，「家計を共にする者の集まり」をいい，「世帯員」とは，「その世帯に属する者」をいう。「1950 年世界農業センサス」（昭和 25 年）以降は，世帯員を，「原則として住居を共にしている人に限定」している。具体的には，「出稼ぎ，行商，入院，入院療養等で調査期日現在その家にいなくても生計を共にしている人，その家で養っている身寄りのない老人や子供のように世帯員との血縁又は婚姻関係がなくても，住居と生計を共にしている人たち」も世帯員に含めている。その一方，「家族であっても，勉学や就職のためふだんよそに住み生活している人，親戚や知人から就学のため一定期間預かっている子弟や下宿人は除外」している。

以上の定義から理解できるように，農家という世帯は「住居と家計を共にしている人の集まり」である。こうした「人の集まり」は，多くの場合，「家族」である。「家族」とは，「夫婦の配偶者関係や親子，兄弟などの血縁関係によって結ばれた親族関係を基礎にして成立する小集団」（新村 2008）[20]である。このように，「家族」は必ずしも住居や家計を共にすることがその要件とはならない。このため，例えば，親子で共同して農業を営んでいる場合でも，別世帯（住居や家計が別）の場合には，定義上，別の「農家」とされることになる。しかし，経済活動の単位としての農業経営という視点から見れば，一つの経営と考えるべきであろう。

そこで，本書では，世帯ではなく家族に着目し，家族による農業経営を「家族経営」とよぶ。ただし，「家族経営」の多くは「農家」という「世帯」単位で行われるので，本書では，両者を必ずしも厳密には区別せずに用いることもある。

2）企業と会社

農業経営学では，「企業的経営」という用語が古くから用いられてきたが，本書では「企業経営」という用語も用いている。また，企業が行う農業経営を強調する場合は，同義語として，「企業農業経営」という用語も用いている。これらの用語を比較検討するに当たっては，まず企業とは何かをはっき

第 0-1 表　企業の定義と企業形態

	企業	企業形態
①小学館(1994)[19]	市場経済のなかで財・サービスの生産という社会的機能を担う経済単位で、より一般的には経済的効用の創出を遂行する協働システムないし組織体(公企業を含む広義の定義)。	企業について、所有・出資・経営の特質を基準として分類したもので、企業法律形態(株式会社や相互会社等の法律に規定されている各種の企業形態)、企業経済形態(出資者の多寡によって区分した単独企業、少数集団企業、多数集団企業等)、企業体制の3種がある。このうち、三つ目の企業体制は、企業実態の内在的変化を、低度なものと高度なものに企業形態を区分して整理しようとするものである。例えば、私企業の原点は生業・家業(家計と生産が未分離の企業以前の段階)であり、それが同族・知人のような人的結合の企業(人的私企業)へとなる。さらに発展した場合は、見ず知らずの多数者の出資を物的に結合する形の資本的企業となる(典型は株式会社)。
②占部(1980)[24]	国民経済を構成する基本的単位であり、生産手段の所有と労働の分離を基礎として、営利目的を追求する独立的な生産経済単位(公企業を含めない狭義の定義)。	生産経済に用いられる生産手段の所有と経営・支配の構造的関係に基づいて区分したもの。例えば、私企業については、個人企業(非法人)、人的集団企業(合名会社)、混合的集団企業(合資会社)、資本的集団企業(株式会社)、経営者企業に分けられる。個人企業や人的集団企業では所有と経営は一致しているが、経営者企業では所有と経営・支配とがほぼ完全に分離している。

りさせておく必要がある。そこで、農業以外の分野も含めて、代表的な企業の定義を第 0-1 表に示した。

　企業とは、一般的に、「市場経済のなかで財・サービスの生産という社会的機能を担う経済単位で、より一般的には経済的効用の創出を遂行する協働システムないし組織体」（小学館（1994）[19]）とされている。この定義に従えば、生産行為を行う組織体が企業であるから、企業は何らかの経済事業を行う少なくとも複数の構成員からなるものと言える。その場合、その構成員の規模については特に言及していないので、数名であっても企業と呼ぶことは可能である。ただし、企業形態の説明箇所で、「私企業の原点は生業・家業（家計と生産が未分離の企業以前の段階）であり、それが同族・知人のような人的結合の企業（人的私企業）へとなる」と解説しているように、例えば家族という複数の構成員からなる事業で家計と生産が未分離の生業・家業と言われるようなものは、企業と呼ぶのは適当ではない。

　一方、『経営学辞典』（占部（1980）[24]）によると、企業とは「国民経済を構成する基本的単位であり、生産手段の所有と労働の分離を基礎として、営利目的を追求する独立的な生産経済単位」と定義されており、ここでは所有と労働の分離が見られ営利目的の追求を行う生産経済単位が企業ということになる。所有と労働の分離を条件としている点で、ある程度の数の雇用従業員の存在が前提となっている。

　なお、企業を資本・経営・労働が完全に分離され、「利潤追求」唯一の目的とするものに限定する立場もある。しかし、現実の社会に存在する企業は、その経営理念に社会的な貢献が掲げられることが多い。また、企業の社会的

責任 CSR を重視する企業も多い。社会貢献を積極的に行い，法的責任以上の社会的責任を果すことも，中長期的な「利潤の追求」の条件の一つとなりつつある現代においては，企業を多面的に捉える視点も必要であろう。

ところで，会社と企業はどのような関係にあるのであろうか。会社は，一般的には，法人格を有する組織のうち，法人名に「会社」を含むものをいう。我が国の会社法では，株式会社，合名会社，合資会社又は合同会社を会社という。つまり，会社は法的に定義された用語であり，これに対して，企業は，経済活動に着目して定義される用語である。これらの違いについても十分理解しておく必要があろう。

3）家族経営，企業的経営，企業経営

次に，一般経営学や農業経営学において家族経営，企業的経営，企業経営という用語をどのように定義しているか，あるいはどのように使い分けているか，見ておく必要がある。そこで，**第0-2表**に，家族経営，企業的経営，企業経営の定義と特徴について整理した。

一般経営学では，企業経営の特徴・本質についての議論は数多く行われてきたが，家族経営，企業的経営，企業経営を取り上げて，それぞれどのような違いがあるのかを検討した成果はほとんどないように思われる。そこで，商工業を対象とした各種統計調査や中小企業を対象とした分析で，小規模企業，中小企業をどのように定義し，使い分けているのかを調べたのが，**第0-2表**の上段である。これによると，常時雇用従業員等に注目して小規模企業，中小企業を定義している。ここでいう小規模企業には，常時雇用従業員がいない場合，すなわち事業主だけの場合や事業主とその家族だけの場合も含まれる。つまり，中小企業庁（2009）[1]や日本政策金融公庫（2010）[10]の調査では，個人商店も小規模企業ということになっている。

なお，旧国民金融公庫（1984）[3]では，表中に示したように，家族従業者数と雇用従業員数との人数に注目し，融資先の事業体を，生業的家族経営，企業的家族経営，企業経営の3つに区分していた。

他方，農業経営学においては，酒井（1979）[17]，新山（1997）[11]，木村（2008）[2]らが，家族経営や企業経営の定義や整理を行っている。

酒井（1979）は，家族経営の典型を家族労作的農業経営とし，一方，企業

序章 本書の課題と構成 （9）

第 0-2 表 家族経営，企業的経営，企業経営の定義と特徴

	出典	基本的考え方	家族経営（家族農業経営）	企業的経営（企業的農業経営）	企業経営
商工業	①中小企業庁(2009)[1]	中小企業とは中小企業基本法第2条第1項の規定に基づく「中小企業者」，小規模企業・零細企業とは同条第5項の規定に基づく「小規模企業者」のこと。具体的には，資本金規模及び常時雇用従業員規模に注目して個人企業と法人企業を，小規模企業（常時雇用従業者がゼロ人の場合も含めている），中小企業の2つに区分。	記述無	記述無	製造業の場合，中小企業（資本金3億円以下の会社並びに常時雇用従業員300名以下の会社及び個人），小規模企業・零細企業（常時雇用従業員20人以下の会社及び個人）。
	②日本政策金融公庫(2010)[10]	中小企業事業（旧中小企業金融公庫）では，個人企業と法人企業を，従業者に注目し，小規模企業，中小企業に区分。	記述無	記述無	製造業の場合，小企業（従業者20人未満），中小企業（従業者20人以上・資本金3億円以下）。
	③旧国民金融公庫(1984)[3]	雇用従業員数に基づいて家族経営と企業経営を区分。	生業的家族経営（雇用従業員を使用していない）	企業的家族経営（雇用従業員を2名以内使用し，家族経営者数≧雇用従業員数）	企業経営（雇用従業員を3名以上使用しているか，または家族従業者＜雇用従業員数）
農業	④酒井(1979)[17]	企業経営（資本家的農業経営）は，利潤を獲得するために多数の労働者を雇用して商品生産たる農畜産物を生産する単位組織体。	家族自作的農業経営（小農経営）	記述無	企業経営の事例（一般企業と比べれば零細企業）：①愛知県の有限会社Nトラクター（男子常雇5名，女子事務常雇1名，臨時雇用5000人日）②広島県の有限会社M農園（常時雇用24名）。
	⑤新山(1997)[11]	企業形態を，「経営の基礎構造（資本の性格および構成員の人的結合）」と「企業的展開度合（経営体の母体経済からの自立度）」の2つの指標の組み合わせで型別化。「経営の基礎構造の資本の性格」については，私的資本，協同組合資本，公的資本経営に3区分。「経営の基礎構造の人的結合」については，生産者（個人，家族，同族，非血縁）と生産者以外（個人，家族，同族，非血縁）の3区分。「企業的展開度合」については，経営体の所有・経営・労働が一致しているか（人的結合体），分離の程度が低いか（人的信用基礎に基づく資本経営）。	伝統的家族経営（私的資本であって家族・同族からなる農業生産者が結合体で所有・経営・労働が一致している経営体），伝統的家族経営の特徴：所得追求，経営と家計の未分離，家族の権威関係を基礎にした役割分担等。	企業的家族経営（企業経営に至る過渡的段階），企業経営の特徴：所得追求，経営と家族の会計的分離，計数管理，職能にもとづく分業。	農業生産者が行う企業経営は，個人企業経営，家族・同族経営，集団的企業経営。これらの企業経営の特徴：出資関係の明確化，他人労働の雇用，家計と労働の分離，資本収益原則，資本計算単位の確立，指揮管理労働と作業労働の分離。その他の企業経営には，農外資本による企業経営（ローカル）・企業経営（中央資本）がある。
	⑥木村(2008)[2]	農業経営を経営目的や経営特徴に注目して，企業経営，企業的家族農業経営，生業的家族農業経営，副業的家族農業経営の4タイプに区分。	生業的家族農業経営（家族労働を中心で雇用はほとんどない，家計と経営は未分化，経営目的は農業所得の確保），副業的家族農業経営（農業を副業的に行っている経営で，農業センサスの準主業的農家が該当）。生業的家族経営の目安（専従者2～4人，販売額1～2.5千万円）。	企業的家族農業経営（雇用労働が導入されるが家族農業労働が中心，家計と経営は分離，農業労働は有償化，法人化されているのあり，経営目的は他産業並みの所得の実現や利潤の確保）。区分目安（専従者～5名，販売額2.5～5千万円）。	企業農業経営（経営者の家族従事者を大きく上回る雇用，経営の管理体制や財務システムの確立，経営目的は利潤追求）。区分目安（専従者6名以上，販売5千万円以上）。
	⑦日本農業経営学会農業経営学術用語辞典編纂委員会(2007)[7]	記述無	家族を単位として営まれる農業経営であり，家の代表者が経営者として農業経営の管理運営を行い，家族構成員が農業従事者として農業労働の大半を行うもの。	記述無	記述無
参考	日本銀行(2004)[6]	資本金によって企業を，大企業，中堅企業，中小企業に区分。	記述無	記述無	大企業（10億円以上），中堅企業（1～10億円），中小企業（0.2～1億円）。
	総務省統計局(2010)[21]	事業主のみの個人企業，事業主と家族従業者のみの個人企業，雇用者がいる個人企業を対象に調査を行っている。	記述無	記述無	記述無

経営（資本家的農業経営）を，「利潤を獲得するために多数の労働者を雇用して商品生産たる農畜産物を生産する単位組織体」と定義して，その具体例を示している。

(10)

　新山（1997）は，農業経営の企業形態を詳細に検討し，家族経営，企業的経営，企業経営の詳細な定義を行っている。具体的には，企業形態を，「経営の基礎構造（資本の性格および構成員の人的結合）」と「企業的展開度合（経営体の母体経済からの自立度合）」の 2 つの指標の組み合わせで類型化する。まず，「経営の基礎構造の資本の性格」については，さらに私的資本，協同組合資本，公的資本経営に 3 区分している。また「経営の基礎構造の人的結合」については，農業生産者（個人，家族・同族，非血縁），生産者以外（個人，家族・同族，非血縁），非限定に 3 区分している。次に「企業的展開度合」については，経営体の所有・経営・労働が一致しているか（人的結合体），分離の程度が低いか（人的信用基礎に基づく資本結合体），分離の程度が高いか（資本的信用基礎に基づく資本結合体）で 3 区分する。こうしたフレームワークに基づいて，例えば，伝統的家族経営は私的資本であって家族・同族からなる農業生産者の結合体で所有・経営・労働が一致してい

第 0-3 表　労働力規模別にみた家族経営

			個人	法人
		事業主(個人・法人)	個人	法人
注目指標	労働力	家族労働力	有or無	有or無
		通年(常時)雇用労働力	無	無
	経営特性	経営目的(経済面)	所得追求	所得追求
		家計と経営の関係	未分離	分離
		所有と労働の関係	未分離	未分離
区分例	商工業	①中小企業庁[1]	← ──────────────→
		②日本政策金融公庫[10]	← ──────────────→
		③旧国民金融公庫[3]	← 　生業的家族経営　 →
	農業	④酒井(1979)[16]	家族労作的農業経営
		⑤新山(1997)[11]	伝統的家族経営 ←------ 企業的
		⑥木村(2008)[2]	生業的家族農業経営 ←------ 企業的
		⑦日本農業経営学会(2007)[7]	←------ 家族農業経営 -→
	本書		生業的家族経営 ←------ 企業的
			←------ **家族経営** ---→

注：点線の矢印は大まかな該当範囲を示している。

る経営体，企業経営（個人，家族・同族，集団）は，出資関係の明確化，他人労働の雇用，所有と労働の分離，資本収益原則，資本計算単位の確立，指揮管理労働と作業労働の分離された経営体としている。

さらに，木村（2008）は，農業経営を経営目的や経営特徴に注目して，企業農業経営，企業的家族農業経営，生業的家族農業経営，副業的家族農業経営の4タイプに区分している。例えば，経営者の家族従事者を大きく上回る雇用，経営の管理体制や財務システムの確立，経営目的は利潤追求の経営を企業農業経営とし，その具体的区分目安として，例えば専従者6名以上，販売額5千万円以上の農業経営を企業農業経営としている。

4) 労働規模別に見た家族経営・企業的経営・企業経営

第0-2表の整理に基づいて，実際に，労働規模別に見た家族経営・企業的経営・企業経営がどのように区分できるかを示すと，第0-3表のようになる。

・企業的経営・企業経営の区分

個人or法人	大多数は法人	大多数は法人	大多数は法人
有or無	有or無	有or無	有or無
1～5人	6～10人	11～20人	21～300人
有(家族労働力以下) ／ 有(家族労働力より多)			
所得追求傾向 ／ 利潤追求傾向	利潤追求傾向強	利潤追求傾向強	利潤追求
個人経営でも分離傾向 ／ 個人経営でも分離傾向	分離傾向強	分離	分離
分離傾向 ／ 分離傾向	分離傾向強	分離	分離

　　　　小規模企業・零細企業 ─────────────→　←─中小企業─→
　　　　───── 小企業 ──────────────────→　←─中小企業─→
　←─企業的家族経営─→　←───────── 企業経営 ─────────→
　　　　　　　　　　　　　　←────企業経営(例示事例を参考に判断)────→
　家族経営 ─────→　←─ 個人企業経営,家族・同族企業経営,集団的企業経営(例示事例を参考に判断)─→
　家族農業経営 ─────→　←───────── 企業農業経営 ──────→
　　　　─────→　←──────────　？　───────────→
　家族経営 ──→　←──────────────────────────
　　　　─────→　←───── 企業経営 ─────────────→

商工業の場合の企業経営の範囲を参考にするとともに，これまでに農業経営学で提示されてきた酒井（1979），新山（1997），木村（2008）等の成果に基づくならば，主に家族労働力による所得確保を目的とした農業経営が「家族経営」といえる。外形標準として示す必要が有る場合の目安としては，家族従事者数の方が通年（常時）雇用従事者数よりも多い経営が，「家族経営」である。「家族経営」は，法人化しておらず家計と経営が未分離である「生業的家族経営」と，法人化によって分離されている「企業的家族経営」に区分することができる。

　一方，法人化を行い，主に通年（常時）雇用労働により利潤追求を目的とする農業経営は「企業経営」といえる。外形標準として示す必要がある場合の目安としては，家族従事者数よりも多い通年（常時）従事者を雇用している経営が「企業経営」である。法人化を行っていない場合でも，家族従事者数よりも通年（常時）雇用従事者数が多い場合には，企業経営に分類される。

　なお，ここで，「家族経営」の英訳としてしばしば使用される「family farm」についても若干言及しておきたい。上述してきたように，我が国では「家族農業経営」を，「家族によって主に農作業が行われている経営」と理解することが多い。これに対して，欧米の「family farm」は，「家族によって所有されている農場」を意味しており，主な農作業が常に家族によって行われるとは限らず，農作業が主に従業員によってなされることもある。このように，「家族経営」と「family farm」は，別の概念である点に，留意する必要がある。つまり，従業員が農作業の大半を行うような会社であっても，その会社を特定の家族が所有している場合には，その会社は「family farm」と呼ばれるのである。

3. 本書の構成

　本書は，本章の第1節で提示した課題に接近するため，三部構成とし，第Ⅰ部に4章，第Ⅱ部に4章，第Ⅲ部に7章を収録している（**第0-4表**）。各部に配置している章の内容と位置づけについては，各部の冒頭に解題を設けて解説をおこなっている。そこで，以下では，本書における三つの部の役割と関係を中心に述べることとする。また，各部のテーマと密接に関連する文献なども示しておく。

第 0-4 表　本書の構成

家族経営の発展	企業参入	主な対象地域	
			第Ⅰ部　農業における「家族経営」の発展と「企業経営」
○			第Ⅰ部解題　農業における家族経営の発展と企業経営
○		全国	第1章　農業における「企業経営」発展の論理と展望
○		全国・東北・東海	第2章　農業における「企業経営」の実態と課題―経営実務の視点から―
○		東北・北陸	第3章　農業における「企業経営」の経営展開と人的資源管理の特質―水田作経営を対象にして―
○		アメリカ	第4章　農業における「企業経営」と「家族経営」の特質と役割
			第Ⅱ部　農業における企業参入の現状と展望
	○		第Ⅱ部解題　農業における企業参入の現状と展望
	○	全国	第5章　農業への企業参入をめぐる動向
	○	北陸	第6章　企業による農業ビジネスの実践と課題
	○	関東	第7章　小売企業と組合員・農協出資による農業法人の取り組み
	○	全国・北海道・四国	第8章　農業における企業参入の分類とビジネスモデル
			第Ⅲ部　「企業経営」の現状と地域農業における役割
○	○		第Ⅲ部解題　企業経営の現状と地域農業における役割
○	○	全国	第9章　企業農業経営の現状と特徴―文献レビューによる分析―
○		東北・関東	第10章　企業経営と地域農業発展―地域資源の活用と経営間連携―
○		近畿	第11章　水田作における企業農業経営の現状と課題―従業員の能力養成に向けた取り組み―
○		東海	第12章　水田作受託による企業農業経営の展開と課題―条件不利圃場の受託と地域での信頼形成―
○		九州	第13章　畑作における企業農業経営の現状と課題―契約生産と人的資源管理への取り組み―
	○	四国	第14章　建設企業の農業参入事例と地域農業における役割―生産管理革新に着目して―
	○	中国	第15章　食品企業参入の現状と地域農業における役割―参入企業経営の持続性に焦点をあてて―

　第Ⅰ部「農業における『家族経営』の発展と『企業経営』」では，農業内部において家族経営が企業経営へと成長していく過程に焦点をあて，その論理，歴史的展開，先進的事例の実践・実態，解決すべき課題などを総合的に考察している。実践過程と実態に関しては，農業経営コンサルタント実務者にも執筆頂いている。また，家族経営と企業経営に関する様々な定義や見解についても紹介している。なお，これらの話題に関連して，アメリカの実情を理解するには，斎藤（2010）[16]などが参考になる。

　第Ⅱ部「農業における企業参入の現状と展望」では，農業外部からの農業参入に焦点をあて，全国的な動向と分類，農業参入の実践・実態，解決すべき課題などを総合的に考察している。実践過程と実態に関しては，実際の参入企業農業経営者，参入企業経営と家族農業経営との連携を実現した農協などの実務者にも執筆頂いている。なお，法人経営・企業経営の政策的位置づけの歴史的変遷については，谷脇（2011）[22]などが参考になる。

　第Ⅲ部「『企業経営』の現状と地域農業における役割」では，農業内部から発展した企業経営と農業外部から参入した企業経営の比較分析などを行うと共に，様々な企業経営の事例を詳しく紹介している。具体的には，地域農業との関係についてもできるだけ詳しく分析するため，東北から九州までの広い地域を対象に，水田作と畑作に関わる先進事例を選定している。また，主な参入元業界である建設業と食品業からの参入事例についても取り上げている。なお，本書では，大規模土地利用型農業経営の発展が従来あまりみら

れなかった東北地域以南を主な対象としているが，南石（2011）[5]では，北海道も含めて多彩な企業農業経営の事例について紹介している。

4．今後の課題

　本書では，誌幅等の関係もあり，対象とした企業経営事例数も限られ，我が国を代表する企業農業経営の全てを取り上げたとは言いがたい。また，企業経営全体を対象とした統計的な分析も，調査数が少なく我が国の企業農業経営全体を母集団としているとは言いがたい面がある。これらの点を考慮すると，本書を契機とし，今後，以下の点について研究深化を行っていく必要があろう。

　第一は，分析の対象とする経営事例や統計分析の対象地域や調査数を拡大し，分析結果や考察の一般化を行うことである。

　第二は，今後5年後，10年後に，企業経営が我が国農業において果たす役割を検討することである。家族経営と企業経営はどのような関係を構築していくのか。企業経営の数と平均的な事業規模は，どの程度まで増加するのか。地域農業および我が国の農業において，企業経営がどの程度の生産割合を担うことになるのか。こうした疑問に答えることが求められている。

　また，第三の今後の課題は，欧米やアジアの主要国における「家族経営」や「企業経営」について，その実態解明を行い，国際的視点から我が国における「農業企業経営」を特徴づけるとともにその意味づけを行うことである。

　なお，本書では，企業経営が困難といわれてきた土地利用型農業をあえて主な対象としている。畜産経営および施設園芸経営においては，企業経営が発展してきており，研究成果も蓄積されている（例えば，新山（1997）参照）。今後は，これらの成果も活用し，農業全般を対象とした企業経営の可能性，課題，そして地域農業における役割を明らかにすることも必要である。

［参考・引用文献］

[1] 中小企業庁（2009）：『中小企業白書』，http://www.chusho.meti.go.jp/pamflet/hakusyo/h21/h21_1/h21_pdf_mokuji.html．
[2] 木村伸男（2008）：『現代農業のマネジメント』，日本経済評論社．
[3] 国民金融公庫調査部（1984）：「製造業における家族経営の実体」，『調査月報』，No. 277（1984年5月）．

[4]南石晃明（2011）：『農業におけるリスクと情報のマネジメント』，農林統計出版．
[5]南石晃明［編著］（2011）：「特集・農業における「企業経営」—家族経営発展と企業参入—」，『農業および園芸』，86（1），pp. 95-212．
[6]日本銀行調査統計局（2004）：「『短観』の標本設計および標本の維持管理について」（2004年6月3日公表文書）．
[7]日本農業経営学会農業経営学術用語辞典編纂委員会［編］（2007）：『農業経営学術用語辞典』，農林統計協会．
[8]日本農業経営学会（2010）：「研究大会シンポジウム報告：農業における企業参入の現状と展望」，『農業経営研究』，47（4），pp. 1-59．
[9]日本農業経営学会（2011）：「研究大会シンポジウム報告：大会 農業における『企業経営』の可能性と課題」，『農業経営研究』，48（4），pp. 1-65．
[10]日本政策金融公庫（2010）：「全国中小企業動向調査」（2010年四半期調査結果）．
[11]新山陽子（1997）：『畜産の企業形態と経営管理』，日本経済評論社．
[12]農業法人協会（2010）農業生産法人数の推移，http://hojin.or.jp/standard/i_about.html#17．
[13]農林水産省（2004）：「農地制度について（平成16年3月22日）」，http://www.maff.go.jp/j/council/seisaku/kikaku/bukai/06/pdf/h160322_06_02_siryo.pdf．
[14]農林水産省（2011a）一般法人の農業参入について，http://www.maff.go.jp/j/keiei/koukai/pdf/houjinsu.pdf．
[15]農林水産省（2011b）：「2010年世界農林業センサス結果の概要（概数値）」（平成23年3月24日公表），http://www.maff.go.jp/j/tokei/census/afc/about/2010.html．
[16]斎藤 潔（2010）：「アメリカ農業にみる家族農場の変容と企業化実態」，特集 農業における「企業経営」—家族経営発展と企業参入—，『農業及び園芸』，86（1），pp. 151-162．
[17]酒井惇一（1979）：「第4章 企業経営」，吉田寛一［編］『農業の企業形態』，地球社．
[18]澤田 守（2008）：「農業法人のタイプと適合する農業経営の特徴」，『共済総合研究』，52，pp. 6-41．
[19]小学館［編］（1994）：『日本大百科全書』，小学館．
[20]新村 出［編］（2008）『広辞苑，第6版』（電子版CASIO EX-word），岩波書店．
[21]総務省統計局（2010）：「個人企業経済調査（平成21年度）」，http://www.stat.go.jp/data/kojinke/index.htm．
[22]谷脇 修（2011）：「農業の経営主体と法人・企業の政策的位置づけの変遷」，特集 農業における「企業経営」—家族経営発展と企業参入—，『農業及び園芸』，86（1），pp. 104-121．
[23]統計センター（2008）：「利用者のために，農林業センサス累年統計書 農業編（明治37年～平成17年）」，http://www.e-stat.go.jp/SG1/estat/List.do?bid=000001012037&cycode=0．
[24]占部都美［編著］（1980）：『経営学辞典』，中央経済社．

(16)

第Ⅰ部　農業における「家族経営」の発展と「企業経営」

第Ⅰ部解題　農業における「家族経営」の発展と「企業経営」

南石晃明・土田志郎

1. 背景および目的

(1) 何故「企業経営」を取り上げるのか

　農業経営学は，家族経営やその組織を主な研究対象として発展してきたが，現実には経営主体の多様化が着実に進行している。このため，例えば，松木・木村（2003）[3]は，「日本においても農業経営体を『農家』だけに限定する伝統的分析方法ではなく，現実の進行に即した分析方法の開発が必要である」とし，企業形態論的な類型分析を行っている。具体的には，農業経営体を，個人経営，共同経営（農事組合法人・協業経営体など），会社経営，共同組合経営，公法人経営の5つに類型化して，1995年〜2000年の増減率を推計し，会社経営は29.8％，共同経営は23.6％増加した一方で，個人経営は9.5％，共同組合経営は5.0％減少したことを示している。

　その後，2010年には，農業を行う「法人化している経営体」は，21,627法人となり，2000年の5,272法人から310.2％増加した。このうち，会社法人は12,984社あり全体の60.0％を占め，2番目に多い農事組合法人（18.7％）の3倍強を占めている。過去10年間の増減率をみると，会社法人は276.8％増加，農事組合法人は201.9％増加であり，急速に増加している（農林水産省，2011b）[11]。このような近年における会社経営の多くは，生業的家族経営から出発し，企業的家族経営，さらには企業経営に発展したものである。いわば農業内部からの内発的発展である。

　これに対して，2000年以降は，一連の法改正により，一般企業の農業への参入が緩和され，参入企業による農業経営が増加している。これは，いわば農業外部からの外発的発展ということもできる。具体的には，「構造改革特別区域法制定」（2002年）による「農地リース方式による株式会社一般の農業参入容認」，「農業経営基盤強化促進法の改正」（2003年）による「認定農業者である農業生産法人について農業関係者以外の構成員に関わる

議決権を緩和」,「農業経営基盤強化促進法の改正」(2005 年) による「農地リース特区の全国展開(特定法人貸付制度)」などである。これらにより,農地リース方式による参入法人数は,2009 年 9 月には全国で 436 法人に達した。このうち,株式会社 234 社 (56.5%),特例有限会社 99 社 (23.9%),NPO 等 81 法人 (19.6%) となっており,全体の 80.4%が会社法人である(農林水産省,2009)[9]。さらに,2009 年 12 月 15 日には,改正農地法が施行(一部は 2010 年 6 月)され,農地の貸借による権利移動規制が緩和された。これにより,一定の要件のもとで,一般の個人や法人も貸借によって農業への参入が可能になった。これに伴い「特定法人貸付制度」は廃止された。改正農地法施行時の農業参入は 436 法人(2009 年 12 月)であったが,その 1 年後には 728 法人(2010 年 12 月)になり,1 年間で 67.0%増加した(農林水産省,2011a)[10]。

　こうした農業における会社経営の増加の背景には,農家数の減少,農業技術の進歩,農産物需要の変化など様々な要因が考えられるが,会社経営が適した分野への農業経営の多角化が進んでいることも大きな理由であろう。また,農業経営においても,生産・販売・財務などの経営情報管理の必要性が高まっていることも遠因と考えられる。農業経営の多角化は,①農産物や農場自体を活用したもの,②農業生産に用いる農業資材に関わるもの,③その他に大別できる。①は,農業経営の川下方向への多角化であり,農産物の集荷・販売(B2B,B2C),食品加工,体験型農業テーマパーク・観光農園・貸し農園,農家民宿,農家レストランなどがある。②は,農業経営からみた川上への多角化であり,例えば,農業資材(苗,飼料,堆肥)の製造・販売がある。③には,造園,建設(土木,除雪),コンサルティング(農業経営,農産物マーケティング),情報処理(農業ソフトの製造・販売)などが含まれる。このように,農業は,実に多くの他産業と直接的に境界を接している。このことは,農業経営の多角化を広範囲に行うことが可能な反面,多くの産業からの参入が行われる可能性があることを意味している。

(2) 目的

　第Ⅰ部の目的は,家族農業経営から発展した企業経営をも含めて,農業に

おける「企業経営」の可能性と課題について総合的な考察を行うことである。農業経営学における既存の研究蓄積が示しているように、「家族経営」から出発し「企業経営」と言えるまで発展した農業経営も相当数見られるようになってきている。しかし、一部には、参入企業は革新的・先進的であり、農業内部の農業経営は保守的・後進的であるかのような認識もある。そうした見方は一面的であり、現実を正しく把握していないことを実証的・理論的に示し、農業経営の多様な主体を適正に評価することは学会に課せられた役割である。具体的には、農業発の企業経営と参入企業の間には、どのような共通性や差異が見出せるであろうか。また、地域農業振興、さらには国民の健康と福祉に直結する食料供給や環境保全といった農業経営の社会的役割を持続的に果たして行く上で、「企業経営」（出自に関係なく）と「家族経営」とは、それぞれどの様な役割を果たすべきであろうか。「企業経営」は、農業経営発展という面からどのような可能性をもち、どのような課題に直面しているのであろうか。このような疑問に対して、既存の研究蓄積を吟味するとともに新たな分析視角を提示し、農業における企業経営の実態と展望を明らかにすることが、第Ⅰ部の目的である。

2. 各章の内容と相互関連

以上の問題意識に基づき、第Ⅰ部は4つの章から構成している。各章の概要は、以下に示す通りである。

第1章は、「農業における『企業経営』発展の論理と展望」（酒井富夫）である。農業における「企業経営」の動きと研究動向を整理しつつ、今後必要な分析の理論的枠組みを検討し、「企業経営」の今日的評価、並びに、今後の発展の可能性について考察を行う。具体的には、農業構造の変化の特徴を概観した上で、企業化の促進要因と抑制要因を整理・検討し、現場での企業化の動きも押さえながら「企業経営」の今後を展望する。

第2章は、「農業における『企業経営』の実態と課題—経営実務の視点から—」（佛田利弘）である。アグリビジネスのコンサルタントとしての実務経験を基に、農業経営のタイプ分け・特徴付けを行い、担い手として期待される経営を特定する。さらに、兼業地帯に位置する愛知県の経営事例と専業

地帯に位置する山形県の経営事例に，稲作経営のモデル分析を試み，「企業経営」に至るまでの課題等について検討する。

第3章は，「農業における『企業経営』の経営展開と人的資源管理の特質―水田作経営を対象にして―」（迫田登稔）である。人的資源の制約を家族農業経営の特質の一つと捉え，「企業経営」では経営展開に伴って生じるこの制約を基幹的な雇用労働力の導入によって克服しようとしているという問題意識から，人的資源管理の観点を中心に「企業経営」の経営管理にアプローチする。東北・北陸地域で大規模水田作を行っている「農業発の7企業（農業生産法人）」を取り上げ，事業展開方向の違いが人的資源管理のあり方に差異をもたらしていることを確認するとともに，採用・教育・評価等にかかわる人的資源管理の特徴を明らかにする。

第4章は，「農業における『企業経営』と『家族経営』の特質と役割」（内山智裕）である。近年の「新しい農業経営」論や海外の研究成果等も踏まえ，農業における「企業経営」と「家族経営」について新たな視点から考察を加える。はじめに「企業経営」と「家族経営」の境界が曖昧であることを確認し，米国における「企業経営」と「家族経営」の議論を紹介し，ファミリービジネス論の農業経営への適用可能性と有効性について検討する。

上記の四つの章は，次の三つの視点から相互に関連づけることができる。第一の視点は，「家族経営から企業経営への展開過程」の検討であり，第1章および第2章がこれに対応している。第1章は，全国的・歴史的視点からの動向分析，さらに理論面からの整理・評価である。他方，第2章は，現場の先進事例に焦点を当てた実務者からの整理である。

第二の視点は，「企業経営の特徴」の検討であり，第2章と第3章が該当する。第2章は，先進事例を中心とした分析で，経営の展開過程に注目する。第3章は，大規模水田作を行う企業経営を取り上げ，そこでの人材の育成や管理の特質を詳細に分析・評価する。

第三の視点は，「企業経営が果たす役割」の評価・検討であり，第4章と第1章に関連している。第4章では，米国における研究成果に基づき，主に経営規模とコストの面から家族経営と企業経営の優位性を吟味する。これに対して第1章では，主に歴史的視点や理論面から，企業経営が果たす役割

ついて検討を行う。

3. 主な論点

　第Ⅰ部では，以下の論点を中心に議論を深化させることで，本書のテーマである「企業経営」の可能性と課題に接近する。これらの論点は，本書全体の論点でもあり，第Ⅱ部および第Ⅲ部との関連もあわせて示すこととする。

(1)　「家族経営」と「企業経営」の定義

　農業における「家族経営」や「企業経営」は，いろいろなバリエーションがある用語であるが，農業経営学における基本用語である。しかし，これらの用語が具体的に何を意味し，どのような関係にあるのかについて，これらの用語が対立概念ではないこと以外，必ずしも学会として共通認識が形成されているとは言えない現状もある。「家族経営」と「企業経営」の定義を議論しても「不毛な議論」になるとの意見もあり，学会として統一的な「定義」を提示することは困難であろう。しかし，農業経営学の研究対象に関わる基本用語に，どのような「定義」が並存し，それぞれがどのような背景と内容をもち，どのような関係になっているのかを整理することは議論を深める上で重要である。なお，この点については，本書全体に関わるため，序章で一定の整理を行っている。

(2)　企業経営への成長・発展の論理

　第一の論点は，家族経営から企業経営への成長・発展の過程とのその論理をどのように理解するかである。農業経営学における家族経営の企業化への展開プロセスに関する研究蓄積と共に，経営実務から得られた経験を総合し，企業経営形成の論理，企業経営が直面する課題，さらに今後の展望について総合的な考察を行う。これは，しばしば議論される農業経営学の実践性とも関わる点であるが，学術的に解明された家族経営の成長・発展過程について，実務的な視点から検討を加えることも，成果の実践性の観点からは必要なことである。また，実務的な視点から提案されている農業経営のモデルについて，学術的な視点から再検討を行うことも，双方にとって有意義である。

(3)「企業経営」の経営管理上の特質

　第二の論点は,「企業経営」の特質をどのように理解するかである。「家族経営」と比較して,「企業経営」の経営管理上の特質をどのように考えれば良いのであろうか。「企業経営」は,「家族経営」よりも,農業の特質をより効果的に管理(克服)できるのであろうか。さらに,家族経営から発展した企業経営と参入企業で,経営戦略や経営成果にどのような差異と共通性があるのであろうか。「家族経営」と「企業経営」,あるいは同じ「企業経営」であってもその出自に基づく「経営」の特質が明らかになれば,それらは経営支援の目的や内容を検討する際の基礎的情報となる。

　「企業経営」の特質について具体的に考察するためには,実際の「企業経営」の現状について幅広く知ることが不可欠である。第Ⅲ部の経営事例から,生産管理,情報利用,人材育成,リスクへの対処などの点について,個々の「企業経営」の経営管理の内容を知ることができる。それにより,「家族経営」と比較した「企業経営」の経営管理の特質,家族経営から発展した企業経営と参入企業と間における経営管理の違いの有無などについて,さらに理解を深めることができる。なお,こうした議論の前提となる農業の特質や農業固有のリスクについては,南石(2011)[5]などを参照されたい。

(4)「企業経営」の社会的役割

　第三の論点は,「企業経営」と地域農業との関係,その社会的役割をどのように理解するかである。農業経営は,食料供給,環境保全,雇用創出などの地域農業振興における様々な社会的役割を担っているが,その中で「企業経営」の意義や役割をどのように理解すれば良いのであろうか。「企業経営」や「家族経営」など地域農業における多様な主体の役割分担や連携をどのように考えれば良いのであろうか。こうした点の考察は,「家族経営」の新たな可能性や意義の再評価にも繋がるものである。

　これらの点についても,具体的な考察には,実際の「企業経営」の現状を幅広く知ることが不可欠である。第Ⅲ部や第Ⅱ部の経営事例をみることで,地域農業における「企業経営」の役割についての理解をさらに深めることが

できる。

[参考・引用文献]

[1]稲本志良・八木宏典[編]（2001）：『農業経営者の時代』，農林統計協会，296pp.
[2]木村伸男（2008）：『現代農業のマネジメント―農業経営学のフロンティア―』，日本経済評論社，189pp.
[3]松木洋一・木村伸男[編]（2003）：『家族農業経営の底力』，農林統計協会，pp. 84-93.
[4]門間敏幸[編著]（2009）：『日本の新しい農業経営の展望：ネットワーク型農業経営組織の評価』，農林統計出版，143pp.
[5]南石晃明（2011）：『農業におけるリスクと情報のマネジメント』，農林統計出版，448pp.
[6]日本農業経営学会（2008）：「統一課題：企業的農業経営のビジネスモデルと農業経営学の新たな挑戦」，『農業経営研究』，45（4），pp. 1-76.
[7]日本農業経営学会（2009）：「統一課題：ナッレジマネッジメントによる農業経営の革新と組織化」，『農業経営研究』，46（4），pp. 1-75.
[8]日本農業経営学会（2010）：「統一課題：農業における企業参入の現状と展望」，『農業経営研究』，47（4），pp. 1-59.
[9]農林水産省（2009）：「特定法人貸付事業（農地リース方式）を活用した企業等の農業参入について（21.9.1 現在・速報）」，http://www.maff.go.jp/j/keiei/koukai/sannyu/index.html.
[10]農林水産省（2011a）：「一般法人の農業参入について」，http://www.maff.go.jp/j/keiei/koukai/pdf/houjinsu.pdf-2011-03-09.
[11]農林水産省（2011b）：「2010 年世界農林業センサス結果の概要（概数値）」（平成23 年3 月24 日公表），http://www.maff.go.jp/j/tokei/census/afc/about/2010.html.
[12]八木宏典（2004）：『現代日本の農業ビジネス：時代を先導する経営』，農林統計協会，p. 231

第1章　農業における「企業経営」発展の論理と展望

酒井富夫

1. はじめに—問題意識—

　2009年の農地法改正により，一般株式会社による農地利用が原則的に認められ，自由貿易政策推進に対応するものとしてそれによる農業の活性化が期待されているが，研究面では従来，土地利用型農業では家族経営が主流であり，企業経営への発展は困難であるという認識が底流にあった。しかし，実態としては確かに従来とは質的に違う農業経営が出現しているのも確かである。土地利用型農業においても，ついに企業経営が主たる担い手となりうるのであろうか。もしそうであるならば，どのようなメカニズムの下で形成されているのか。また，その企業経営はどのような性格を持ち，さらに今日的な経済・社会・環境からのニーズを反映した企業経営とはどのような性格のものであるべきなのか。本章は，このような問題意識に基づき，農業の企業的展開（資本主義化）をめぐるこれまでの実態と理論を整理し，今後の企業的展開の可能性と新たな理論的アプローチの必要性について考察したい。

2. 農業構造の変化

(1) 19世紀以降の構造変化

　農業構造の変化は，従来，農民層分解論のなかで分析されてきた。分解論は，本来，階級配置の前提としての農民層の性格把握のための理論的ツールとして発達したものであるが，農民層の性格把握自体は食料供給の担い手分析としても必要であった。農民層分解の焦点は，「資本主義は農業をつかまえるのか，つかまえきれるのか」（梶井[8]）にあり，農業でも工業と同じような資本主義的関係が形成されるのか否かが問われたのである。

　第1-1表は，資本主義と農業構造，さらに農業政策の変遷を概観したものである（拙稿[26]）。資本主義は自由主義段階，独占資本主義段階，国家独占資本主義段階，新自由主義段階とその性格を変えてきたが，特に1990年代以降は新自由主義が世界的に波及し，グローバリゼーションの時代をむか

第 1-1 表　資本主義，農業構造，農業政策の変遷

年代	1900		1950				2000
資本主義	自由主義	独占資本主義	国家独占資本主義			新自由主義	グローバリゼーション
農業構造	両極分解	小農標準化		両極分化 (大型小農化)			多様化
農業政策		農業保護政策	農業保護強化　農地改革	農業基本法, 構造政策		農政改革 (市場化政策)	新農政, 食料・農 業・農村基本法　農政改革 加速化
備考		小農維持政策		自作農	自立経営	農地流動化	農業経営体　担い手限定

資料：拙稿[26] p.4より引用。

えている。それに平行して農業構造も変化し，19 世紀の両極分解，20 世紀にかけての小農標準化[注1]（兼業滞留化），第二次大戦後の大型小農化（階級的な分解ではなく階層分化），そして 20 世紀末以降の多様な経営主体の形成という大きな流れがある。それに対応して農業構造政策の育成対象においても，小農維持から農地改革による自作農の創設，農業基本法以降の自立経営（家族経営），新農政，食料・農業・農村基本法以降の農業経営体，さらに一般企業への拡張とその重点が変化してきている。しかし，自立経営以降，実態は政策意図通りには進んでいない。農民層分解論の視点からいえば，一世紀を経て，今日の段階でもう一度資本主義化（すなわち両極分解）に向かうのか否かという大問題が提起されているということになる。

(2) 1990 年代以降の構造変化の特徴

90 年代以降，経営環境の市場主義的整備に対応し，従来の農協体制のもとでの単純な面積規模拡大的な発展ではなく，企業化，組織化，ネットワーク化，企業連携化，企業参入などが進展し，質的充実をともなった企業的展開がみられるようになった[注2]。ここでは最先端を走る経営のみでなく，農業構造全体の変化の特徴として以下の点に注目しておきたい。

①農業内部からの上層農化：テンポは遅いが，着実に上層農家は増大している。ただし，形成された上層農の経営的不安定度は高まっている（宇佐美[37]）。逆に，兼業農家の減少速度は高まっており，上層農家が受けきれない農地は耕作放棄地化している。

②企業形態と事業の多様化：ワンマンファーム，家族経営，組織経営，多様な法人経営，集落営農の経営体化，JA 型農業法人，農業会社経営，農業公社，NPO，生協，ネットワーク化など，企業形態が多様化している。また，加工・販売等の多様な事業展開がみられる。

③アグリビジネスとの関係緊密化：畜産だけでなく，穀作，野菜作でもアグリビジネスによるインテグレーションがみられるようになった。政策的にも農商工連携が推進されているが，企業と農業経営との関係のあり方は多様である。
④企業参入による直接経営：2000年以降，徐々に規制緩和が進められてきたが，09年農地法改正は一般株式会社等による農地利用をいっそう容易にした。建設業や食品産業，流通企業等の参入企業は徐々に増えている。

これらの特徴を踏まえ，今日の農業構造に対し以下のような諸見解がある。
①小農固有の合理性から家族経営が存続する可能性がある。
②個別規模拡大や共同経営化，事業の多角化等により小農経営の経営上昇は続く。
③インテグレーションにより実質的な資本主義化がすでに進展している。
④企業参入による企業経営成立の可能性がある。
⑤農業解体の可能性がある。

以上のように，家族経営の永続性をみる見解（ガッソン・エリングトン[1]，玉[33]）と逆に実質的な資本主義化が進展しているとする見解（中野編[15]，マグドフ他編[13]，大塚・松原編[23]）のように，現状認識及び展望は正反対の見方もあり大きく分かれている。見解⑤を除き，これらを総合すれば多様な担い手の存在として表現できるが，そのなかでの基本的な展開軸の解明こそが求められるところである。

3. 農業構造分析の理論的フレームワーク～農民層分解論と農業経営学の分析視角～

(1) 農民層分解論と農業経営学

農業構造の変化に関して，農民層分解論では農業の資本主義化の問題として議論してきた。阪本[28]のいう within の視角である。Within には，農業経営の資本主義経営化に加え，インテグレーション化も含めて今日では議論すべきであろう。分解論は，資本主義と農業の関係，その根底にある農業構造のあり方を問題にしており，元来はマクロ的な問題意識がある。これに対し，農業経営学は，その性格上，ミクロの内実分析がその目的であり，まずもっ

て農業固有の家族経営（農家経済）に分析の焦点をあて，その変質を明らかにしてきた。つまり，農業経営学は，労働市場，価格政策等は与件（外的環境要因）として位置づけ，特に生産力（経営内部要因）に注目したのである[注3]。その後の経営学的展開の結果，分解論からの遊離傾向を示し，経営学独自の分析視点を採用（経営戦略，経営管理等）することにより実践的活用範囲を拡大（メリット）し得た反面，展開論理や農業企業経営評価の一面性（デメリット）もあったと考えられる[注4]。

磯辺俊彦[4]は，日本の小農経済研究をチャヤノフ理論を起点に整理している。チャヤノフの小農（「賃労働なき経済」）においては，農業労働力すなわち農業経営の盛衰は家族周期によって規定される。この「家族周期論」が「農業階梯論」を経由し，自小作前進論，さらには中農標準化論へと展開していく。他方，磯辺[3]は，家族経営を類型化しそれを発展段階として整理[注5]したが，その起点である「自給経済型」はチャヤノフの主体的均衡論がもっとも適合するものとして位置づけている。東畑[35]の「単なる業主」も同じ性格の小農を対象にしていた。つまりは農民層分解論も農業経営学も，その研究対象の原点はチャヤノフ的小農であったのであり，その性格についてはほぼ共通の認識を持っていたといえる。その後，農業構造は変化したが，上述のようにそれに対する見解は大きく分かれてきたのである。

(2)「企業的経営」論

農業の企業経営（資本家的農業経営）とは，「利潤を獲得することを目標として多数の労働者を雇用して商品たる農畜産物を生産する単位組織体である」（酒井[25]）と定義されている。そこで企業経営の指標となるのは，「利潤目標」と「雇用」である。労働価値説に立てば雇用（賃労働）があってこそ，利潤が形成される。そこに至る手前の経営が「企業的経営」である。

60年代に「企業的家族経営」（磯辺[3]）の出現を最初に指摘したのは農業経営学である。上述[注5]のように，磯辺秀俊は家族経営を類型化し，「資本型の家族経営」の萌芽を指摘してその後の成長を予測している。これを「企業的家族経営」とも呼んでいるが，性格的には資本家的企業の手前に位置するとしている。「企業的家族経営」は，「家計への従属から解放され，生活のための所得追求にとどまらず，積極的に投下資本に対する報酬を求め

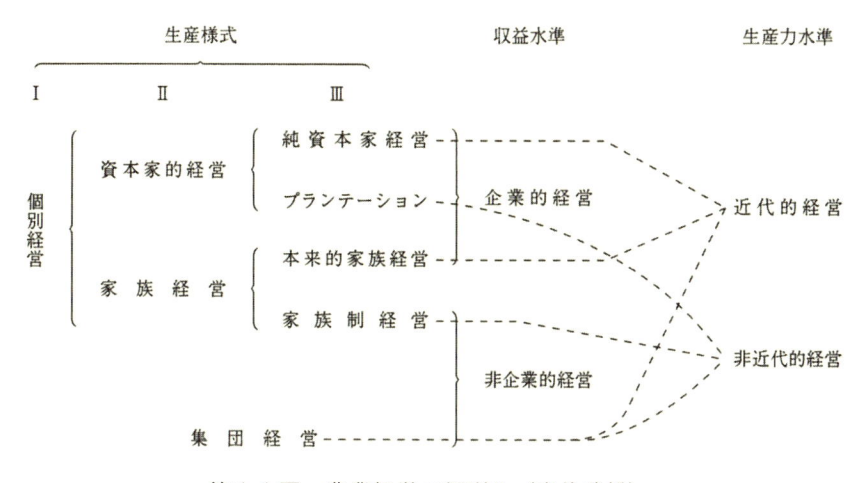

第 1 章　農業における「企業経営」発展の論理と展望　(29)

第1-1 図　農業経営の類型化（岩片磯雄）
資料：[5] p. 10 より引用.

る」ものである。この「投下資本に対する報酬」を経営の目的にする点が「企業的」だということになる。

　また，岩片[5]は，**第 1-1 図**のように類型化している。まず，「個別経営は，農業労働が主として雇傭労働に依存するか否かによって，資本家的経営と家族経営とに大別される」とする。さらに収益水準からみて「利潤を追求し，かつ現に実現している企業的経営」として「企業的経営」を定義している。資本家的経営は当然ながら企業的経営であるが，家族経営にもそれに該当する形態があるとする。岩片は，同時に家族経営を「本来的家族経営」（典型は米国）と「家族制経営」（日本が典型）に区分しており，前者は「企業的経営」に含まれるとしている。農民層分解論からの「大型小農」（大内力）や「小企業農」（梶井　功）らも同じ対象をみていた。その後，この経営の発展と類型については，農業経営学では企業形態論として展開されてきた（岩元・佐藤[6]，和田編[38]）。

(3) 経営者論

　経営の質的発展について，以上の企業形態論とは違った指標で，つまり企業形態や雇用関係にはこだわらず経営者の性格に焦点をあてた議論がある。高橋[32]は，東畑のいう「単なる業主」から「企業者」へ展開している現実

を踏まえ，それに対応した農業経営学の必要性を説いている。東畑は，「日本農業を動かすもの」は誰かと問い，動かされる側の農民・地主は「単なる業主」であり，動かすものが「企業者」であって，その「企業者」は政府（危険を負担せざる企業者），加工業者，大商人，外地の地主，若干の農民であるとした。高橋は，「単なる業主」に閉じこめてきた経営環境の変化が，経営者の意思決定の自由度を拡大し，ハイリスク・ハイリターン経営成立の環境を整備してきたとしている。

石崎[17]は，企業成長にとって重要な条件の一つは経営者の革新性，企業家的精神であるとしている。その革新性が生業的経営では企業家的経営より薄いが内在してはいるとみる[注6]。石崎の特徴は，経営を総合的に評価した場合（上述[注4]），前者を切り捨てたり，前者から後者へ移行すべきだという論理展開はできないとしている点であろう。

(4) 構造分析における農業経営学の課題

家族労作経営から企業的家族経営への変貌について，磯辺らが共同研究を開始したのは1956年だったという。それから半世紀を経て，この問題意識は今日でも重要な研究課題として残っている。今日の農業構造は，一方で生業経営が残る反面，そこから抜け出た性格を持つ家族経営や組織経営による企業的経営が目立つようになってきている。さらにその「企業的経営」から「企業経営」に展開しうるのか否か。石崎[17]は，今日の閉塞状態を切り開くには，生業的経営から企業家的経営への成長は必要であるとし，そのためのビジネスモデルを提示している。稲本[17]も経営の発展過程に注目し，経営発展論を深めている。経営発展の制約要因をいかに克服し成長軌道にのせるか，農業経営学の重要な課題である[注7]。

もうひとつの注目すべき側面は「企業的経営」の多様性である。今日の社会は営利性を追求する私的セクター，公益性を追求する公的セクターだけでなく，非営利性を追求する共的セクターが不可欠の存在になってきている。また，現代の企業は古典的な企業像を追い求めていればよいという時代ではなく，ステークホルダー（企業の利害関係者）に配慮した企業の社会的責任が求められている（上林他[9]）。これらは農業の企業的経営，企業経営にとっても同様であり，むしろ他産業の企業以上の社会的役割が期待されている

といえよう[注8]。

4. 農業構造変化のメカニズム

(1) 分解の基本要因

山田[40]は，「農業内部の蓄積と分解のメカニズム」（農業の内的独自性）と農外資本からの作用力の「二つの再生産と循環との複合過程」によって分解のあり方が規定されるとした。巨大独占資本としての「農外からの作用力が，『農業内部』の内的要因としての構成部分に転化する」のである。農業内部と農外からの作用力のいずれが強くあらわれるかは，段階によって異なるとしている。

資本主義からの作用力についての認識はもちろん農業経営学にもある。諸岡・生源寺[17]は，「経営環境のどこがどのように経営に波及し変容を促すのか」を把握し，農業経営の展開の「内発的な要因とメカニズム」を明らかにすることが，将来の農業経営を展望する上で重要であると指摘している。

分解要因については，分解論においては大きく分けて資本主義からの作用を第一にみる見解と農業内部の生産力格差こそが決定要因だとする見解があり論争が行われてきた。後者はいわゆる生産力視点であるが，阪本[30]は「生産力格差の問題を直視して，そのうえで段階論をからめて総合的に分析するという正道を踏みさえすればよい」として，大内　力を批判したことがある。19世紀末に，両極分解から小農標準化傾向に転化した際に，持田[14]は，それは大小経営間の生産力格差において隔絶的な格差がなかったからだと指摘している。工業とのこの点の違いこそが，同じ資本主義下にありながら農業部門において資本家経営が形成されない理由なのであるという。この視点に立てば，生産力格差の分析が第一に重要であり，その生産力に対応した経営形態や組織間関係が形成されるということになる[注9]。

農業経営学における経営の内部要因，経営力からのアプローチは，分解論の生産力視点と相通ずる部分がある。

(2) 分解の抑止要因

しかし，実態として分解が順調でないとすれば，その基本要因が発現する

のに何らかの抑止要因が存在しているということになる。なぜ分解が進まないのかについては，下記のように様々な角度から論じられてきた。ここでは時代を遡ってその要因を列挙してある。企業的展開が可能だとすれば，これらの要因を乗り越えなければならないことになる。

A：市場，政策，資本主義の発展段階
　①農業恐慌下の低農産物価格，過剰人口圧力。
　②独占段階の格差構造のもとで兼業滞留，資本と労働力の自由な移動を阻害。
　③小農維持政策：価格政策，農地改革等。農地や流通面等における制度的発展制約。

B：主体間関係，アグリビジネス・土地所有
　①前期的資本，高利貸資本，独占資本の収奪。
　②寄生地主制による高額小作料の徴収。
　③零細分散錯圃取引による高い限界小作料水準。

C：経営要素（経済体制，発展段階貫通的な要素）
　①生産性格差が不十分で地代負担力の差が発生しない。
　②有機生産，水田農業では，家族経営による意志決定や生産管理の方が適する。高い経営リスクの存在。
　③非資本主義的な社会関係である「いえ」の存在から，家族経営には合理性がある。
　④自家労賃評価の切り下げによる強靱性の存在。

稲本[17]は，「経営発展を制約する要因」について整理している。制約は，経営の外部的要因（需要要因，制度要因，社会的摩擦）と内部的要因に大別でき，後者の内部的制約要因として①経済的・技術的制約としての「ペンロース効果」，②戦略的管理能力，③経営発展の費用，④その費用の負担意思，⑤その負担能力（原資調達力）等が重要であるとしている。

新たな時代環境のなかで，何が分解の，あるいは経営発展の基本要因になっているのか，また，それを抑止している要因は今日の段階では何があるのか，改めてこれらの共通認識を形成していく必要があろう。

(3) 分解要因の今日的展開

今日の段階での制約要因を詳しく分析する前提作業として，ここでは農民層分解論が対象としてきた主な要因に関しての近年の傾向と分析課題について概観する。その上で企業的展開の可能性と方向性について，実態を踏まえつつ仮説的に提起しておきたい。分解論は，生産力要因とともに，資本主義からの作用としては農産物市場と労働市場を重視してきた。以下，生産力格差，農産物市場，労働市場，構造・農地政策についてみていくことにしたい。

1) 生産力格差

今日では，生産力視点の拡張が試みられ，総合的指標を必要としている。平野[39]は，生産力格差（＝コスト論理）に留まらず，今日的な「競争力」，すなわち低コスト化，高付加価値化，販売力向上，企業価値の向上などによる「競争力」を問題にすべきだという。他方，生産力の内実も変化してきており，ナレッジマネジメント[注10]による工業的管理領域の拡大，IT 技術の活用に注目した分析も始まっている。これらが経営間格差にどのような影響を与えるのかの解明が課題となる。

2) 農産物市場（国際市場，国内市場）

WTO や FTA 交渉によりいっそう農産物の自由化圧力が高まり，国内農業の存続自体が危機に直面している。国内市場では，国家管理が後退し，市場化，流通主体の多様化，販売方法の多元化が進展した。これらの市場化にともなって，価格は農業恐慌的な下落に直面している。価格高騰は利潤形成の可能性を高めるが，今日はその逆である。価格ではコストを賄えなくなっており，直接支払いによる補填が行われつつあるが，それがどの程度有効なセーフティネット足りうるのか。その効果は経営によって異なる。また，価格に代わり補助金込みの収入水準が，「利潤」形成にいかなる影響を与えるのか。ここでは直接支払い制度が農業構造にどのような影響を与えるのかの解明が課題である。

3）労働市場

　20世紀初頭，独占資本主義段階への移行により資本の格差構造が形成され，それにともない労働市場の格差構造が形成された。低賃金労働市場に組み込まれた農民は，農業収入を不可欠とし兼業滞留構造が形成される。1980年代後半以降，特殊農村的低賃金は解消したが，企業の海外進出が進展し，それにともないアジア的低賃金構造へと移行した（農業問題研究学会編[21]）。そこでは不正規労働者が増大し労働力の流動性が高くなるが，そうした労働力を前提にしたときに，従来の定着型兼業は不可能になるのであろうか。そして低賃金雇用の農業企業経営が形成されるのか。逆に，地域での雇用確保のためのコミュニティ・ビジネス的な企業が簇生するのか。さらに，再び拡大する所得格差のもと，直接支払いはどの階層に，また，どの程度の格差縮小に貢献するのか。ここでは新たな低賃金構造が農業構造にどのような影響を与えるのかの解明が課題である。

4）構造・農地政策

　近年の構造・農地政策は，次の二つの方向がある。

　第一に，直接支払い制度への移行にともない構造政策の対象と支援内容を操作可能になった点である。所得政策によって構造政策を左右する時代といってもよい。政権交代により，経営所得安定対策による経営体限定政策から戸別所得補償制度による全販売農家支援へと転換したが，その後，自由化圧力のもと構造改革への圧力は高まっている。6次産業化への支援も本格化するが，それらが農業経営にどのような影響を与えることになるのかである。

　第二に，農業への企業参入が可能になった点である。従来は，農地法の根幹である「耕作者主義」（「耕作」するものが農地の権利を取得すべきであるという考え方）が農業経営のあり方を規制していたが，1990年代以降の農業生産法人要件の緩和，2000年代以降の一般株式会社（農業生産法人以外の法人）の農地の権利取得の可能化，対象エリアの拡大により，企業による農地の権利取得に道を開いてきた。その結果，一般企業も含めた多様な担い手による自由競争の場が形成されたといえる。

　これらの構造・農地政策の転換が，農業構造にどう影響するかの解明が課

題である。

5）農業の企業化の二つの経路

　国内の流通自由化政策，企業参入政策は経営の自由度を高めて多様な方法での競争力を強め，技術的には工業的な技術・経営管理に接近し，所得補填は経営の安定度を高め，しかもそれは分解促進的補填体系であり，低労賃は雇用を，低地代は借地を容易にするとすれば，これらは企業経営を成立させる方向に作用する。しかし，そこで形成される企業経営が，国家の助成を基礎に成立しているとすれば，それは公企業的性格をもった企業経営ということになる[注11]。

　市場主義改革により企業の参入が容認された段階では，このような性格の農業の企業化は次の二つの経路で進むことになる。
①企業牽引型：農業へ参入した一般企業が農業経営を牽引する構造である。
②地域自立型：農業経営が相互に連携（会社，協同組合等の組織化）を図り，その上で一般企業との連携を構築する構造である（第1-2図）。

　企業牽引型が牽引企業のインテグレーションのもとでの農業経営の企業化（内実は賃労働者化）であるのに対して，地域自立型は連携企業とのパワー

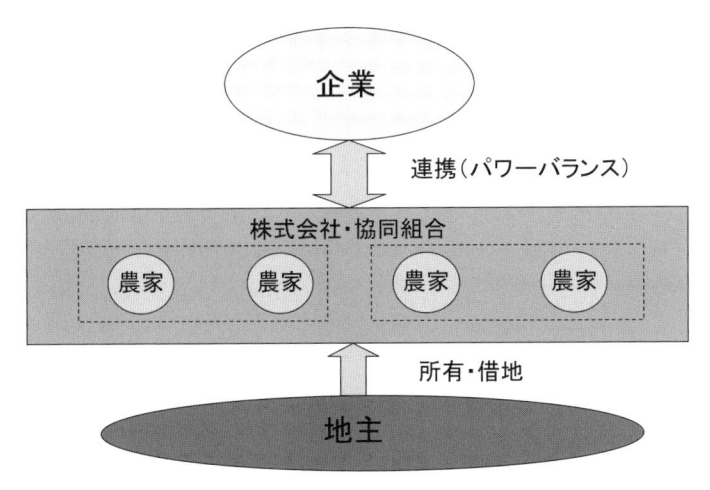

第1-2図　地域自立型農業の企業化
資料：筆者作成．

バランスのもとでの農業経営の企業化である。企業化の経路によって，形成される農業企業経営の性格は異なるといえよう[注12]。地域自立型では，地域社会の構成員に対するステークホルダー経営としての性格が強く出る[注13]。

5. まとめ—企業化の展望と農業経営学—

　農民層分解論と農業経営学は，構造分析に不可欠な研究体系である。当初は「単なる業主」としての生業経営を対象にしていたが，その後の構造変化の過程で現状認識も多様化し，分解（抑止）要因あるいは発展（抑止）要因について何を重視するかについても一様ではない。しかし，構造変化，経営発展のメカニズムの解明は共通の課題であり，今日的な外部環境と内部要因の変化を認識しつつ相互にさらなる研究交流を深め，農業経営の発展と食料の安定供給体制の構築に貢献するものでなければならない。

　土地利用型農業の企業化は，制度的，技術的，経済的に可能になりつつあるのであろうか。市場主義的な制度整備は競争力を強め，技術的には工業的な技術・経営管理に接近し，分解促進的補填体系のもとでの低労賃，低地代という条件が形成されるとすれば，今後さらなる検証が必要ではあるが，確かに企業経営を成立させる素地ができつつあるといえる。しかし，それは所得補填によって成立しているという意味で公企業的性格をもつものであり，その補填が不可欠であり（その意味では政策リスクが高まり），技術的にも雇用型経営を可能にさせるほどの十分なマニュアル化にはまだ限界がある。

　さらに，例えこれらを乗り越えたとしても，地域社会のなかでの経営の存在は，独特のステークホルダー経営たらざるを得ず，つまり，生まれながらにして企業の社会的責任（CSR）が求められ，一般の企業経営とは違う性格を持つとしなければならない。これは利潤の増大を抑制し，土地利用型農業は利潤目的だけで経営することが難しいことを意味する。総じていえば，今日の段階の土地利用型農業では，語義矛盾ではあるが，公企業的性格をもった協同組合的な企業的経営（ソーシャル・ビジネスとしての性格をもつ）の成立可能性はあるといえないだろうか。

　農業経営学は，制度の変化（市場主義化）を意識しつつ，生産工程と管理に立ち入った発展の分析をさらに進め，ステークホルダー経営としての企業形態，ガバナンスとそこから生じる経営行動の独自性の分析を進めるべきで

あろう。また，今後は特に農業企業経営の評価の視点が重要である。効率性だけでなく，持続性（社会的，自然環境的）の視点も含めた総合的評価が求められる。総じて，市場主義下の農業企業経営の特質と存立条件の解明，その評価が分析課題となろう。

注：1）この場合の「小農」は，雇用も被雇用もない家族経営を意味する。両極分解とは，その小農がそれとはまったく性格を異にする「資本家」と「賃労働者」に分解することであり，これにより資本家経営が形成されることになる。

注：2）日本農業経営学会では，このような特質を備えるようになった経営を「新しい農業経営」として注目した（日本農業経営学会編[16][17]）。その「新しさ」の内容として，諸岡・生源寺[17]は「法人を含む多様な農業経営体，それぞれの経営戦略とコンセプト，経営資源，ビジネス規模，垂直・水平的多角化，外部環境のマネジメント，ネットワーク，経営成長等」をキーワードとして整理した。また，八木[16]は，新しい農業経営の特質として，①事業規模と事業領域の拡大，②経営資源の調達や外部依存，③法人化，分社化，法人間事業連携，④戦略経営，⑤マーケティングをベースにおいた経営，⑥社会的責任を持つ経営，⑦経営者の役割が経営の核となった経営として指摘している。なお，稲本[17]は，「新しい経営」として「少数の最上層の農業経営（「1％経営」）」だけではなく，「職業型農業経営」，「生活スタイル型農業経営」を含めた「幅広い範囲の農業経営」を考えているが，一般的には「少数の最上層の農業経営（「1％経営」）」に注目した研究が多いようである。なお，近年の構造変動の動向については小田切編[22]，雇用型経営の動向については金沢編[11]を参照のこと。

注：3）辻[17]は，従来の農業経営学の問題認識は，「いかに農業生産力を向上させるか」であったとしている。そこから農法論，あるいは，農業経営方式論，土地利用方式論が重視されてきた。

注：4）経営学は一般に収益性評価を第一義として評価しがちであるが，この点，石崎[17]は成長性，有効性，公益性，事業性からの総合評価が必要であると主張している。農業経営をどのように評価するかは，今後の経営政策にとって不可欠な前提である。

注：5）磯辺は，「自給経済型」から「商品生産的労働型」（労働型の家族経営）へ，それがさらに「商品生産的資本型」（資本型の家族経営）と「附随的自給農業型」に分化発展するとみていた。

注：6）石崎は，生活型農業である生業的経営を「生業的企業」とも称している。一般経営学では，「企業」を「何らかの業（仕事）を企てるところ」（上林他[9]）とする場合（最広義），あるいは私企業，公企業等のすべてを企業と称する場合（広義）など，非常に緩やかに使用する場合があり，それらの使い方に準じてのものであろう。その反面，企業とは「資本主義体制下で，営利性原則に導かれるところの独立的な営利経

済」であり，その「営利性原則とは，生産手段の私的所有にもとづいて，貨幣利潤の最大化を目的として経済的機能を遂行する企業行動の原理」であるとする狭義の定義がある（占部[36]）。狭義でいえば，生業経営（生活のために業を営む経営）は企業ではない。「企業的経営」の場合の「企業」は，この狭義の定義を念頭に置いているといえよう。その場合の「的」は利潤範疇までには至らないが，投下資本に対する利子範疇程度は目標にするという意味での「その手前の過渡的」という意味が込められているのであろう。生業経営が層をなして存在した農業部門だからこそ焦点が当てられた用語である。本章では，農業経営学の従来の用法を基本的には踏襲するが，利子も利潤の一部であり「企業的」も企業経営に含めて考えてもよいと私は考えている。すなわち生業経営から脱した経営（それには家族経営も雇用経営もある）を企業経営と認識している。その意味では企業経営をやや広く捉えているが，その企業経営の多様性を重視している点を強調したい。

注：7）その後，企業経営への発展論理に関して，一般経営学の適用による新たなアプローチが提示されてきている。ビジネスモデル（日本農業経営学会編[18]，合瀬他[24]），ナレッジマネジメント（日本農業経営学会編[19]），ネットワーク論（組織間関係論）（金沢編[10]）等を参照のこと。また，一般経営学からみた農業経営については高知工科大学大学院起業家コース[12]を参照のこと。

注：8）近年，農業経営学でもステークホルダー経営が注目されてきている（高橋[32]，門間・納口[18]）。高橋は，地域的責任論の必要性を主張している。

注：9）磯辺[4]は，阪本が「農業技術の特性から，農業は資本家的大経営には不適」だとしたことについて，技術的制限は緩和可能性があるものであり「農業に特殊な風土的な技術的条件によってのみ」大経営の形成が困難だというのは問題であると阪本を批判している。なお，生産力格差を最初に実証的に明らかにしたものとして今村[2]，梶井[7]を，また，分解のメカニズムについては田代[34]を参照のこと。

注：10）経営革新にとっての一つの鍵が知識（ナレッジ）の共有にあるとみるナレッジマネジメント論にとって，「暗黙知の形式知への転換」は重要な要素となっている。ただし，この暗黙知は従来「明活（ミンフォア）」労働，「暗活（アンフォア）」労働として議論されてきた領域の問題であり，暗黙知である暗活労働の存在が大規模化を困難にしているとの主張はあった（阪本[29]）。ただし，「「暗」の要素をいかにして表に出して科学化するか，……それによって「明」と「暗」の接近を計る」（斎藤誠）ことが肝心だという問題提起もすでになされていた（磯辺[4]）。ナレッジマネジメント論の農業への適用については日本農業経営学会編[19]を参照のこと。

注：11）集落営農である農事組合法人西老蘇営農組合（滋賀県安土町）は，集落営農化自体がコストダウンを可能にするが，さらなるコストダウンを目指してナレッジマネジメント経営を実践している。本事例については安田・藤井[19]を参照されたい。

注：12）ただし，企業の出自の違いだけで企業経営の性格に線を引くことはできない。地域の中小企業の農業参入等の場合は，地域自立型の構造を持つこともある。農業への

企業参入については日本農業経営学会編[20]を参照のこと。
注：13）地域農民の永続をあらゆる側面からサポートする株式会社田切農産（長野県飯島町）はその典型である。本事例については拙稿[27]を，地域自立型である集落営農の発展方向と支援方策については滋賀県担い手育成総合支援協議会[31]を参照されたい。

［参考・引用文献］

[1] ルース・ガッソン，アンドリュー・エリングトン（2000）：『ファーム・ファミリー・ビジネス―家族農業の過去・現在・未来―』，筑波書房．

[2] 今村奈良臣（1969）：『稲作の階層間格差―生産力視点からみた山形庄内・新潟蒲原・佐賀平坦の比較分析―』（「日本の農業」62号），農政調査委員会．

[3] 磯辺秀俊（1962）：「家族農業経営の類型」，同編『家族農業経営の変貌過程』，東京大学出版会，pp. 13-18．

[4] 磯辺俊彦（2000）：『共（コミューン）の思想―農業問題再考―』（現代の危機を考える6），日本経済評論社，pp. 42-43, 103-130．

[5] 岩片磯雄（1965）：『農業経営通論』，養賢堂，pp. 10-11．

[6] 岩元 泉・佐藤 了（1993）：「企業形態論」，長憲次編『農業経営研究の課題と方向―日本農業の現段階における再検討―』，日本経済評論社．

[7] 梶井 功（1969）：「農民層分解の現段階」西山武一，大橋育英編『農業構造と農民層分解』，御茶ノ水書房．

[8] 梶井 功（1985）：「[解題]農民層分解論―事実と諸論調」，同編『農民層分解論Ⅱ（昭和後期農業問題論集4）』，農文協，p. 327．

[9] 上林憲雄他（2007）：『経験から学ぶ 経営学入門』，有斐閣，p. 2, pp. 34-46．

[10] 金沢夏樹編集代表，納口るり子，佐藤和憲編集担当（2005）：『農業経営の新展開とネットワーク』（日本農業経営年報No. 4），農林統計協会．

[11] 金沢夏樹編集代表，青柳斉，秋山邦裕編集担当（2008）：『雇用と農業経営』（日本農業経営年報No. 6），農林統計協会．

[12] 高知工科大学大学院起業家コース（2009）：『農業ビジネス学校―「自立する地域」への7章―』，New York Art．

[13] F・マグドフ，J・B・フォスター，F・H バトル編（2004）：『利潤への渇望―アグリビジネスは農民・食料・環境を脅かす』，大月書店．

[14] 持田恵三（1996）：『世界経済と農業問題』，白桃書房．

[15] 中野一新編（1998）：『アグリビジネス論』，有斐閣．

[16] 日本農業経営学会編（2000）：「研究大会シンポジウム報告 統一課題 新しい農業経営の出現とその評価」，八木宏典「新しい農業経営の特質とその国際的位置」，『農業経営研究』，37（4），pp. 5-7．

[17] 日本農業経営学会編（2001）：「研究大会シンポジウム報告 統一課題 新時代に向

けた農業経営理論の再構築―農業経営学の新たな地平―」，辻　雅男「会長挨拶　20世紀から21世紀への橋渡し」，諸岡慶昇・生源寺眞一「座長解題　新時代に向けた農業経営理論の再構築―農業経営学の新たな地平―」稲本志良「『新しい農業経営』の理論的課題」，石崎忠司「農業経営の企業経営化―生業的経営から企業家的経営へ―」，『農業経営研究』，38（4），p. 1, pp. 3-4, p. 8, 13, 39.

[18] 日本農業経営学会編（2008）：「研究大会シンポジウム報告　統一課題　企業的農業経営のビジネスモデルと農業経営学の新たな挑戦」，門間敏幸・納口るり子「座長解題　企業的農業経営のビジネスモデルと農業経営学の新たな挑戦」，『農業経営研究』，45（4），p. 4.

[19] 日本農業経営学会編（2009）：「研究大会シンポジウム報告　統一課題　ナレッジマネジメントによる農業経営の革新と組織化」，安田惣左衛門・藤井吉隆「集落営農におけるナレッジマネジメント」，『農業経営研究』，46（4），pp. 27-34.

[20] 日本農業経営学会編（2010）：「研究大会シンポジウム報告　統一課題　農業における企業参入の現状と展望」，『農業経営研究』，47（4）．

[21] 農業問題研究学会編（2008）：『労働市場と農業―地域労働市場構造の変動の実相―』（現代の農業問題2），筑波書房．

[22] 小田切徳美編（2008）：『日本の農業―2005年農業センサス分析』，農林統計協会．

[23] 大塚　茂，松原豊彦編（2004）：『現代の食とアグリビジネス』，有斐閣．

[24] 合瀬宏毅他（2005）：「特集　革新する農業経営―日本型ビジネスモデルの創造―」，『農業と経済』，71（1）．

[25] 酒井惇一（1980）：「農業経営の企業形態」，吉田寛一，菊元冨雄編『農業経営学』，文永堂，p. 45.

[26] 酒井富夫（2008）：「農業構造問題の分析視角」，農業問題研究学会編，『農業構造問題と国家の役割―農業構造問題研究への新たな視角―』（現代の農業問題 4），筑波書房．

[27] 酒井富夫（2009）：「長野県飯島町の地域営農システム―経営体の確立を通して自然体をつくる―」，滋賀県担い手育成総合支援協議会，『次世代型集落営農研究会報告書―多様なタイプの集落営農の発展過程―』．

[28] 阪本楠彦（1968）：『農業経済概論　全』，東京大学出版会，pp. 301-302.

[29] 阪本楠彦（1972）：『社会主義の経済と農業』，東京大学出版会．

[30] 阪本楠彦（1980）：『幻影の大農論』，農文協．

[31] 滋賀県担い手育成総合支援協議会（2010）：『次世代型集落営農を目指して―次世代型集落営農育成マニュアル―』．

[32] 髙橋正郎（2001）：「経営環境の変化と農業経営における企業者―農業経営者像の変遷と企業的農業経営者の出現―」，金沢夏樹編集代表，稲本志良，八木宏典編集担当，『農業経営者の時代』（日本農業経営年報 No. 1），農林統計協会．

[33] 玉真之介（2006）：『グローバリゼーションと日本農業の基層構造』，筑波書房．

[34]田代洋一（2003）：『[新版]農業問題入門』，大月書店，pp. 31-37.
[35]東畑精一（1978）『日本農業の展開過程』（昭和前期農政経済名著集 3），農山漁村文化協会（原典は1936）．
[36]占部都美（1980）：『経営学原理』（著作選集Ⅰ），白桃書房，p. 4.
[37]宇佐美繁（1974）：「稲作上層農の性格」，古島敏雄編，『産業構造変革下における稲作の構造（Ⅰ・理論篇）』，東京大学出版会．
[38]和田照男編(1995)：『大規模水田経営の成長と管理』，東京大学出版会，pp. 85-144.
[39]矢口芳生編集代表，平野信之著（2008）：『大消費中核地帯の共生農業システム―関東・東海・近畿―』（共生農業システム叢書5），農林統計協会，p. 22.
[40]山田盛太郎（1985）：「日本農業における再生産構造の基礎的分析」，梶井功編『農民層分解論Ⅱ（昭和後期農業問題論集4）』，農文協，p. 111（原典は1962）．

第2章　農業における「企業経営」の実態と課題
—経営実務の視点から—

佛田利弘

1. はじめに

　農業における企業経営は，緒に就いたばかりであるといえる。それは，未だ農業経営の大層が兼業経営であり，家族経営であることが端的に示している。兼業先という外部経済によって農家経済が支えられている構造の中に，専業経営が存在しており，農業経営者の視点で地域を見ると，兼業農家に相対して，ようやく法人経営が認識され始めてきたという状況である。

　家族経営は，その組織の指揮命令権や資本，技術がいわゆる組織的かつ合理的意図をもって機能しているものは決して多くはない。一方，法人経営は同じく家族経営が主体となっているものが多く，家族経営の域を出ない。そうした中でも少数ではあるが，共同経営や集落経営，外部資本が導入された経営等において，ようやく組織経営といえるものが存在し始めている。

　本章では，組織経営を企業という機能が合理的に運営されるべき意図を持ち，かつ複数の者で構成された組織として，その経営資源が経済的かつ社会的に合理的に活用されることを目的として，その事業活動を行っている経営を指すと整理した。

　筆者は昭和58年に農林水産省農業者大学校を卒業し，本格的に自家の農業に従事し，昭和63年には有限会社ぶった農産（石川県野々市町）の取締役に就任した。そして平成13年には，株式会社ぶった農産の代表取締役社長に就任している。また，農業経営に従事しながらも，農業経営者から見た客観的な農業関連産業の在り方を提言することを目的に，株式会社ジャパン・アグリカルチャー・マーケティング&マネジメント（2003年4月設立）の代表取締役副社長も務めている。これまでは，農業経営の調査・コンサルティング業務，企業のアグリビジネスコンサルティング業務，生活者等のニーズ調査業務，農業経営及び農業参入企業等の事業成長性評価業務，食農連携の支援業務等を主たる業務として取り組んできた。

　本章は，農業における「企業経営」の実態と課題というテーマを扱うこと

としているが，株式会社ぶった農産の代表という立場を離れて，アグリビジネスのコンサルタントとして得た実務の経験のもとに農業経営がどのような課題を持ち，その実態がどのような動きをしているかを実務家の視点から，問題の整理を試みる。

2. 農業経営の分類

　企業は，営利を主たる目的として一定の計画に従って経済活動を行う経済主体（経済単位）であり，企業経営は，その目的達成のための経営を行う組織をいう。それが，私企業であるか公企業であるか。または，法人であるか個人であるかをここでは限定しない。企業経営目的の達成のためには，その形態として，経済主体が機能最適を求めた姿であって，組織の形態の選択やその存在そのものが目的ではない。言い換えれば，その経営の持つ経営環境やその資源がその経営の企業としての意図を左右するともいえる。

　農業からみれば企業経営という形態は遠かったが，その機能がようやく必要とされている環境となってきている。その農業経営を企業経営として考えるにあたって以下のように分類を試みた。

　農業経営においては，**第2-1表**のように，①出自が農家であるか否か。②法人であるか個人か。③同族であるか非同族か。④通年雇用者が雇用であるか非雇用であるかというような比較整理を行うことが，農業経営を見るに当たって現実的な視点となる。

　これは次の背景に依拠する。①出自については，農業における基礎技術や地域の慣習・しきたりがある程度理解されているか。また地域内の構成員に認知され地域での協働関係にあるかということが，農業経営にとっては重要な要素である。

②法人化については，農業という事業に積極的な意図を持っているかということが，農業経営を分類する際に必要な視点となる。

③資本政策とその持続，組織の公共性に関係することが，血縁関係という視点を用意する根拠である。

④通年雇用者の有無に注目することは，農業経営の事業規模や組織展開の方向性を示す材料となる。

　第2-1表の分類の中で，雇用型家族法人経営型，大規模志向法人経営型，

第 2-1 表　農業経営の分類

既存	法人	同族	雇用	①雇用型家族法人経営	ぶった農産，ヒルズ，安達農園，伊豆沼農産，永井農場，グリンリーフ，佐々木農園，やさい畑，梶尾牧場，杉農園，アースワーク，ワイルドプランツ吉村，ゆふいんフローラハウス
			非雇用	②専業法人経営	ばんば，和名川ファーム
		非同族	雇用	③大規模志向法人経営	神林カントリー，フロメリア・ギフ，松永牧場，六星生産組合，サカタニ産産，谷口農場，グリーンちゅうず，西上経営組合，ジェイ・ウイング・ファーム，南州農場，黄金崎農場，伊賀の里モクモク手づくりファーム，ファーム木精，デコポン，勝山シークワサー
			非雇用	④集落法人	たんぽぽ，無茶々園
	非法人	同族	雇用	⑤雇用型家族経営	霜里農場
			非雇用	⑥家族経営	おさだ農場
		非同族	雇用	⑦雇用型集落営農	
			非雇用	⑧集落営農	
新規	法人	同族	雇用	⑨同族企業参入	
			非雇用	⑩家族法人参入	
		非同族	雇用	⑪建設・食品参入	木ノ内農園，(株)スギヨ
			非雇用	⑫脱サラ仲間参入	
	非法人	同族	雇用	⑬脱サラ等	
			非雇用	⑭脱サラ等	
		非同族	雇用	⑮新規雇用集落営農	
			非雇用	⑯新規集落営農	

集落法人型，建設・食品参入型が，今後の農業法人経営として中核を担ってゆくと思われる。また，非法人であっても，同族の家族経営も根強く経営を維持していくことが考えられる。

3. 法人経営の分類視点

農業法人は，六次産業化といわれるように，多様な経営形態を持つが，その経営形態の分類を実務的視点から行った 2002 年度農業法人インタビュー調査報告（社団法人日本農業法人協会）から抜粋した農業法人タイプ仮説（第 2-1 図，第 2-2 図）をもとに，農業法人のモデル分類の特徴を整理する。

この分類は，調査当時の代表的な農業法人経営 20 社を対象にして，その特徴を分類したものである。視点①は，社会性─経済性と大規模─付加価値という規模と営利に着目した仮説で，経営の経済から最適志向を分類している（第 2-1 図）。

視点②は，自己完結─補完関係，連携─連帯という経営組織の開放性とそ

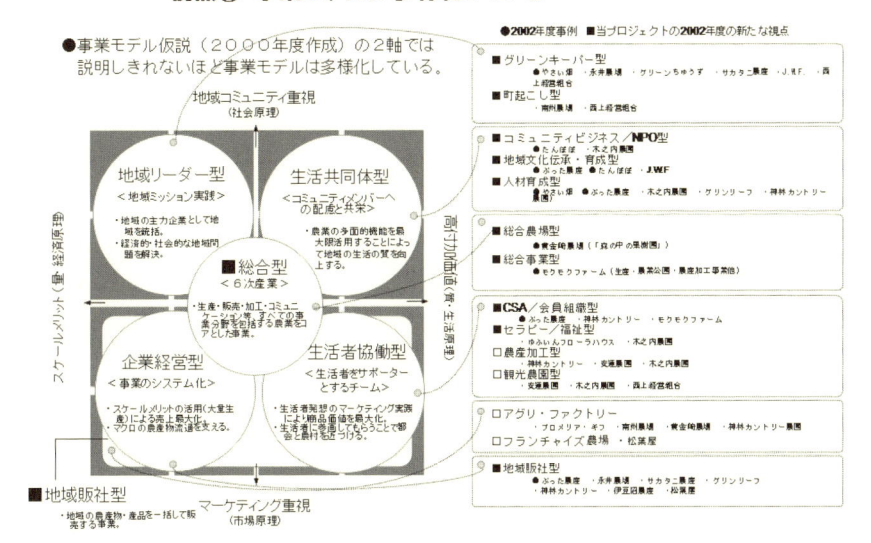

第 2 章　農業における「企業経営」の実態と課題　(45)

第 2-1 図　経営の最適性からみた分析視点
資料：社団法人日本農業法人協会[1]を加筆・修正.

の結びつきに着目した分類となっている（第 2-2 図）。

　第 2-1 図，第 2-2 図に示したように，農業経営はいくつもの視点で分類することができる。農業経営は，**第 2-1 表**のような基礎的な構造の分類はもとより，多様な視点で分類できる経営が出現してきたことにその特徴がある。

　単に，一次産業と二次産業と三次産業の相乗効果という範囲の経済によって何か一律の経営形態が存在するわけではなく，農業経営は①人という労働者から管理者・経営者へと多様な機能進化，②施設や機械の最適利用やその目的の実現，③資本の構造や利潤動機を実現させる意図，④農地（土地）の環境と能力や利用方法等，様々な切り口やそれぞれが持つ経営資源に経営者の多様な利潤動機の組合せによって形成される。二つと同じものがない経営が存在するのも，その多様な諸条件の組合せで成立しているといえる。

　また，法人経営という社会的人格の経営も自然人と同様にさらに変化に富んだ環境の変化に適応すべく多様な経営が存在し，さらにその多様性をどのように進化させていくかが注視される。

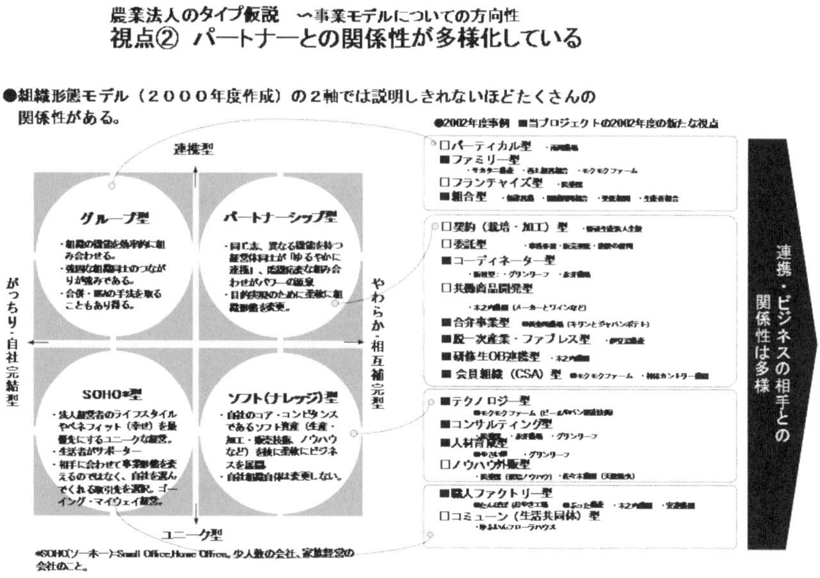

第 2-2 図　経営の開放性からみた分析視点
資料：社団法人日本農業法人協会[1]を加筆・修正．

4. 調査モデルケース

　経営実務としての経営の評価とその問題の抽出は，その経営の成果を一定の意図をもって最大化することにある。それを阻害する課題や環境の除去やその改善を経営支援の中核とする。そのような目的を持って経営を調査し，その結果をビジネスモデルとして解析し，整理する。ここでは，米の経営のモデル分析の一端を紹介する。モデル分析の手法は，その経営の優位性がどのように経営に貢献しているか。その優位性の源泉となっている資源の抽出から始まる。

　モデル分析は，①経営の優位性がどこにあるか。②その優位性の源泉は何か。③経営者がその優位性を意図しているか。④他の内部要因は何が関連しているか。⑤影響を及ぼしている外部要因は何か。⑥利潤動機は具体的に何か。⑦経営の致命的劣位は何か。⑧得た情報は事実か。⑨実務的な成果は持続するか。⑩リスクコントロールは予想した範囲の中に収まっているか等の

要素を洗い出し，全てを分解することにはじまる。経営者の意図を持って，その分解したものが再現性のあって同じように組み立てることができるかがモデルとして分析できるか否かの条件である。ここで言う一定の意図のもとで再現可能な経営であることが，その持続性を担保することとなる。

本章では，兼業地帯である愛知県の A 経営と専業地帯である山形県 B 経営を対象に，稲作経営のモデル分析を試みる。

(1) A 経営の概要

A 経営の経営展開を整理する。A 経営は，先代が果実等の引き売りを行ない，約 30 年前に 3 度目の移住先として現地に移転している。平成 10 年に法人化し，後継者は生産加工販売を行っている農業法人で 1 年研修後，平成 14 年に入社した。法人化後に米の特別栽培に取り組むとともに，転作作物を麦に切り替え，現在の経営作目は米，麦，桃（露地栽培）となっている。

経営概要は，役員 3 名と社員 3 名，そして季節パートを数名雇っている。経営面積は，米 25ha，小麦 15ha，桃 80a，田植え作業受託 3ha，稲刈り作業受託 20ha，乾燥調整受託 8,000 俵である。売上は 7,000 万円であり，販売先は生協，直売所，個人である。

続いて，**第 2-3 図**に示した SWOT 分析の結果から A 経営の経営戦略を整理する。強みを生かす戦略として，農地集積を一層進め，生協・直販中心の拡張を指摘できる。続いて，弱みを克服する戦略として，品質工程管理（GAP 等）の導入による稲作等の主要部門の強化を指摘できる。そして，脅威を克服する戦略として，米の販売ネットワーク化と営業が出来る社員の育成を指摘できる。最後に，機会を生かす戦略として，兼業農家を支え，地域の農地・農業の特徴を生かした地域共生経営への転換を指摘できる。

(2) A 経営からみる兼業地帯の稲作経営モデル

A 経営は，稲作の借地経営で作業の請負と果樹等の作物を組み合わせたケースで，地域における兼業農家と専業経営と地域企業が，それぞれの機能を果たし，その機能補完をそれぞれの立場の優位性に変えている。これは，一見どこにでもあるような経営であるが，それぞれの立場の利潤動機を最大化したことにある。その重要な要素は，その三者の距離と地場経済がそれぞれ

強み(Strengths)：目標達成に貢献する組織（個人）の特質	弱み(Weaknesses)：目標達成の障害となる組織（個人）の特質
・引き売りを起点に販売起点の社風が定着 ・農地の集積が進む(兼業化が進捗) ・コアターゲットにあわせた生産品質で，廉価な生産管理を実現(特別栽培米) ・役員借入で売上げ相当の資金を調達 ・設備投資を極力抑制し，償却コストを抑えている ・ビジネスセンスを持った後継者の存在	・人材の定着率が低い ・組織経営となっていない ・経理・記録が不明瞭 ・ビジョン・戦略・スキル等が明文化されていない ・技術の向上・開発が脆弱 ・米，桃以外の新規主要事業が未着手
機会(Opportunities)：目標達成に貢献する外部の特質	脅威(Threats)：目標達成の障害となる外部の特質
・地元に市場がある ・兼業化の進展から農地の拡大が可能 ・環境変化で国産農産物や環境保全型産業への注目が高まる ・農業の教育的機能が評価され始める ・農業の様々な分野への展開が行われ始めている ・周辺の大規模農業法人の高齢化とリタイア ・農業労働力(従業員)の確保が容易になり始めている	・経済環境の変化で消費構造も変化(安価な農産物の要求) ・米の生産調整自由化等で価格下落の恐れが高まる ・米のコモディティ化がさらに進行 ・農業従事者の極端な高齢化で急速な従事者不足 ・農政変化等の外部要因の影響大

第 2-3 図　A 社の経営戦略

の経済に循環する機能を有しているかである。愛知県特有の要素を部分最適として組み合わせつつ，それが全体最適に機能しているところにある。

　第 2-4 図に示した兼業・企業・専業のクロスマネジメントモデルの概要は以下の通りである。まず，兼業経営は農業の小規模均衡で経営を安定化する。すなわち，①集落の周辺管理に参画し，美しく人間関係が豊かな農村を維持する。②農産物を生産することで，自家消費の確保と販売による家計経済を補完する。

　続いて，専業経営は，兼業農家と提携し，作業の受託，農産物の販売を受託し，短時間労働者（高齢者等）を雇用する。すなわち，①農地利用の生産

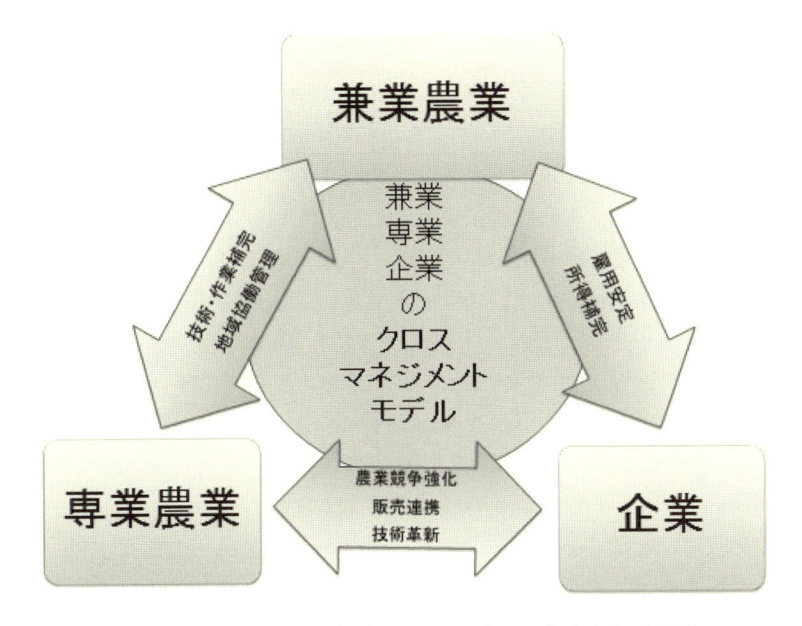

第 2-4 図　クロスマネジメントモデルに求められる要件

のみから，作業受託の定額業務により，売上の安定と償却を確保する。②兼業農家の販売物を集約管理し，技術指導等により，競争力ある農業を専業・兼業・企業の関係性により実現する。③短時間雇用の高齢者等を雇用し，労力の季節的不足の解消と労働弱者の所得確保に貢献する。

最後に，企業は，従業員農家の支援により農家経済と地域の安定及び企業の人材確保に貢献し，専業農家にはノウハウ，販路を提供する。すなわち，①農家の生産管理や，販売を側面的に支援することにより，農家経営の持続的安定を確保する。②企業は，長期的に雇用の確保や地域の安定により，社会的使命の達成と企業及び農業の競争力強化に貢献する。③専業農家に対し，技術革新，海外販路開拓，生産工程管理を企業が支援する。

以上をまとめると，兼業農家（＝家族が地域企業従業者）の健全な営農は，地域企業の健全な経営管理の一要素である。そのための効果的なサポートは，直接兼業農家に個別的に行うよりも，地域の専業農業経営が兼業農家との組み合わせで地域の農業発展を目指すことができるように，専業農業経営を主体にしたサポートをすることである。

(3) B経営の概要

　経営の外部環境として，昭和63年に農地の基盤整備が進むとともに，作業等の共同化が進み始める。B経営は1998年に法人化し，法人化後は，ライスセンターの建設や東京の業者へ米の販売に行い，催事等に積極的に対応した。また，刈り取りを共同作業化した。現在では，オーストラリアへの米の輸出や，乾田直播に取り組んでいる。また，ネギとブルーベリーの栽培に取り組むことで複合経営に移行するとともに，加工部門の導入を行っている。

　人員は，役員を含め社員8名，年間パート5名，季節パート3名の計15名である。経営面積は，米102ha，ネギ21ha，施設（食用サボテン；ソルト・リーフ）1,140坪，果樹（ブルーベリー）7haである。調査時の売上計画は，米1億5,960万円，施設園芸700万円，ネギ400万円，果樹230万円，加工部門805万円，その他530万円で合計1億8,625万円である。販売先は，米屋（小売），直販（個人），業務，中間バイヤー，JAとなっている。

　続いて第2-5図に示したSWOT分析の結果から，強みを生かす戦略として，販売起点での営業活動として，価格形成力をもった販売を指摘できる。弱みを克服する戦略として，米の乾田直播等のコストダウンということで，新しい技術での直播きを指摘できる。脅威を克服する戦略として，農地の集積による効率化ということで，農家の離農の機会を捉えることを指摘できる。

強み(Strengths):目標達成に貢献する組織（個人）の特質	弱み(Weaknesses):目標達成の障害となる組織（個人）の特質
・経営者の販売能力 ・米の輸出の取り組み ・地域内での農地の集積 ・商品開発への取り組み ・仲間がいる	・消費地が遠い ・代表経営者のリーダーシップに依存 ・補助金に依存している ・米の乾田直播技術が未確立 ・後継者が決まっていない
機会(Opportunities):目標達成に貢献する外部の特質	脅威(Threats):目標達成の障害となる外部の特質
・兼業農家が本格的にリタイアしはじめる ・米の輸出が始まった ・地域では注目されている ・インターネットで販売が可能になる	・米の価格が下落している ・生産調整が継続して行われている ・米農家の淘汰がはじまった ・政権が変わり，政策が不安定 ・バイオリスクが高まっている

第2-5図　B社の経営戦略

最後に機会を生かす戦略として、米の輸出による新規需要戦略ということで、これは生産調整にもカウントされ、世界的市場への進出にもつながる。

(4) B 経営からみる専業地帯の稲作モデル

　B 経営は、山形県の部分協業型稲作経営である。構成員一人ひとりがその得意分野を生かす担当となっていることや、その全体のマネジメントを明確な意志を持ったリーダーが存在する人的能力に依拠した経営である。構成それぞれが別々の能力を発揮するのではなく、そのそれぞれの優位性を他の構成員に波及させているところにある。その波及は、経営内にスキルの標準化を促すところに至っている。農地の集積力、生産力という技術、販路という販売力の最適化を意図的に行っていることが、このモデルの特徴である。

　第2-6図に示したスキルパワー経営（人間力経営）の実現の概要は以下の通りである。まず、能力を標準化（スキルスタンダード）する必要がある。すなわち、属人的な経営者個人の能力に依拠するのではなく、その技術力・販売力・経営力を標準化し、そのスキルを組織内に定着普及させることで、より優れた組織としての経営体を作る。

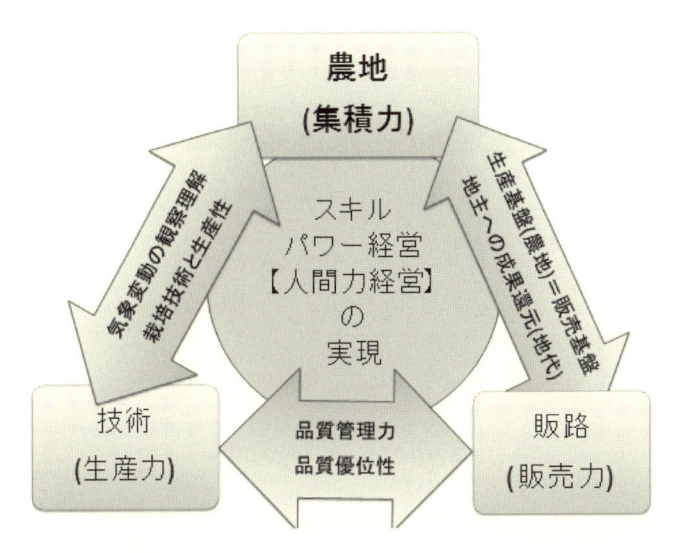

第2-6図　スキルパワー経営の実現に求められる要件

続いて，経営戦略による組織統治と実践が求められる。すなわち，家経営から組織経営への展開をはかり，合理的な意志決定や行動に基づいて，より着実に成果をあげる仕組みを作る。そのためには，組織統治と実践のプログラムが必要となる。

最後に，人間力経営の実現である。スキルと組織は，その属人的モチベーションによって成果を生み出す。すなわち，経営能力とはその人間力と言い換えることができる。また，農業技術の匠に見られるように，単純化された稲作等の卓越した技術力の確保のためには，モチベーションが重要な意味を持つといえよう。

以上を纏めると，東北をはじめとする米中心の経営体は，価格の下落や生産調整，補助金といった政策的利害関係に大きく影響されることから，その支援に依存せずには経営は成り立ちにくいが，本来，その政策的ファクターに依存せずとも，経営が成立し，持続できる経営体を構築しなければならない。したがって，優れたスキル（能力）を定着し，組織として運用するところに，優位性を確保する機会があり，水田経営のしきたり・慣習をも能力化し，人間の力を最大限生かした経営を実現することにより経営の成長に結びつけることができる。

5. 結語

農業経営は，変化する内外の環境と経営資源を経営の利潤動機によって最適化する機能を有する。しかし，その最適化行為が，どの段階やいかなる環境や経営資源の変化によって起きるかは，経営及び経営者の意志決定に依拠する。また，経営は自らを主体化した経営者の発意とそれに基づく動機によって，経営者や経営が持つ経験や技能と入手可能な資源によって経営を成立させようとする。

農業経営を数ある他の産業の経営と比較しても，この基本的行動目的に変わりはないが，生物を育成することからみられる特殊性の基本的な差違は**第2-7図**にある三点の内部要因と一点の外部環境によるもと考えられる。

この特殊性によって農業は一定の制約を受けてきたと考えられるが，いいかえれば経営の利潤動機は，この要素の克服でもあったと思われる。

今までの日本の農業経営は家族経営が主体であり，これは**第2-8図**にある

第 2 章　農業における「企業経営」の実態と課題　(53)

農業の3＋1の特殊性

生産物の成長が遅く、早めることは難しい
・→投下資本の回転が低い

経営資源(農地等)単位当たりの収益性が低い
・→他産業に比較して利潤が低水準

天候・国際環境等の外部の環境に影響されやすい
・→変動が大きくリスクが高い

＋

地域・自然環境に影響される
・→集落や用水、地域住民、自然環境と密接に関わる

Toshihiro BUTTA©2010

第 2-7 図　農業の他産業との差違

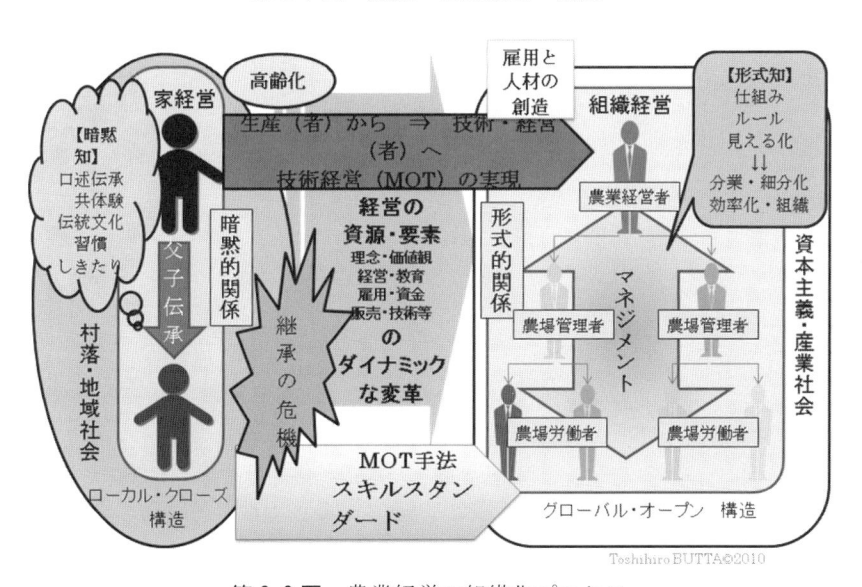

第 2-8 図　農業経営の組織化プロセス

ように主に親子間を中心とした血縁関係が，生活を共にして得られた農業の知識伝承のプロセスであったが，農業の構造変化によって農家が兼業経営となり，多くのリタイア農業者をも生み出した。一方でそれを好機と捉え，規模拡大を進めた専業経営による雇用経営が出現したことにより，労働者，管理者，経営者という各層が出現した組織経営が生まれた。この組織経営によって，特に労働者層と管理者層・経営者層間において，技術の明示的伝承が求められるようになった。すなわち，農業経営が組織経営として成立することによって，経営そのものが企業経営と移行することが考えられる。いわゆる，農業法人の経営そのものがその存在として顕在化している事実である。

したがって，農業経営学はその対象である農業経営の実態と課題を的確に把握し，その成立要因を解明し，ひいては農業における企業経営が成立するメカニズムを明示する使命を課せられている。それが，経営の実務に機能する成果であることが必須となることをそれぞれのケースが示していることはいうまでもない。

[参考・引用文献]

[1] 社団法人日本農業法人協会（2005）：『21世紀型・農業経営の時代が始まった』．
[2] 野中郁次郎・竹内弘高（1996）：『知識創造企業』，（梅本勝博訳），東洋経済新報社．

第3章　農業における「企業経営」の経営展開と人的資源管理の特質
―水田作経営を対象にして―

迫田登稔

1. はじめに

　近年の水田作経営においては，米価下落や生産調整の強化などに直面する中，収益確保の上で事業面の多角化やマーケティング対応など多様な業務が必要となっている。特に今後の方向として，企業性を強め，多角的な事業展開を目指す経営体においては，生産面の技能のみならず，市場情報からの洞察力，新事業部門の開拓力，価値創造の機会を見出す力などの「企画立案能力」も重要な意味をもつに至っている。

　同時に，事業展開上，不足する労働力に対して従業員を雇用することで対応するケースが多いが，その従業員の経営的位置づけにも変化が生じている。すなわち正従業員に対して，将来の経営幹部や継承者への成長を期待するなど，家族労働力を補完する単なる作業担当者ではなく，経営理念を共有しながら情報や経験を蓄積し，組織に貢献する「人材」として期待されている。したがって，ここでの正従業員は，就業条件のみに反応して参入・退出する頭数としての単純労働力ではなく，内発的な動機づけ[15]や固有性の高い経験や知識などを蓄積し，従業員ではありながらも「経営者マインド」も併せ持つイメージといえよう。

　以上のように，現在，企業性を強める水田作経営において，従業員は一つの経営資源として，長期的な位置づけに基づいて適切な処遇を行い，育成を進め，能力を発揮させることが経営展開を左右する重要課題と認識されていると考えられる。このような従業員に対する定着や育成を重視した一連の管理プロセスを，従来の農業にみられる短期的で補完的な労働力を対象とする雇用・労務管理とは異なるイメージで捉えるべきと考え，本章では「人的資源管理」という語を用いる。

　また以上のような，経営内における従業員の位置づけの変化は，雇う側の経営体の経営規模や事業構成など「事業システム」注1) の変化に起因する所が大きい。すなわち多角的な事業展開に対応して，従来の「プロダクト・ア

ウト」中心の事業構成ではさほど重視されなかった経験や能力が重要な経営課題として表面化し，その結果，従業員に期待する役割も変化している。

本章では，東北および北陸地域の「水田作における（農業出自の）企業経営」（以下「水田作企業経営」と呼ぶ）が，事業展開の中で生じてきた労働力の質量両面の制約に対して，雇用労働力の導入によって克服しようとする一方で，「従業員の人材育成」という新たな課題に直面している段階にあるという実態認識のもと，水田作企業経営にみられる特徴的な経営展開と，その中での人的資源管理の現状と課題を明らかにする。

2. 既存の研究と本章の作業仮説

農業における雇用・労務管理研究は，早くから企業的展開がみられた施設型畜産や施設型園芸を対象とした事例分析研究が進められてきた[注2]。そこでは作業の標準化が進み，高度なマニュアル化が図られる中で，雇用労働力のモチベーションを喚起する重要性など，一般企業にも共通性が高い管理手法の導入が指摘されている。一方，雇用労働力に依存した経営の増加が注目される近年では，水田作においても従業員を含む人材の確保・育成が，大規模な法人経営における経営発展上の重要課題と認識されている。例えば青柳[1]は周年雇用型経営の具体的課題として，①経営の多角化等による年間就業機会の確保，②中途退職や長期欠勤に対する危機管理，③経営管理能力の向上に向けた動機付けや処遇，④価格変動リスクに対応する販売対応，⑤適材な雇用者のリクルート手法，などを指摘している。

一方，雇用労働力の管理実態に関して，金岡・田口・後藤[6]は，九州における穀作・園芸等の法人アンケート調査から，発展段階によって必要とされる経営資源の性格も異なり，多角化に伴う人材の質の違いや職能の変化を指摘している。さらに金岡[5]は，九州地域の土地利用型法人経営を対象に従業員満足度調査を行い，「農業という仕事自体のおもしろさ」と「家族主義的な管理・運営」を満足度が高い要因に上げる一方，経済的報酬の低さや自己裁量，経営参画に改善が必要と指摘している。また土田[14]は稲作法人における従業員への権限移譲の実態を分析し，中間管理的職能の形成と従業員育成の現状を明らかにしている。

さらに江川[3]は，近年の研究レビューをふまえて「人材論が経営体育成に

つながるような議論が必要」と指摘し，具体的な人材育成論の必要性を提起している。法人経営においても雇用管理チェックシステム[注3)]が活用されるなど，今後の人材の定着・育成手法が模索され，また近年，法人経営者による意識的な人材育成の実践が報告されている[注4)]。いわば農業経営においても，従業員など人材の育成が経営存続に向けて優先順位が高い経営課題と認識されるようになっているといえよう。

　以上のように，水田作経営における雇用・労務管理研究は，インセンティブやモチベーション，モラールなどの行動科学的視点を入れた研究も試みられているが，人的資源管理の対象となる基幹的従業員の全般的な管理・育成の現状に踏み込む研究は，まだ緒に就いたばかりの段階といえる。したがって，水田作企業経営における従業員の位置づけの変化自体に対しては，一定の共通理解が得られるとしても，その背景や実態，研究の意義に対しては多様な認識があると考えられる。そこで本章では，その実態や背景を明らかにする上で，水田作企業経営における事業システムと人的資源管理という概念を適用した分析を試みる。

　既存研究のレビューを踏まえて，本章の作業仮説として2点を挙げる。すなわち，①近年の水田作企業経営における従業員の位置づけの変化は「事業システム」の変化に伴う動きである，②水田作企業経営の多角的な事業展開など，「事業システム」の複雑化に対応して，従業員の募集・育成・動機付け・キャリア開発・処遇など，組織内の育成を重視した人的資源管理が重要な経営課題となっている，である。以上の作業仮説を事例調査から検証する。

3. 水稲作法人における雇用労働力管理の概況

　次に全国新規就農相談センターが行ったアンケート調査結果[注5)]より，水稲作法人における雇用労働力管理の現状を概観しておく。このアンケート調査の回答法人の売上規模は，「1億円以上」が49%，「5,000万以上」が71%を占め，通常の家族農業経営の規模を超えた「企業（的）経営」である。このうち水稲作法人（ただし多くは野菜などの複合部門を有する）における正従業員管理の実態と経営者の意向を要約すると，以下の点が指摘できる。

　①平均的労働力構成は，常勤役員2.7名，その家族2.0名で役員家族が合計4.7名に対し，従業員は正従業員4.7名，常勤パート3.1名で合計7.8名で

あり，雇用労働力が家族労働力を上回る「雇用型経営」といってよい。②正従業員の募集理由として「労働力不足」72％，「経営規模の拡大」67％などのほか，「将来の経営継承のため」42％，「販売対策の強化」18％を挙げるなど，一時的な労働力補完にとどまらない。③正従業員に 20～30 歳代の男性を求める一方，パートには 50～60 歳代の労働力を求めており，雇用形態で求める人材像が異なる。③期待する職務として，正従業員には「専門的技術・作業経験が必要な仕事」49％や「他の従業員を指導」49％，「法人代表のサポート」30％など，中間管理職的な職務を求めている。④増員希望職種は，「農業生産従事者」87％，「営業販売職」29％，「農産加工従事者」27％，「管理事務職」19％などで，営業や管理事務への関与も求めている。⑤将来，正従業員には共同経営者や経営継承者となることも期待する（各25％）など，右腕としての期待も高い。⑥採用時の注目点として，「農業に対する熱意」70％，「長く働いてくれそうな人」46％など，自発的で長期的な就業を期待している。

　以上より，現時点の水稲作法人における経営者が正従業員に想定する一つの典型的なキャリアパス像を，「正従業員として雇用した 20～30 代の男性労働力に様々なキャリアを積ませながら将来の経営幹部にまで育てる」と要約できよう。それでは現実の経営体において，このようなキャリアパス像が可能な人的資源管理が行われているかが課題となる。そこで次に，事例調査から水田作企業経営における具体的な人的資源管理の現状と課題を検討する。

4．事例にみる人的資源管理の現状と課題

（1）対象事例の概況

　対象事例とするのは，東北および北陸地域で水田作を基幹とする法人 7 社である（第 3-1 表）。組織の成り立ちや出資構成から，個人企業 3 社，組織企業 4 社に大別されるが，いずれも企業形態や販売額，販売面への取り組み，経営理念や雇用労働力数などの点から，水田作を基幹とする事業体の中では，利潤獲得を目標にした「企業経営」あるいは積極的に企業的展開を志向する事例といえる。なお農事組合法人を 2 社含むが，うち 1 社は数年後には株式会社への変更を計画するなど，いずれも会社法人と遜色ない経営的性格と判

断される。また創業世代から 2 代目への継承が終了しているのは社歴 30 年以上の 2 社で，数年後の継承を控えているのが 3 社（A，E，F 社）ある。各社の労働力数は 7～33 名で，うち従業員は 6～29 名，総経営面積は 35～580ha で，売上は 6,200 万～6.3 億円である。この結果，各社の正従業員 1 名あたりの経営面積は約 4～20ha で，同売上高は約 886 万～2,000 万円になり，事例間の較差は大きい。事業面では，各社とも営農と同時に多数の販売チャネルへの直接販売を行い，事業部門は水稲および転作作物のほか，野菜や花き，農産加工などである。またほとんどが食用米に独自ブランド（減農薬・減化学肥料米など）を設けており，慣行栽培米と商品アイテムを使い分けている。なお冬期業務は，野菜や花きなどの農産物生産，農産加工品の製造，機械整備や地権者を含む営業活動などである。一方，「自社の強み」として，5 社が「人材」を挙げる一方，「自社の弱み・課題」としては「営農技術力」を 2 社，「米価の影響」を 2 社が挙げるほか，「組織内における経営者マインドの欠如」，「小回りが利かないなど大規模経営のデメリット」など，いわば「組織力」を 3 社が挙げる。

　なお各社の収支状況は，近年の米価下落を受けて営業利益は赤字で，各種助成金など事業外収益を含めて経常収支は黒字になるのが一般的である（D 社を除く）。したがって各社は，現状の販売チャネルの維持・拡充とともに営業面の拡充や作目の複合化，新たな事業部門の導入など「次の一手」を探している。ある事例の経営者がいう「顧客はいる。しかしどこにいるのかがわからない。顧客にたどり着くための新たな方策が必要」という言葉が，現在の水田作企業経営が直面する課題を端的に示している。

(2) 対象事例における人的資源管理の現状

　次に各社の人的資源管理の概要を，①募集・採用，②就業条件・育成，③評価，④退職，に大別して整理し，一般的な傾向を指摘する（**第 3-2 表**）。

1) 募集・採用

　まず職種としては「農作業一般」での募集が多く，募集手段は口コミが多い。この理由は，経費がかからないことに加えて，応募者に一定の信頼がおけることも大きい（F，G 社）。地域の人的信頼関係に依存する零細企業と

第 I 部　農業における「家族経営」の発展と「企業経営」

第 3-1 表　水田作企業

事例	A社	B社	C社
地域	東北	東北	東北
企業形態	特例有限	特例有限	特例有限
経営の性格[1]	個人企業	組織→個人	個人企業
設立年	1986年	1986年	1997年
社歴（現法人設立以降）	24年	24年	13年
資本金	3097万円	500万円	2300万円
水田経営面積	約580ha	約35ha	約35ha
作業受託面積	のべ26ha	のべ17ha	のべ10ha
主な作目・商品	米，大豆，小麦，野菜	米，花き，野菜	米
総収入（助成金込み）	約5.8億円	約8.0千万円[3]	約6.6千万円
売上高（助成金除く）	約3.6億円	約8.0千万円	約6.2千万円
労働力　常時労働力	28名	9名	7名
うち役員	4	2	1
うち従業員	24	7	6
パート	35	1	0
商品アイテム　農産物	○	○	○
農産加工品	△（ごく1部）	×	×
食用米の特徴的な栽培方法	特になし	独自ブランド米（特栽米，ほ場限定米，使用資材限定米）あり	独自ブランド米（一部，減農薬米）あり
米の販売チャネルと特徴　おもな販売チャネル	卸，業者，JA	米小売店6社(40%)，JA(32%)など	飲食店(個人経営)，消費者直売(1000名)，JA
販売チャネルから見た事業システム	卸（事業所）との契約販売を基にした大ロット生産	米小売店をターゲットにした独自ブランド米の生産・販売	個人飲食店をターゲットにした独自ブランド米の生産・販売（契約重視）
自社の強みと弱み　強み	大ロット供給できる規模と大面積をこなせる労働力	仕事ができるメンバーは揃っている	自分がつけた価格で販売できる体制
弱み・課題	（明確な回答なし）	まだ組織としての「チーム力」が弱い	米価低迷と安売り競争の影響を受け，営業がやりにくくなってきている
今後のおもな経営重点化方向	・放棄地など農地の有効活用の推進 ・今後，農産加工も強化したいが，現在は営業力がない	・土にこだわった稲作の継続 ・小売店との長期的取引 ・ネット販売にも期待	・飲食店相手の長期的取引を継続 ・安売り競争を避けるため，価格で妥協はしない

資料：聴き取り，各社関連資料，各社HPより作成．
注：1) A社は出資者は複数いるが，出資比率に大きな差があることから判断．またB社は出資者は複数いるが，出資比率およ
　　2) 現法人の前身組織があるが，ここでは現法人の設立年を示した．
　　3) 推計．

して，この点は軽視できない。一方，地域を限定しないWeb募集は3社で行うが，専門性が高い職種（営業や経理）に限定するケースも多い。また都市部での就職説明会に対する評価は様々である。

経営事例の概要

	D社	E社	F社	G社
	北陸	北陸	北陸	北陸
	株式	特例有限	農事組合→株式へ移行を検討中	農事組合
	組織企業	組織企業	組織企業	組織企業
	1979年	1984年	1995年[2]	1972年
	31年	26年	15年	38年
	2430万円	2000万円	2522万円	4100万円
	約122ha	約72ha	約117ha	約312ha
	のべ36ha	のべ30ha	のべ23ha	のべ約10ha
	米, 野菜, 農産加工	米, 農産加工, 野菜	米, 大豆, 大麦, 野菜, 花苗	米, 果樹, 野菜
	約6.2億円	約2億円	約1.8億円	約4.5億円
	約6.3億円	約1.9億円	約1.3億円	約4.1億円
	32名	12名	11名	33名
	4	3	5	4(出資者11)
	28	9	29
	30〜35	13〜18	のべ120	25〜27
	○	○	○	○
	○	○	×	△(業者と連携)
	独自ブランド米(無農薬・無化学肥料米, 減農薬・減化学肥料米)あり	独自ブランド米(減農薬・減化学肥料米)あり	一部, 独自ブランド米あり	独自ブランド米(減農薬・減化学肥料米)あり
	卸会社, 百貨店, スーパー, 飲食店, 消費者直売(1000名)	卸, 契約会員(300世帯), JA	JA60%, 米卸20%, 消費者直売20%	卸(8社), 米屋(20店)
	事業所と消費者双方をターゲットとした多品目商品の生産・販売	顧客限定市場をターゲットにした独自ブランド米, 農産加工品の生産・販売	地元のステイクホルダーとその紹介を重視した販売	卸, 小売店等をターゲットにした大ロット生産・販売(契約重視)
	若い多様な人材と商品力	チームワークの良さと多様な人材による機動力	地域とのつながりが強く, 組織に対する信頼が強い	・若い人材による米作り ・地域からの信頼 ・大ロットと均一な品質
	営農面の技術力(同社の従来の栽培体系と異なる新たな栽培体系の確立のため模索中)	組織内に経営者マインドや自立心に乏しい雰囲気がある	米が事業の主体のため, 米価変動の影響が大きい	・水稲の栽培技術力(専門性重視のため, 作業全体を知らない従業員がいる) ・大規模経営ゆえのデメリット(小回り)
	・従来の販売チャネルに加え, 地元消費者への加工品の直売を重視 ・直売店舗の増設(2店→3店)	・農産加工向きの作目を増加 ・新規需要米に取り組み, 米の加工品アイテムを増加	・地権者をはじめとする地元消費者への農産物の契約販売 ・花苗, 野菜苗など園芸作の拡充	・米は全国の事業所対象 ・野菜(キャベツ, 白菜, タマネギ等)は地元食品企業(2社)との契約栽培

び経営の意思決定の行われ方から判断.

次に採用にあたっては, 体力や性格のほか, 抽象的な志望動機よりも目的意識(＝就職してやりたいことが具体的)を重視するケースが多い. また農作業は未経験でも, 3年程度で覚えるため作業者としては特段の問題はなく, さらに組織を介して地域と関わるため, 組織(＝現経営陣)の信用があれば,

第Ⅰ部　農業における「家族経営」の発展と「企業経営」

第 3-2 表　水田作企業経営

	事例	A社	B社	C社
募集・採用	募集職種	農作業一般	募集なし（メンバーは揃った）	販売先が増えなければ生産も増やさないので募集なし
	募集方法	口コミ, Web	口コミ	口コミ, Web
	採用基準	体力, 農業がすきなこと	当社で何をしたいのか「目的」を重視する	「時間を守る」,「挨拶ができる」を重視する
就業条件	従業員初任給（高卒男子）	16万円	約16万円（28歳の事例）	？（すべて中途採用）
	社会保障・手当など	健康・雇用・労災・厚生・通勤	健康・雇用・労災・厚生・通勤	健康・雇用・労災・厚生・通勤・退職
育成	OJT	日々のチーム作業の中で, 効率的な作業実施を考えさせる	・同左 ・お客が望む商品とは何かを考えさせる	・同左
	Off-JT	先進地視察, 各種免許取得の促進	各種勉強会への出席, ブログをつけることで, 作業に対する目的意識の醸成	研修会, 視察
	自律的労働の必要性に関して	いかに効率的・効果的に作業遂行を行うかを考える社員が重要	作業面のみでなく, 企画面でも「知恵を出す社員」が重要	当然, 重要だが, 従業員はここまで育っていないのが現状. まずは的確な作業遂行が重要.
評価	昇格の基準・評価システム	課長→社長が査定	社長が提案し, 役員会で決定	点数制（業務実績, 勤務態度, 将来性, 小論文, 面接）で社長が査定
	給与表の有無	○	×	×
	従業員の平均年収（推計）	地元JAの給与水準以上	約200万円	約260万円
	定期昇給は確保できているか	？	×	×
	考課表の有無	×	×	×
	組織に対する貢献の評価	作業の効率的遂行と成果から社長が判断	社長が判断	社長が判断（営業職に対する報酬は手厚い）
退職	退職に対する考え方	あわない人の退職は仕方ない	あわない人の退職は仕方ない	あわない人の退職は仕方ない
	従業員の定着率（雇用導入開始以来）	62%	40%	40%

資料：聴き取り, 各社関連資料, 各社HPより作成.

その一員として作業者たる従業員は（信頼を得る姿勢は前提として）必ずしも地元出身者でなくても大きな問題ではないという認識をもつケースが多い。

2）就業条件・育成

　各社が提示する初任給は，月 15〜16 万円程度（高卒男子）である。しか

第3章 農業における「企業経営」の経営展開と人的資源管理の特質　（ 63 ）

事例の人的資源管理

	D社	E社	F社	G社
	農作業一般, 営業, 品質管理, 店舗店員	農作業一般, 営業	農作業一般	栽培オペレータ・管理者
	地元大学への募集, 口コミ, 会社説明会, Web	地元での口コミ, 紹介	地元での口コミ, 紹介	地元高校への募集, 地元での口コミ, 紹介
	前向きな性格,「地頭力」, 多彩な経験	研修中の性格, 態度, 考え方を考慮して決める	やりたいことが明確な人（研修中の姿勢など）	性格, 目的意識, なるべく通勤可能な人
	約15万円	約16万円	約16万円（募集要項より）	約15万円
	健康・雇用・労災・厚生・通勤・住宅・退職	健康・雇用・労災・厚生・通勤・住宅・退職	健康・雇用・労災・厚生・通勤・住宅・退職	健康・雇用・労災・厚生・通勤・退職
	・同左 ・「無農薬・無化学肥料栽培」など特殊な栽培体系には専門性が強くなる	・同左 ・作業の目的, ポイント, 注意点を教える ・水管理担当で観察力を養う	・従業員各自に2haの圃場を任せ, 試験栽培を実施. ・水管理担当で圃場を観察	・作業の目的, ポイント, 注意点を教え合う. ・水管理は専門担当者をおく
	研修会, 技術習得の先進農家視察	研修会, 視察	冬期の勉強会, 技術研修, 法人協会の研修には役員と従業員のペアで参加	園芸関係の研修会参加
	すべての面で「知恵を出す従業員」が重要	数年後の経営継承を考えても,「考える」社員が必要	栽培管理の実践を通して, 自分で判断し「考える」人材を育てる	今後, 何をどうしたらよいかを各自に考えさせる必要はある
	自己→課長→部長→社長が査定	社長が提案し, 役員会で決定	中間管理職をもつ組織構造となっていない	代表ほか役員層が査定
	○	○	○	×
	約440万円	約360万円	約280万円	約400万円（注:30代の役付き従業員）
	○	○	○	○
	○	×	×	×
	上司と共有した個人目標と達成度合で評価. 社長が判断.	社長が判断	代表が判断	代表が判断
	あわない人の退職は仕方ない	あわない人の退職は仕方ない. 研修で判断し, 採用後に解雇したことはない	口コミ重視で従業員を雇用してきたので失敗例は少ない	家庭的都合は仕方ないが, 退職者はなるべく出さない方針で来た
	50%	76%	57%	約75%（ここ10年）

し実際には転職など中途採用者が多いため，給与額は経営者の判断に委ねられる．社会保障や手当は，各社とも労災保険，厚生年金，健康保険，雇用保険を備える一方，退職金制度，通勤手当，住宅手当などの対応は異なっており，各社の性格や従業員を雇用する上での重視点の一端を示している．

　一方，営農作業面の育成手法には共通性が高く，組作業チームで進める現場作業の中で，作業の目的と作業遂行上の効率的なやり方を教え，異なる圃

場でその応用を経験させる OJT が一般的である。また水管理を水稲栽培の観察力を養う機会と位置づけ，担当水田の管理作業の必要性を報告させる取り組みを行うケースも多い。一方，Off-JT では，機械免許の取得や各種栽培技術（例えば減農薬・無農薬栽培体系，園芸作目の栽培技術等）の研修，県の農業法人協会や地元商工会の研修等に参加させている。

同時に従業員に対して，指示された作業を的確に実行するだけでなく，経営者の考え方まで一定程度理解して，「自律的」に行動することへの期待も大きい。その具体的内容としては，もっぱら「作業目的」を理解した栽培管理や段取り面での対応を重視する経営（A，C 社）がある一方，それらに加えて経営企画面で具体的な知恵を出すレベルまで期待している経営もある。

3）評価

評価に関しては，経営者が全従業員を査定する一段階のケースがほとんどである。また年齢と経験を基準とした「給与表」は 5 社にあり，昇給は経営者の提案を役員会で承認するケースが多い。事例中，近年，確実に定期昇給を実施しているのは 4 社にとどまる。また昇給基準として「考課表」を用いるケースと，評価項目に沿った点数制を用いるケースが各 1 社あるが，そのほかは基本的に制度化されていない。また近年，確実に賞与を支給しているのは 4 社で，3 社は毎年の業績次第で不安定な状況にある。

一方，営業職を設けている 4 社（C，D，E，G 社）の経営者は，営農・営業・企画などの業務間に労働面での違いがあることを認識している。しかし組織に対する貢献度を評価する上で，各業務ごとの有効な評価基準は設け難いことから評価は経営者の総合的な判断に委ねられている。

また各社 20～30 代の若い従業員が多いため，給与も相対的に低く抑えることが可能なケースも多い。同時に従業員の将来（キャリアパス像）に関しては，D 社や G 社を除くと実例がなく，まだ漠然とした構想にとどまるケースが多い。

4）退職

事例中，特に地域外の非農家出身者を雇用した経験がある 4 社（A，B，C，D 社）では，経営者との農業観の違いが大きかった，研修生気分が抜け

ず従業員としては不適だった，などの理由で退職者を出した経験をもつ。この結果，退職者の発生はやむを得ないとするケースが多い。同時に各社は，研修やアルバイト期間の各人の行動や考え方をみた上で正従業員への採用を判断している。一方，E，G社では，今後を期待していた従業員が家庭の事情（結婚，育児，老親の世話など）で退職したケースを経験している。従業員に対する募集時の信用に加えて，このリスクへの対応も，口コミの重視や通勤可能な範囲からの採用を優先する傾向が強い一因といえよう。

以上の結果，各社の従業員の定着率は40〜76％で，中でもE，G社が高い。この理由として，E社は「仲間で始めた共同経営」という性格が挙げられ，G社は稲作農業における人材育成を長年の組織目的の一つに掲げてきたことが挙げられる。E社は，設立時に有志が個々人の都合で役員と従業員に分かれたという経緯があり，その後も役員・従業員を含めた仲間意識を重視してきた。ただし数年後の経営継承を前に，指示命令系統で動く機能的組織への性格の転換も必要と考えており，経営の発展段階に応じて，その性格も変化していく必要性を示している。

5）小括

以上の水田作企業各社における人的資源管理の現状を要約する。まず採用時には，抽象的な志望動機よりも具体的な目的意識を重視し，組織とのマッチングを判断する期間を重視している。育成面ではOJTやOff-JTにおいて能力の開発や蓄積も意識して経験を積ませる一方，従業員の自律的な行動に期待している。さらに自社に適すると判断した人材に対しては，長期的な定着や経営幹部への登用も考えている。以上のように事例各社は，従業員に対して短期的な補完的位置づけではなく，長期的な定着と成長を意識した育成プロセスを重視しているといえる。

しかし，経営成果に関する企業間の較差が大きいことに起因して，平均年収，昇給，賞与面など評価面での較差も大きい。また各社とも自律的に行動する人材育成の必要性は認識しているが，具体的取り組みは試行錯誤しており，各人の評価は経営者の一存で決めるケースがほとんどである。農外企業も含めて中小企業は類似の状況ではあろうが，いわば長期的視点に立った人材育成の重要性は認識しつつも，年々変動する経営環境の中で短期的な経営

対応に追われるあまり，人材育成を考慮した人的資源管理を組み込んだ組織的な「体制」を形成するまでには至っていないケースが多いといえる。

(3) 「事業システム」視点からみた類型化と特徴

既述のように，現在の水田作企業経営における正従業員は，各社の基幹となる労働力という位置づけである。したがって正従業員を各社の「事業システム」に対応した固有の経営資源と捉え，事業展開上で必要な能力や経験を蓄積した従業員の育成が重要となる。

渋谷[10]による「バリューチェーン分析」の視点からみると，事例各社は水稲の生産・販売を基幹としつつも，販売チャネルや水稲以外の重点部門などの面で，独自の「事業システム」をもっているといえる。各社の現状と今後の経営重点化方向を基に，「営業重視」と「部門多角化重視」を軸とした各社の事業システムの類型化を仮説として示す(**第3-1図**)。これを基に，各社の事業システムの違いと従業員に対する人的資源管理の関連を整理する。

まず「営業重視」軸に関しては，各社それぞれ重点を置く米販売チャネルが異なり，それが営業職の位置づけに反映し，ひいては事業システムの違い

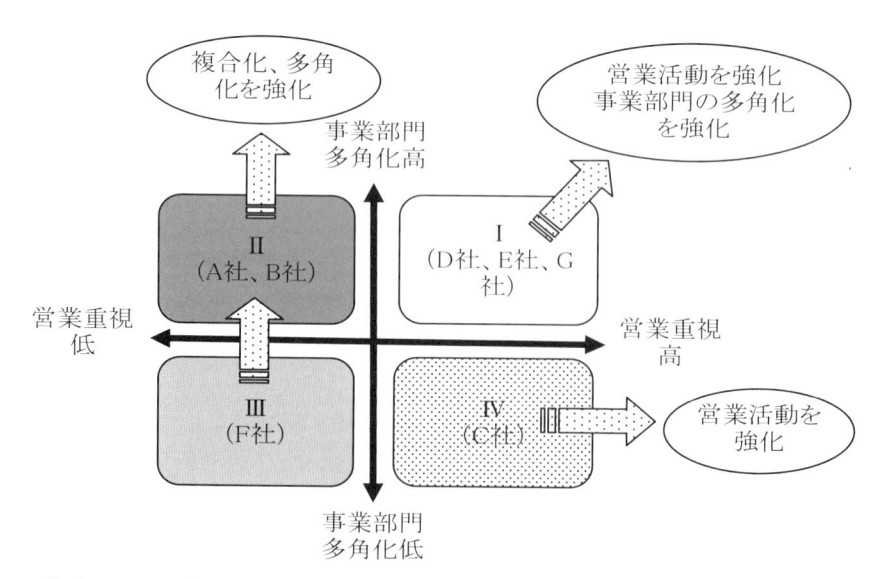

第3-1図 現在の位置づけと今後の展開方向からみた各社の事業システム

第 3 章　農業における「企業経営」の経営展開と人的資源管理の特質　(67)

第 3-3 表　販売チャネルからみた各社の事業システムの類型化

		主な販売チャネル					販売チャネルからみた各社の事業システム
		卸	小売店	飲食店	百貨店スーパー	個人客	JA	
I	D社	○		○	○	○		卸, 飲食店, 百貨店, 消費者など多彩なチャネルをターゲットにした多品目生産
	E社	○			○	◎	○	贈答用, 会員など顧客限定市場をターゲットにした米と農産加工品
	G社	◎	○					卸, 小売店との契約による大ロット生産
II	A社	◎					○	卸との契約による大ロット生産
	B社		◎				○	小売店をターゲットにした独自ブランド米生産
III	F社	○				○	◎	顧客として地権者とその紹介を重視
IV	C社			◎				個人飲食店をターゲットにした独自ブランド米生産

資料：聴き取り調査より作成.
注：各社の販売チャネルとして, ◎は第1位, ○は第2位といえる位置づけと筆者が判断した特徴的なチャネルを示す.

にもつながっている（**第 3-3 表**）。たとえば営業職を設けている I 類型（D, E, G 社）と IV 類型（C 社）では, 4 社とも過去に経営者自ら営業活動を経験し, 個人的対応の限界と組織的あるいは専門職の必要性を実感している。また取引環境も変貌する中, 現在は「モノ売り」や「素人営業」では対応困難と認識している。この結果, C 社と E 社では東京駐在の営業専門職を設けている[注6]。また D 社は, 生産―加工―販売を"基本的事業スタイル"と明確に位置づけた上で, 今後必要な営業重視の経営展開を視野に入れ, 育成期間も見込んだ先行投資として, ほぼ毎年, 複数従業員を採用している。一方, G 社は, 営業面でも分業化を進める方向は自社では望ましくないと判断しており, 当面は組織内部の併任で対応しようとしている。

したがって営業活動に関しては, 事業システム上の必要性から, 特化して専門化が進むケースもあるが, これらの分業化を組織にどう位置づけるかは各社の考え方が強く反映している。多くの水田作企業経営が販売対応を重視する中で, 生産から販売に至る事業システムを構成する傾向が強い。そこで

営業活動を組織内にどう位置づけるか，およびそこで必要な人材の確保や処遇は一つの組織的課題となっている。

一方，「部門多角化重視」軸に関しては，C社を除く各社は，園芸作物や農産加工など様々な部門への進出・拡充が必須と考えている。また広い意味で，経営企画（イベントや宣伝業務など）も事業多角化に関連する。事例における農業生産，経営企画，農産加工，営業の各業務への従業員の関与状況を示した（**第3-4表**）。

主な商品アイテムとして，C社を除く6社では米，野菜，花きなどがあり，そのうち2社（D，E社）では農産加工品の位置づけが高い。またG社は加工事業には進出しない一方，原料供給者として地元加工業者との安定的な取引体制の構築を自社の事業システムとして重視している。これらに対してB，C，F社の3社は保有労働力の限界もあって農産加工に取り組んでいない。

また，この事業多角化面の人材に関して，D社は中心的に加工部門に携わ

表3-4　業務別にみた各社の

類型		I		
事例		D社	E社	G社
農業生産業務	従業員の関与	○	○	○
	求める技能等	・作業目的を理解し，効率的・効果的に進める技能． ・単収や品質のブレを小さくする栽培技管理術の習得．	会社に必要な売上と経費を考慮して，効果的に作業遂行する技能．	・作業を工程管理し，単収や品質のブレを小さくする技能． ・水稲作と感覚が異なる野菜作は別に担当者を育成する．
経営企画業務	従業員の関与	○	△→○	○
	求める技能等	商品開発，PR，イベントなどに対する企画力，「地頭」の良さ．	役員（特に代表取締役）に依存している現状．従業員の関与は今後の課題．	経営者の意図を具体的に落とし込む戦術の立案と工程管理意識の徹底．
農産加工業務	従業員の関与	○	○	△（ごく一部）
	求める技能等	繁忙期は全員で対応．特殊な商品アイテムや業務（品質管理）には経験者を導入．	繁忙期は全員で対応．	外部の加工業者との事業連携で対応．
営業業務	従業員の関与	○営業部署あり	○一部，専門職	○営業担当あり
	求める技能等	営業から得る気づきを見落とさずに，次の対応を考える力を身につけさせる（社内で育成）．	・営業専門職は，今年始めた試行的取組． ・リスクもあるが，経験者がもつ人脈と営業ノウハウは，まねできないと感じている．	・Win-Winの継続的取引を成立できる交渉力，情報収集力． ・社員全員が営業マンという意識をもたせる．

資料：聴き取り調査より作成．
注：「従業員の関与」は，現状を示し，○：積極的に関与している，△：部分的に関与している，×：ほとんど関与して

第 3 章　農業における「企業経営」の経営展開と人的資源管理の特質　(69)

る従業員を内部で育成する一方，新たな商品アイテム（漬物など）に応じて経験者も雇用している。また今年より，食品トラブルに対するリスク対応を目的に，品質管理を担当する従業員を雇用している。一方，G社は地元加工業者と契約した露地野菜作（根菜類）に，今後本格的に取り組む計画であり，長期的な取引を目指す上で取引先の要望に対応できる栽培技術力の向上を最大の課題としている。そこで稲作とは別に，野菜の担当者として新たに複数の従業員を採用するなど，今後の成長部門を担う人材の育成を企図している。
このように各社の事業システムが，水稲生産のみ（＝プロダクト・アウト）で完結しない多角的な方向に拡充する中で，そのレベルに応じて担当者が必要になる。そして今後の事業の展開方向を模索する上で，情報収集や業界勘などの能力がより必要となり，経営的意思決定のサポートとしてより結びつきが強い「経営企画」面の能力にも関心が及び始める。したがって事業システムの複雑化・高度化を進める中で，自社の事業ドメインや身の丈にあった

従業員の関与と求める技能

	II		III	IV
	A社	B社	F社	C社
	○	○	○	○
	作業目的の理解と効率的な遂行に対する工夫.	各作業に対する目的意識を喚起する(ブログを書くことなどで目的を再認識させる).	長期から短期の作業計画を立て,確実に遂行する技能や性格.	作業を効率的に進める技能と知恵,工夫.
	×	×→○	×→○	×
	特になし(ほとんど社長に依存している現状だが,問題もない?).	社長に依存している現状.今後,「明日の仕事」を作り出せる人は極めて貴重.	これまでは役員に依存する現状.今後,従業員からも知恵を出すよう働きかける.	特になし(ほとんど社長に依存している現状だが,問題もない?).
	△(ごく一部)	―	―	―
	今後,拡充も考えたいが,営業職がいないため難しいのが現状.	特になし(設置していない).	特になし(設置していない).	特になし(設置していない).
	―	―	×→○	○専門職
	特になし(以前廃止,現在は設置していない).	特になし(設置していない).	・直接の顧客および顧客紹介窓口として,地権者を大事にする. ・今後は社員全員が営業マンという意識をもたせたい.	・飛び込み営業に耐えられる性格. ・C社に対する忠誠心.

いない，―:該当する事業活動がない，→:経営者の今後の意向,を示す.

事業システムを構築していくのと同時に，それに対応した人材確保，育成，配置など人的資源管理体制も構築していく必要がある。

5．おわりに

　近年の水田作企業経営の事業展開の中で，事業システムとそこでの従業員の位置づけが変化し，組織としての従業員に対する「人的資源管理」が，従来以上に経営展開上の重要な課題になっているという作業仮説を立て，事例調査から検証を試みた。その結果，①各社の事業システムの変化や展開方向の差異（例えば事業多角化軸や営業重視軸）に伴って，従業員に期待する役割や担当業務にも違いが生じるなど，事業システムに対応した人的資源管理の変化といえる動きがみられた。また②各社においては，個々の従業員と組織とのマッチングをみながら長期的な定着や育成を重視した対応がみられた。さらに③従業員に自律的労働による能力発揮を期待し，情報収集や経営的意思決定など「知恵の貢献」面でも経営者へのサポートを期待する傾向は高まっている，などが確認できた。以上の点から，事業システムの変化の中で，組織としての意識的な人材育成プロセスの構築が，水田作企業経営にとって優先度が高い経営課題となり始めているといえよう。

　最後に，今後の課題として二点挙げる。第一点は，今後の水田作企業経営が目指す像に関してである。各社は，農外企業との取引も含めた企業としての経営展開や組織体制整備の上で，必要な管理運営手法を導入する一方，単なる効率性重視だけでは職場として魅力がなく，自社の運営には問題が生じることも認識している。また従業員も，単に生活費を稼ぐためだけでなく，食料生産セクターに携わる仕事と職場を選択した誇りや充実感を重視するケースが多い。したがって企業的な管理運営手法の重視だけでは，ともすれば経営理念を見失いかねないし，逆に家族主義的な運営の強調だけでも，従業員にとって魅力ある職場になりにくい。両者を組み合わせて，今後の水田作企業経営に適した事業システムとそれを担う者に対する人的資源管理手法も新たに構築していく発想が必要であろう。これは試行錯誤の中から，各社がそれぞれの強みとして構築するしかない。同時に今後の水田作企業経営が目指す事業モデル像として，経営内外のステークホルダーにとって，いかなる事業システムや組織運営が魅力的であり，持続性が期待できるかという課題

にもつながる。

　第二点は，事業システムに応じた組織体制整備に関してである。各社の事業システムや展開方向の差異は，それに対応した人材を正従業員として求める傾向を強めている。また今後，各社ごとに，給与水準や業務内容，期待される役割など人的資源管理にも違いが生じる可能性が高い。つまり同じ水田作企業経営とはいえ，各社ごとの人的資源管理の多様化が進むであろう。同時に，今後，自社の強みと課題をふまえて事業システムの再構築を模索する中で，必要な人材の確保・育成を図ることが，自社独自の強みをもつ人的資源として重要になる。そのため自社の事業システムの中に，募集・採用・育成・評価・昇進・退職などの独自の人的資源管理を具体的に組み込む必要があり，事業システムと企業の規模に応じた組織体制整備が必要である。

　以上，事業展開に応じて，事業システム，組織運営，人的資源管理の関連を常に見直していく必要があり，そこに生成して間もない水田作企業経営におけるマネジメントの難しさがある。それらの支援のため，研究面からは今後の水田作企業経営における組織運営手法や，内発的動機づけなどをふまえた人材育成手法の提案が求められる。

注：1) 加護野・井上[4]によれば，「事業システム」と「ビジネスモデル」は，ほぼ同意とされるが，汎用性から出発し，標準性や模倣可能性を重視する「ビジネスモデル」に対して，「事業システム」は各企業の独自性，模倣困難性を重視する傾向が強いとされる。
注：2) 江頭[2]，神田・山田・杉本[7]，齋藤[8]など。
注：3) （社）日本農業法人協会の「農業法人経営・人事マネジメント診断」
　　　http://www.hojin.or.jp/pdf/topics/managing080630.pdf（2010年7月4日時点）。
注：4) 澤浦[9]，嶋崎[11]，田中[13]など。
注：5) 引用したアンケート調査[12]は，全国新規就農相談センターが日本農業法人協会会員1,703法人を対象に実施し，回答554法人（有効回答数32.5％）である。
注：6) 例えばC社経営者は，「地元の人間が東京で営業活動をすることは無理」といい，またE社経営者は「信頼が重要な地元では東京の人間は適役でないし，経験や人脈がない地元の人間は東京では仕事（営業）ができない」という。

[参考・引用文献]

[1] 青柳　斉（2008）：「農業部門別雇用の特徴と検討課題」，『雇用と農業経営』，農林統計協会，pp. 68-74.

［2］江頭匡治（2000）：「雇用労働力増加傾向下における施設園芸経営の労務管理に関する事例分析」,『農業経営研究』, 38（1）, pp. 67-70.
［3］江川　章（2009）：「人材の育成・確保―ポスト担い手選別政策―」,『改革時代の農業政策』, 農林統計出版, pp. 165-179.
［4］加護野忠男・井上達彦（2004）：『事業システム戦略』, 有斐閣.
［5］金岡正樹（2010）：「農業法人従業員に対する職務満足度分析の適用」,『農林業問題研究』, 46（1）, pp. 69-74.
［6］金岡正樹・田口善勝・後藤一寿（2007）：「農業法人の多角的事業展開における人材確保」,『2007年度日本農業経済学会論文集』, pp. 69-74.
［7］神田多喜男・山田　勝・杉本恒男（1995）：「雇用型経営の実態と経営管理」,『農業問題研究』41, pp. 14-23.
［8］齋藤　潔（1986）：「企業型農業経営における経営管理と環境適応」,『農業経営研究』, 24（2）, pp. 30-42.
［9］澤浦彰治（2010）：『小さく始めて農業で利益を出し続ける7つのルール』, ダイヤモンド社.
［10］澁谷住男（2010）：「農業における企業参入のビジネスモデル」,『農業経営研究』, 47（4）, pp. 29-38.
［11］嶋崎秀樹（2009）：『儲かる農業』, 竹書房.
［12］全国新規就農相談センター・全国農業会議所（2008）：『農業法人における雇用に関する調査結果―平成19年度―』, http://www.nca.or.jp/Be-farmer/roumu/research.php
［13］田中　進（2010）：『僕らは農業で幸せに生きる』, 河出書房新社.
［14］土田志郎（2008）：「水田農業における周年雇用型経営のマネジメント」,『雇用と農業経営』, 農林統計協会, pp. 75-89.
［15］エドワード・L・デシ, リチャード・フラスト, 桜井茂男訳（1999）：『人を伸ばす力』, 新曜社.

第4章 農業における「企業経営」と「家族経営」の特質と役割

内山智裕

1. はじめに

　農業における「企業経営」の可能性を論じる場合，翻って検討すべき対象は「家族経営」である。ただし，「企業経営」と「家族経営」は必ずしも対立概念ではない。むしろ，「農家」といった範疇では網羅しきれない農業経営が次々に出現し，農業を担う主体が着実に多様化している現実をどう捉えるか，といった視点が重要である。

　本章では，①本学会でも近年しばしば取り上げられるようになった「新しい農業経営」論が「企業経営」/「家族経営」論に何をもたらすのか，②米国における農業経営の定義や企業農業に関する議論，③ファミリービジネス論の農業経営学への適用，の3つの論点から課題に接近する。

2.「家族経営」「企業経営」と「新しい農業経営」論

(1) 古典的分類の限界

　『農業経営学用語辞典』によれば，「家族経営」とは，「家族を単位として営まれる農業経営であり，家の代表者が経営者として農業経営の管理運営を行い，家族構成員が農業従事者として農業労働の大半を行うもの」とされる。すなわち，基幹的労働力と経営機能のほとんどが家族によって担われる経営とする考え方が一般的である。ただし，農業経営の装備力の中で家族労働力の持つ重さは急激に減少しているとの指摘は既に1970年代に見られる（金沢[11]）。一方，「企業経営」についても，「農業における企業経営を『利潤を獲得することを目標にして多数の労働者を雇用して商品たる農畜産物を生産する単位組織体』と明確に規定すると，一部の大規模畜産経営では企業経営が成立しているが，それ以外では日本農業において企業経営は成立していないし，一般に成立する条件もない」とした岩元・佐藤[10]の指摘が，陳腐化しているとも思われない。すなわち，今日においても，ほぼ全ての農業経営は，それが本業として営まれている限り[注1]において，「somehow 家

族的」かつ「somehow 企業的」である。そして，労働力や所有などの外形標準での判断はますます困難になってきている。換言すれば，企業形態論から本課題に接近するのは難しい。

外形標準での分類ではなく，定性的な分類による家族経営の定義ないし特徴付けの試みも既にある。金沢[11]は，米国における家族経営に対するConklin の議論を援用しつつ，「家族経営と呼ばれるものは，もはや形のうえからのみ規定するのは困難」であり，「高い技術・高い能力・それに支えられているフリーダムの尊重・個性の重視・創造性の発揮という思想的な裏付け」が，「家族経営」（アメリカ）であるとする。

(2) 「新しい農業経営」論の意義

本学会においても，「新しい農業経営」が取り上げられ，その特質の分析が試みられている。

その中で，八木[26]は「成長する農業経営の特質」として，以下の七点を挙げている。①事業規模・事業領域を積極的に拡大している，②経営資源の外部依存と有効活用を行っている，③法人化を志向している，④戦略経営である（資源の外部調達と内部開発），⑤マーケティングをベースにした経営である，⑥社会化された経営である，⑦経営者の役割が最も重要な経営の核である，である。また鵜川[24]は，「家族経営の新たな挑戦」として，酪農を対象に「大規模雇用型経営」「大規模施設型経営」など複数の外部雇用を導入し，「地域平均から隔絶した」経営を取り上げている。八木[26]は，その経営が「家族経営」もしくは「企業経営」であるかを明示せず，鵜川[24]も雇用が多数導入されており，見方によっては「家族経営」の範疇から外れているともいえる経営を「家族経営」の新たな局面として位置付けている。

また，「新しい農業経営」として注目すべきものに，ネットワーク型農業経営組織がある。門間[13]によれば，その定義は，①経営目的を共有し，②相互の経営資源や技術・知識・ノウハウを共有しながら，③経営全部または一部を連携させて活動する，④複数の農業経営が集まった組織である。1990年代以降に形成され，独立した農業経営が相互の経営発展のために情報交換，経営資源の交換，生産物の共同販売を推進するための組織であるとされる。また，ネットワーク型組織と同様のものとして，「企業的農業経営者が知識

やノウハウ・技術開発・情報の受発信などの手段を活用して，一定の地域範囲もしくは全国段階で同様な経営目的・形態を持つ農家を統合して経営の標準化を実現して多様な実需者ニーズに対応するフランチャイズ型の農業経営」の誕生も指摘されている。これらの組織が誕生した背景として，納口[14]は，①合理的な生産単位と販売単位のかい離，②川下と交渉するだけの高い経営者能力を持つ農業経営者は希少，の二つの理由から「家族経営」がネットワーク組織化を要請したことを挙げている。

　これらの「新しい農業経営」の特徴は，個々の経営単体の労働・資本・土地といった経営要素を見ても農業経営全体の評価ができないことにある。端的にいえば，当該経営のバランスシートから経営の実態が見えない。この点からも，「家族経営」と「企業経営」の境界は極めて曖昧であり，むしろそれらを包括的に捉える概念の確立が重要であると考えられる。また，納口[14]が指摘する「合理的な生産単位と販売単位のかい離」は，二つの生産単位のかい離が埋まらない条件のもとでは，個別の農業経営における大規模化には限界があることを意味する。すなわち，大規模化が容易なのは「販売」単位であり，生産と販売の両機能を併せ持つ（その割合は個々に異なる）農業経営が「企業的かつ家族的」になるのは必然ともいえる。

3. 米国における「企業経営」と「家族経営」の議論

(1) 米国における「企業経営」の評価

　米国においても一部の州で企業（会社）の農業参入規制が実施されていることが知られている。その制度設計の詳細については他稿に詳しいが（内山[23]，立川[19]），ここで重要なのは，米国においても企業（会社）による農業が「家族経営」と区別され，規制の対象となりうることにある。Wittmaack[25]は，米国における企業による農業に対する規制を以下のように整理する。第一に，規制の論拠として挙げられるのは，①家族経営の減少，②田園地域経済や文化への悪影響，③独占・寡占，市場アクセスの制限，④環境への悪影響，⑤動物福祉など人道主義的な点からの懸念，である。ただし，これらの事象は企業による農業がもたらす影響とは必ずしもいえず，むしろ大きな要因は技術革新にあると評価する。例えば，技術革新は企業が農

業に参入しやすい素地を作る一方，既存の家族経営数を減少させる効果もあった。第二に，企業による農業が展開される部門は，主に畜産分野であって耕種ではほとんど見られない。すなわち，企業化と量的規模の拡大は表裏一体の関係にあるが[注2]，耕種では分業の利益が小さく，不確実性も大きいことから，規模の経済の発揮が容易ではない。現実には耕種部門においても企業による農業が一部見られるが，Wittmaack はこれを，家族経営保護のための補助金の存在が会社組織による耕種農業を一部存続させている理由かもしれない，と評している。このように，耕種部門における「企業経営」の展開は，技術条件に大きく左右され，米国ではその展開余地はあまりないという議論が展開されている。

米国農業における規模の経済性に関する近年の検証結果には，Duffy[3]がある。Duffy[3]は，2007 年米国農業センサスの結果およびアイオワ州における耕種農家の経営成績データを用いて，規模の経済性の検証を行っている。その主な論点は四つある。第一に，全農場を対象に費用あたりの売上高を見た場合，その値は売上高 10 万ドルまでは急速に増加するが，その後は伸びが鈍化し，100 万ドル以上層ではむしろ減少する（**第 4-1 図**）。つまり，規模の経済が出現する規模には限りがあり，一定水準を超えると規模の不経済が発生する。第二に，アイオワ州における耕種農家のデータによれば，とうもろこしでは 800 エーカー，大豆では 400 エーカーでブッシェルあたりコストの低減効果が消失する，いわゆる L 字型のコストカーブが確認できる。第三に，アイオワ州のとうもろこしにおいてブッシェルあたりコストが「高い」，「中間」，「低い」の 3 グループに農場を等分し，それぞれグループの平均規模をみると，コストが低いグループの平均規模が，コストが中間の平均規模を下回っている。つまり，規模の拡大が必ずしも低コストを保証しない。第四に，規模の経済性発揮に早い段階で限界が訪れるにもかかわらず規模拡大が続くのは技術革新の成果が大きいが，これ以上の規模拡大は，少なくともアイオワ州では通作距離の拡大に直結し，規模の不経済を招く。

以上の Duffy の議論は，規模の不経済に関しては，データの制約もあり部門別の考察をしておらず，コスト構造の分析も行っていないことから，本章ではより詳細な分析を試みた。

第 4-2 図は，売上あたりの農業経営費（ただし減価償却費含む）の構成を

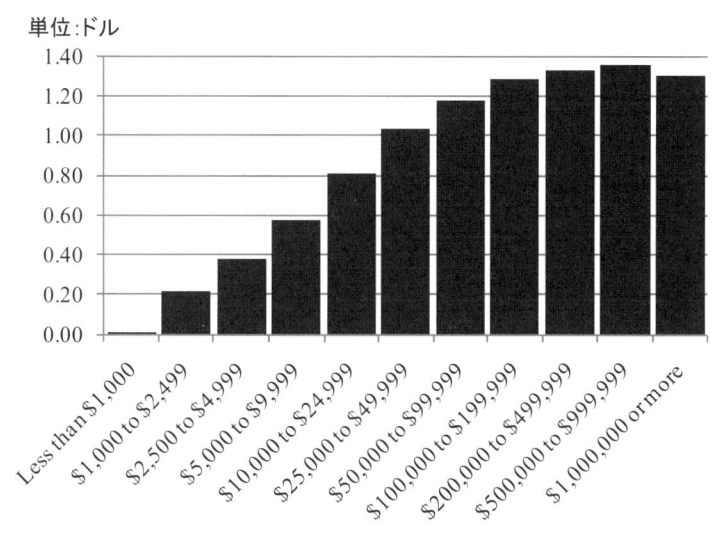

第4章 農業における「企業経営」と「家族経営」の特質と役割 (77)

第4-1図 農業経営費1ドルあたり年間農業売上高（売上規模別）
資料：USDA Census of Agriculture (2007)

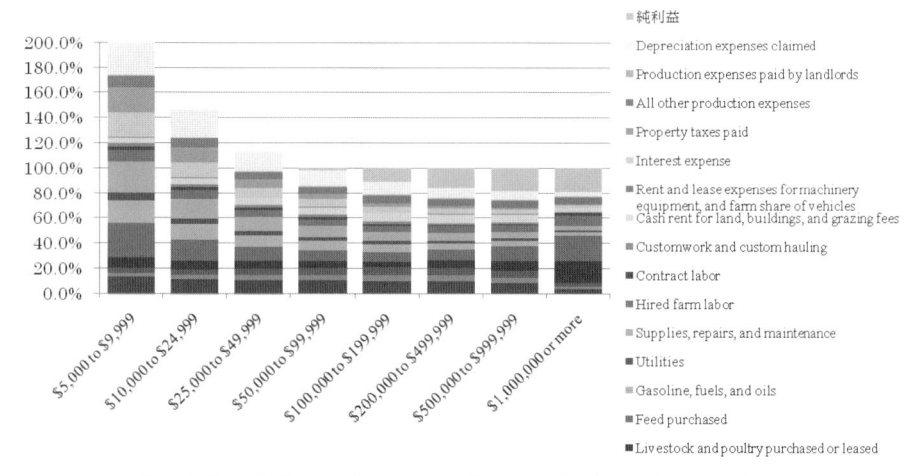

第4-2図 農業売上高あたり経営費の構成（売上高規模別）
資料：第4-1図と同じ

みたものである。Duffyの指摘するように，売上あたりの費用は，10万ドル層までは急速に低減するが，それ以降はフラット化する。そして，減価償却

費を除けば，低減トレンド自体は50万ドル層まで継続し，100万ドル以上層になるとコスト増の傾向がみられる。しかし，ここでは2つの点を指摘できる。第一に，コストに減価償却費を加えれば，売上高あたりのコスト低減トレンドは継続している。つまり，規模の経済性が失われたとするのは早計である。第二に，費用の内訳をみると，50万ドルと100万ドル層との間で，大きな差異が生じている。すなわち，50万ドル層では肥料代が多く見られるのに対し，100万ドル層では飼料費，素畜費などが大きな割合を占めている。つまり，50万ドル層と100万ドル層では内実の異なる農場（耕種と畜産）を見ているため，そのコスト比較にはあまり意味がない。

次に，同じくUSDAのデータにより面積別のグラフを示した（第4-3図）。面積別の場合，2,000エーカー以上層に至るまで，一貫して売上あたりのコスト低減傾向は継続している。その内訳をみると，飼料費が一貫して低下していることがコスト低減につながっている。もっとも，同図の最上層である2,000エーカーとは，「家族経営」で十分にこなせる面積であり，「家族経営」と「非家族経営」の有利性・不利性を示すものではない。

このように，米国農業において規模の経済性がどこまで発揮されるのかは不明の点も多い。ここで確認すべき点は，米国における一般的な理解として

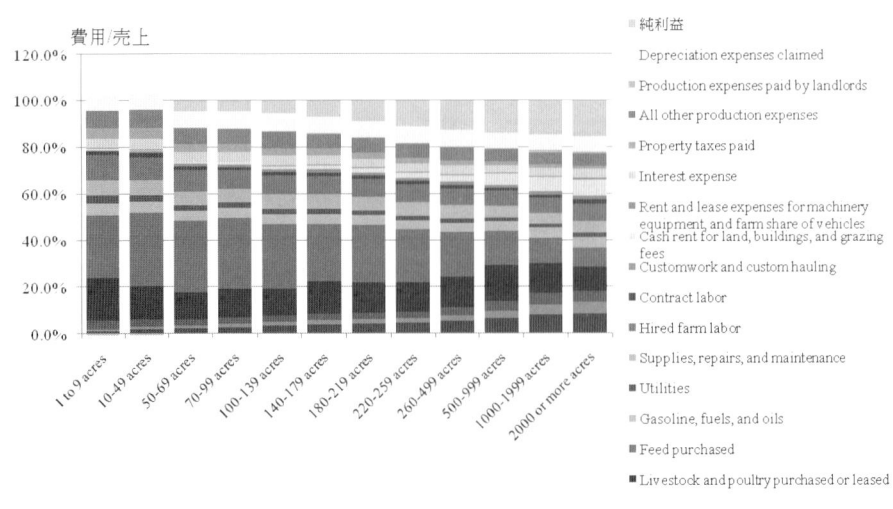

第4-3図　農業売上高あたり経営費の構成（農場面積別）
資料：第4-1図と同じ

第4章 農業における「企業経営」と「家族経営」の特質と役割　(79)

第4-1表　農業売上高別の農場経営タイプの割合

単位:ドル	Small	Large	Very large	Non-family
1千未満	96.0%	-	-	4.0%
1千〜2.5千	98.1%	-	-	1.9%
2.5千〜5千	97.9%	-	-	2.1%
5千〜1万	97.6%	-	-	2.4%
1万〜2.5万	97.0%	-	-	3.0%
2.5万〜5万	96.2%	-	-	3.8%
5万〜10万	95.0%	-	-	5.0%
10万〜20万	94.0%	-	-	6.0%
20万〜50万	-	92.7%	-	7.3%
50万〜100万	-	-	90.2%	9.8%
100万以上	-	-	83.7%	16.3%

資料:第4-1図に同じ

は，「非家族経営」は主に畜産分野で進展し，耕種で普及するとは考えられていないこと，統計でも売上100万ドルもしくは2,000エーカー以上が最上位階層であり，いずれも家族経営で十分こなせる規模であることである（参考：**第4-1表**）。これ以上の規模での農業がどのようなコスト構造を持つのかにより，米国耕種農業における「企業経営」の成否が分かれるといえる。

(2) 米国での「家族経営」把握法に関する議論

アメリカにおいても，農業における「家族経営」の問題は，農業経営（あるいは農場）の定義の問題として議論がなされている。O'Donoghue et al.[15]は，「家族経営」について，Gardner[5]の議論を援用しながら，生産のほとんどは「家族経営」によりもたらされており，農業経営の家族による組織化（family organization of farms）は米国農業の卓越したパフォーマンスの重要な理由の1つと評価する一方で，「家族経営」は公式には定義されてこなかったこと，「家族経営」を小規模で生産が限られた農場とみなし，大規模農場が企業的（corporate）・非家族的（non-family）と捉えられていることを問題視する。ここで「家族経営」とは，農場主およびその血縁・婚姻・養子縁組による関係者がビジネスの50%以上を所有する農場とされ，いわゆる所有標準のみが判断材料として用いられている。**第4-2表**は，この所有標準にもうひとつの新たな条件を加えた場合，それを満たす割合の変化を見たも

第4-2表　「家族経営」シェアの定義による変化

分類	所有	労働力	土地所有	規模	農場数ベース	販売額ベース
基準	50%以上	過半が家族による	経営面積の75%以上所有	1,000acre未満		
1	○				97.1%	84.0%
2	○	○			87.4%	44.1%
3	○		○		68.7%	34.9%
4	○			○	88.9%	41.5%

資料:O'Donoghue et al.[15]

のである。新たに加わるのは「労働力」「土地所有」「規模」であるが，これらのいずれかを加えただけで，該当する経営数ないしその販売シェアに大きな変化がもたらされることがわかる。すなわち，「線引き」により，「家族経営」となる農場は大きく変化する。

　なお，O'Donoghue et al.[15]では，政策支援の対象とすべき農場の捕捉といった観点ではあるが，「actively engaged farms」あるいは「operators heavily engaged in farming」を抽出する指標として，①販売金額，②世帯所得に占める農業所得シェア（または農外所得シェア），③農外所得金額を挙げている。もちろん，これらの指標には，農業に主体的に従事しているにも関わらず低所得の場合，キャッシュフローはプラスだが農業所得はマイナスの場合，農外所得金額が必ずしも農業従事レベルと関連しない点など，問題なしとはいえないが，我が国の農業経営学が対象とすべき農業経営を検討する際に，注目される議論である。

4. ファミリービジネス論の農業への適用

　「家族経営」と「企業経営」を対立概念として見るのではない，より包括的な視点として注目されるのがファミリービジネス（以下，FB）論である。FB論とは，歴史上も現状も最もよく見られる経営形態としてファミリーによって何らかの形で所有される企業[注3)]に着目し，FBを「経営」「所有」「家族」の3つの円の重なりからなるシステムとして理解しながら，FBが抱えるジレンマの克服（主にガバナンスや事業承継の問題）やFBのプラス特性を非FBにいかに生かすか（例えば，新たな「日本的経営」の構築）と

いった観点から課題に取り組まれている分野である。

　FB論の歴史は意外に浅く，末廣[18]によれば，その出発点はチャンドラーの「経営者資本主義論」にあったという。コーポレート・ガバナンス研究がチャンドラーの唱えた経営者革命を実証していく過程で，逆にFBの強靭性が明らかになった(注4)ことが，FB研究の嚆矢となった。

　第4-3表は，FBに関する諸文献から，FBを非FBと対比した場合のプラス特性とマイナス特性を整理したものである。特徴的なのは，FBの有利性・不利性といった形ではなく，FBの特性がプラスにもマイナスにも作用しうる，といった形で整理されていることである。

　末廣[18]は，FBの「臨界点」について以下のような指摘をしている。すなわち，FBの臨界点とは，事業規模拡大にあたって直面する①経営継承（後継者の問題および所有の分散・相続の問題）と②経営資源の調達問題（巨大化する資金，人材，技術・知識）をさすが，これまでのFBは，環境変化に対応して変容を遂げ，これらの問題を解決するために非FB化するのではなく，FBとしてこれらの問題に対処して臨界点を引き上げてきた，との評価である。また，今後のFBの展望として，衰退か，経営者企業への脱皮か，あるいは新しいFBの確立（臨界点の引き上げ）か，といった方向性を提示している。

　農業経営学の立場からFB論に注目する理由として3点が挙げられる。

　第一に，FBと地域との関係を重視する視点である。大澤[16]は，FBと地域の関係について，FBの特徴は，ビジネスが大きくなっても創業した地域

第4-3表　FBのプラス特性・マイナス特性

	プラス特性	マイナス特性
意思決定	長期的視野にたった経営 迅速・柔軟な意思決定とコミットメント	情実経営，独断専行，ガバナンス欠如
財務	安定重視の財務体質	属人的すぎる投資決定
商品・市場	ニッチ・品質へのこだわり	限られた商品の種類
人材育成	人的投資の大きさ	キャリアパスの不在
ステークホルダー	長期的関係性重視 地域との共生	地域やファミリーとの近すぎる関係
企業家精神・ 組織文化	強固な組織文化の継承（家訓等）	組織移行の難しさ 硬直的・排他的文化
経営継承	－	相続問題

資料：末廣[18]，田島[20]，後藤[7]，デニス他[1]から筆者整理

を重視する姿勢(地域の核)にあるとする。その例として,地元経済がよくなることで自分たちも発展できるといった関係性,地域内でのバリューチェーン構築,地域の自然・文化・歴史や目に見えない総合的発信力(無形の財産)を企業価値・ブランド力強化に活用する取り組み,地域社会に命を繋ぐリーダーとしての本能・心意気などを挙げている。また,滝本[21]は,経済産業省が地域経済の担い手としてFBに注目しているとしている。

第二に,FBを取り巻く我が国固有の課題として,「FBに対する否定的見解の払拭」が挙げられている(後藤[7])点である。この構図を農業経営学にそのまま当てはめ,本学会における「家族経営」と「企業経営」の役割論の前提に「家族経営」に対する否定的見解があるとすれば,そのような見解を払拭することこそが重要になる。

第三の論点は,FB論の農業への適用である。海外に目を転じれば,Gasson and Errington[6]が先駆的な研究成果を示しているし,田中[22]も,欧米では"農家"がFBとして中小企業の範疇に入っており,重要かつ格好の研究対象になってきていると指摘する[注5]。Gasson and Errington[6]では,farm family businessを構成する要素として,以下の6点を挙げている。①事業の所有が事業の中心的担い手による経営管理と結合,②中心的担い手は血縁・結婚によって関係,③家族構成員は事業に資本を提供,④家族構成員は農場労働を行う,⑤事業所有と経営管理は時の経過とともに世代間で引き継ぎ,⑥家族は農場で暮らしている,である。ただし,類型にせよ構成要素にせよ,これらはあくまで相対的・包括的な概念として用いられており,これらが「家族経営」であるか否かの判断基準として用いられているわけではないことに留意する必要がある。

なお,このような議論は,我が国の農業経営学分野においても今までになかったわけではない。例えば,岩元[9]は,農業経営にとっての家族の意義を整理し,次の5点を挙げている。①経営主体としての家族:家族が行う事業としての農業,②家族のプーリング原理:貯蔵,危険分散,統合,③経営継承主体としての家族:家族の連綿たる継続性の中に経営継承がある,④社会性の絆としての家族:農業経営と地域社会との関わりの接点,⑤経営目標としての家族:「家族とよりよく生活する」ことは経営目標となりうる。これらの論点は,FBとしての農業を整理したものといえる。

5．考察：農業における「企業経営」の条件と「家族経営」の柔軟性

　農業において「家族経営」が支配的な理由として一般的に挙げられるのは，【農地取引を通じた農場規模の拡大】＜【M 技術の進歩による労働生産性の向上】とする荏開津[4]の解説である。すなわち，数 10ha のまとまった農地の取得が非常に困難な取引である一方，農業技術の発達，ことに M 技術の進歩によって，一人の労働者が受け持つことのできる農地面積は時とともに大きくなるため，農場規模の拡大速度が M 技術の進歩の速度より遅ければ，1 農場あたりに必要な労働者数は減少するため，家族だけで十分経営することが可能となる，というロジックである。

　この論理は，米国における企業の農業参入が畜産に限られることや，三井物産によるブラジルでの農業参入事例をも説明可能とするものである。三井物産がブラジルで食用大豆など 10 万 ha 規模の農業を展開している（正確には，農業生産会社を傘下に持つ穀物集荷業者の筆頭株主となっている）ことが知られている。最近の報道では「毎年 5,000ha ずつ」開墾を行っているが（週刊朝日 2010 年 8 月 6 日号），農場規模の拡大が開墾により極めてスムーズに行われるために「企業経営」が可能になるといえる。同社のプレスリリースでも，農業参入において最も大きな課題となるリスクコントロールについて，「これまでとは次元の違う巨大な規模で経営すること」によって，リスクマネジメント力が格段にアップし，「特に需要と供給に大きなギャップがある地域，商品」については「リスクに応じたリターンを確保できる」としている。ここでも，農業における企業経営の成立条件として，「巨大な規模」と「商品」「地域」といった条件が満たされることで，リスクコントロールが可能になるとしている点が注目される。

　また，金沢[12]は，家族経営か会社経営のいずれが適切かは部門結合や作目結合の種類によるパートナーシップの内容によって異なると指摘している。つまり，比較的単純な作目結合を大規模機械化に依拠する場合と多様な作目結合のもとで季節生産のために多様の管理労働を必要とする場合では作業調整の内容は異なる。すなわち，技術革新と農地取引といった条件は，「企業経営」成立への必要条件に過ぎず，経営の内部環境が十分条件として重要であるとの指摘である。その意味では，ブラジルにおける三井物産の事例も，

その成否が明らかになるのはこれからである。

　以上を簡潔にまとめれば，農業（特に耕種）における「企業経営」の成立は，技術進歩と規模拡大の容易性と，部門・作目結合などの経営の内部環境に大きく左右され，これが実現できる社会的・自然的条件は限定される。

　一方，「家族経営」の柔軟性に対する評価には様々なものがあるが，少なくとも柔軟性の内容が刻々と変化していることについては同意が得られるだろう。今日的な柔軟性の内容については，金沢[12]が以下のように整理している。①日常のコミュニケーションを通じて意思決定と合意が比較的スムーズに進行，目標設定の動機付けも明確にできる（変わらざる柔軟性），②労働の協業調整における複雑さ，細やかさに対応する周到，集約労働の供給，調達の柔軟性（資源利用における技術選択・農業経営の作目選択の広さはこの種の柔軟性に依拠），③後継者問題，継承問題にみられる柔軟性（均分相続による零細化防止の柔軟性），④経営と家計の関係を通して経営の短期的リスクを家計で補填し回避できる柔軟性，⑤生産生活を通じての地域とのつながりにみられる相互扶助の柔軟性，である。このような柔軟性が十分に発揮されたものを金沢[12]はパートナーシップと呼んでいるが，同時に金沢[12]は「今日すぐれたパートナーシップを発揮しているのは家族経営だけではない」としており，「家族経営」の柔軟性もまた，相応の管理上の創意工夫が必要であることを示唆する。すなわち，「企業経営」と「家族経営」の両方で，パートナーシップの発揮に向けた経営管理の高度化が求められる。

　「家族経営」の柔軟性の変化は，FB論の「臨界点」の議論との類似性が高い。すなわち，昨今の経済情勢の変化は，従来の「家族経営」ないしFBに変貌を迫るが，これまでは，「非家族経営」（非FB）への脱皮というより，「柔軟性」の内容の変化あるいは「臨界点」の引き上げで対応されてきた，という指摘である。この引き上げが今後も継続されるのか否かをここで判断することはできないが，少なくとも現在では，「家族経営（FB）」と「非家族経営（非FB）」の役割分担を論じるほど，「非家族経営（非FB）」のプレゼンスは我が国農業において大きくない。

6．おわりに

　最後に，本章における論点を整理したい。

第一に,「家族経営」「企業経営」を外形標準によって分類することは現実的でない。昨今の「企業の農業参入」の少なくない事例において,外形標準が「企業」であっても,継続性（収益性）を持ちえていない。換言すれば,「企業経営」か否かを外形標準によって定めたとしても,その経営が優良経営とは限らない。斎藤[17]が指摘するように,わが国の農業法人をとってみても,全体的にみれば未熟であり,財務成績にも「少数の優良法人と多数の落ちこぼれ法人」といった大きなバラツキが見られる。むしろ,どのような農業経営であれ,それが真摯に取り組まれているのであれば,持続可能なビジネスモデルの構築を支援するのが農業経営学の使命である。

第二に,「家族経営」「企業経営」の区分論によらず,農業経営の持続性を議論する枠組みとしての「FB 論」の有効性・可能性である。本章は家族経営を企業として捉えることを否定しないが,「企業経営」の優良事例でファミリーの要素が全くないものもほとんどない。これまでに示されてきた「タイプ別」「企業形態別」の区分整理は,農業経営間の微細な差異に拘泥しすぎていたのではないか。また,「家族経営」では生活と営農が一体的に運営されているとすれば,営農部分だけを切り出して改善を図るのではなく,生活と営農を一体的に改善することでの経営発展を目指すという考え方は家族経営協定にも見られるし,生活面の改善なくして業務の効率化はないとするワーク・ライフ・バランス論とも共通する。ドラッカー[2]も,組織の寿命より個々人の就労年数の方が長い時代になったと指摘する。すなわち,企業組織が個人・家族よりも継続性が高いという前提は既に崩れている。このような視点から,FB としての農業経営を改めて評価することが重要である。

第三に,「家族経営」から「企業経営」への「転換」については,「FB」のマイナス特性とされる経営継承,家族によるガバナンス,経営資源の調達に関する問題解決に資する研究蓄積が重要である。これらの蓄積が,結局のところ「転換点」「臨界点」の議論にも資すると考えられる。

とはいえ,本章は「FB」が農業経営の全てを網羅するとは考えていない。現在までに「家族経営」が規模拡大を続けてきた米国中西部において,これ以上の規模拡大には困難が伴う（Duffy[3]）とすれば,「企業経営」と「家族経営」の役割論は,米国においてこれから検討されるべき課題である。我が国においても,日本という地域,水田作経営という部門等の条件を設定し

た上で，「企業経営」がどこまで可能であるか，農業経営学が今後継続的に追求すべき課題であるといえる。

注：1）ここで「本業」とは，「主とする職業」という意味で用いている。農業統計上の「主業農家」よりは「基幹的農業従事者」に近い。
注：2）石崎[8]は，一般的に企業家的経営は，規模の拡大を志向し，規模拡大に伴って企業家的経営の色彩が増していく，と指摘している。
注：3）FBの定義も確立されたものがない。デニス他[1]によれば，概ね次のように定義される。「ファミリーによって所有される企業」のうち，①3人以上のファミリーメンバーが経営に関与，②2世代以上にわたりファミリーが支配，③現在のファミリーオーナーが次世代のファミリーに経営権を譲渡するつもりでいる，のいずれかの条件を満たすものである。
注：4）末廣[18]によれば，「究極の所有主アプローチ」により各国の上場企業の株式所有構造を分析すると，20％以上を所有する単独株主がいない「分散所有型企業」が多数を占めるのは，日本・英国・米国のみであり，その他のアジア8カ国・欧州4カ国では「家族所有型」が多数を占めた。
注：5）ただし，田中[22]は，欧米で農家がFBとして取り扱われることを「日本の場合とは異なって」とし，さらに「日本における旧来の伝統的農家が近代的農業経営者へと質的転換を迫られている今日，（中略）示唆的である」と評価している。

[参考・引用文献]

[1]デニス・ケニオン・ルヴィネ，ジョン・L・ウォード（2007）：『ファミリービジネス永続の戦略』，ダイヤモンド社，pp. 1-232.
[2]ドラッカー，P. F.（2000）：『プロフェッショナルの条件』，ダイヤモンド社，pp. 266.
[3]Duffy, M.（2009）: "Economies of Size in Production Agriculture", Journal of Hunger & Environmental Nutriton", 4(3), pp. 375-392.
[4]荏開津典生（2008）：『農業経済学』（第3版），岩波書店，pp. 1-236.
[5]Gardner, Bruce L.（2002）: "American Agriculture in the Twentieth Century: How it Flourished and What it Cost.", Harvard University Press, pp. 1-378.
[6]Gasson and Errington（1993）: "Farm Family Business", CAB International, pp. 1-300.
[7]後藤俊夫（2005）：「ファミリー・ビジネスの現状と課題：研究序説」，『静岡産業大学国際情報学部研究紀要』，7, pp. 205-339.
[8]石崎忠司（2001）：「農業経営の企業経営化：生業的経営から企業家的経営へ」，『農業経営研究』38（4），pp. 34-41.
[9]岩元　泉（2006）：「家族農業経営の展開と経営政策」，『農業経営研究』，43（4），pp. 17-25
[10]岩元　泉・佐藤　了（1993）：「企業形態論」，長　憲次［編］『農業経営研究の課題

と方向』,日本経済評論社,pp. 143-161.
[11]金沢夏樹編 (1978) :『農業経営学の体系』,地球社,pp. 1-468.
[12]金沢夏樹 (2003) :「家族農業経営の現在」,『家族農業経営の底力』,日本農業経営年報 No. 2,農林統計協会,pp. 1-15.
[13]門間敏幸編著 (2009) :『日本の新しい農業経営の展望―ネットワーク型農業経営組織の評価―』,農林統計協会,pp. 1-143.
[14]納口るり子 (2005) :「農業経営を取り巻く環境変化とネットワーク組織化」,金沢夏樹編集代表『農業経営の新展開とネットワーク』,農林統計協会,pp. 10-18.
[15]O' Donoghue, E. J., Hoppe, R. A., Banker, D. E. and Korb, P. (2009): "Exploring Alternative Farm Definitions: Implications for Agricultural Statistics and Program Eligibility", Economic Information Bulletin, No. (EIB-49), USDA, pp. 1-33.
[16]大澤 真 (2010) :「ファミリービジネス大国＝日本―地域経済・文化の核としてのファミリービジネス―」,『時評』,2010年5月号,pp. 82-87.
[17]斎藤 潔 (2000) :「農業法人の新しい経営展開とその評価」,『農業経営研究』,37 (4), pp. 29-37.
[18]末廣 昭 (2007) :『ファミリービジネス論―後発工業化の担い手』,名古屋大学出版会,pp. 1-372.
[19]立川雅司 (2007) :「アメリカにおける農地転用規制政策および企業の農地所有規制に関する動向」,海外重要研究『先進諸国における地域経済統合の進展下での農業部門の縮小・再編に関する比較研究』,農林水産政策研究所,pp. 1-97.
[20]田島洋一 (2008) :「経営学の新潮流 ファミリービジネス」,『武蔵野学院大学日本総合研究所研究紀要』6,pp. 185-197.
[21]滝本 徹 (2010) :「知られざる"FB 大国"として,さらなる発展を目指す」,『時評』2010.5, pp. 76-81.
[22]田中 充 (2003) :「中小・零細ファミリービジネスの現状と課題」,『中小企業季報』,2003 (3),pp. 9-16.
[23]内山智裕 (2006) :「米国における企業の農業参入規制の動向」,『農業経営研究』,44 (1),pp. 168-173.
[24]鵜川洋樹 (2000) :「家族農業の新しい経営展開とその評価:北海道酪農を対象に」,『農業経営研究』,37 (4),pp. 38-49.
[25]Wittmaack, J. (2006): "Should Corporate Farming be Limited in the United States?: An Economic Perspective", Major Themes in Economics, University of Northern Iowa, pp. 45-59.
[26]八木宏典 (2000) :「新しい農業経営の特質とその国際的位置」,『農業経営研究』,37 (4),pp. 5-18.

第Ⅱ部　農業における企業参入の現状と展望

第Ⅱ部解題　農業における企業参入の現状と展望

木南　章・木村伸男

1. 目的および背景

　近年，農業以外の一般企業が，新たに法人を設立して農業経営を開始する，農業経営に経営参画するなど様々な形態で，農業に参入する事例が増加している。これを経営資源の産業間移動と見るならば，農業・農村から他産業・都市へと流出した経営資源の従来の移動と逆行するものである。農業への企業参入の一般的な背景には，農業サイドからのプル要因と企業サイド（一般産業サイド）からのプッシュ要因とでも言うべき 2 つの要因が考えられる。従来の農家や農家組織の農業経営による活動では，農業を継続し，農地や水などの農業に必要な地域資源を維持・管理することが困難となっている地域が増加していることからも明らかなように，プル要因としては，農業および地域資源管理の主体の弱体化がある。すなわち，農業サイドが新たな農業経営の主体，さらには地域資源の新たな管理主体を必要としているということであり，一般企業も新たな主体の候補となっている。一方，プッシュ要因としては，農業以外の産業において，企業が自らの経営資源の活用方法として農業を選択していることがあげられる。建設業が需要の低迷を背景として農業を多角化戦略上の対象事業とする場合や，食品製造業や外食産業が一定の規格の原材料を安定的に確保するために農業に参入する場合が相当する。

　しかし，単なるプル要因とプッシュ要因によって，農業における企業参入が説明される訳ではなく，それらの要因の関係だけで競争力のある農業経営が形成される訳でもない。各地で展開している農業における企業参入は，参入主体，参入方法，経営目的，経営組織，経営形態，経営管理，地域農業との連携関係，支援体制などの点で多様性に富んでいる。またそこには，①農業がひとつのビジネスとして成功する，②製品・生産方法・販売方法・経営組織などの面でイノベーションを引き起こす，③企業の多角化部門として確立する，④地域農業の中核的存在となる，⑤地域振興に貢献する，など実績を築いている事例がある一方で，十分な経営成果をあげられない場合も多く，一部には撤退の動きも見られる。このように，農業における企業参入には，

農業や経済を取り巻く環境の中で必然的な側面がある一方で，重要な論点があるにもかかわらず，農業経営学としての十分な研究蓄積がない分野であり，総合的に検討することが必要な段階に至っていると考える。

　このような問題意識から，第Ⅱ部では，農業における企業参入の実態を明らかにするとともに，その課題と可能性を検討し，農業経営学の視点からの理論化と実践への提言を試みることを目的としている。ただし，農業における企業参入の形態は多様であり，関連する問題も多数あるため，主要な論点での議論を深めるため，問題の範囲を絞った。まず，対象とする農業は土地利用型農業とした。そのため，いわゆる畜産インテグレーションや植物工場は除外した。また，農地法などの制度的な問題は重要な問題ではあるが，直接それ自体を議論の対象とすることは考えていない。しかしながら，企業参入によって設立された農業経営（以下では「参入農業経営」と呼ぶこととする）に関する分析・評価に基づく提言などは排除しないこととした。

2．各章の内容とその意義

　農業における企業参入に対する視角には，①経営環境（関係する制度等）を含めた全体像を捉える視角，②農業に参入する企業に重点を置く視角，③企業の参入を受ける地域農業（農村）に重点を置く視角，④参入農業経営に重点を置く視角の4つが考えられるが，第Ⅱ部の以下の4章はそれぞれの視角に概ね対応している。

　第5章「農業への企業参入の動向」（清野英二）では，農業における企業参入の全国的動向について分析を行っている。本章では，特に企業参入の趨勢と地域的特徴，関連する制度のあり方，関係機関の課題が明らかにされている。農業への企業参入について議論し，その意義について考える上で不可欠となる現状や問題についての共通認識や重要な知見を提示している。

　第6章「企業による農業ビジネスの実践と課題」（蓑和　章）では，農業に参入した経営の実態と課題について論じている。本章では，企業の経営者であると同時に地域の農業者としての視点を持った実践経験から，経済性や地域農業の問題を始めとする参入農業経営が直面する経営課題の実態が明らかにされるとともに，参入農業経営の存在意義を提示している。

　第7章「小売企業と組合員・農協出資による農業法人の取組み」（仲野隆

三）では，農業に参入する企業と地域農業との関係について論じている。本章では，イトーヨーカ堂と地域農家，農協との共同による農業法人の設立の経験を踏まえて，農業への企業参入と地域農業との建設的な連携関係の構築についての実践過程が明らかにされている。

そして第 8 章「農業における企業参入の分類とビジネスモデル」（渋谷往男）では，農業に参入する企業のビジネスモデルについて論じている。バリューチェーン分析によって参入農業経営の競争優位とビジネスモデルが明らかにされている。当該分野における農業経営学による本格的かつ先駆的な研究として位置付けることができる。

3．テーマの位置付け

これまで日本農業経営学会では，農業経営をめぐる理論，実態，および農業経営を取り巻く環境との関係等において幅広いテーマを取り扱ってきた。しかしながら，従来の一連のテーマ設定からすれば，第Ⅱ部のテーマは異色のテーマであるかもしれない。とは言うものの，実際に農業に参入する企業の事例が増加するとともに，社会的にも注目が高まっているテーマであることは事実である。特に，2008 年後半から顕著になった景気後退による雇用問題の深刻化は，雇用創出における農業の役割への期待とともに，「企業による農業」の雇用創出に対する関心を高めることとなった。また，農地法の改正による参入障壁の低下に伴って，農業への企業参入の増加が予想されている。その意味では，タイムリーであるとともに社会的な要請が強いテーマであると言えよう。

しかし，それとは別に，これまでの農業から他の産業への大規模な経営資源の流出の結果として今日の日本農業の主体の弱体化の現状がある中で，今それとは逆の流れについて議論しているということに関して，農業経営学として反省すべき点があることを忘れてはならない。

その点を踏まえたうえで，農業に一般企業が参入するという現象に対して，農業経営学としてどのようなスタンスを取るべきかについて考えておきたい。経営学的に考えるならば，従来の農業経営が，農業生産だけでなく，販売，加工，外食，観光などの分野に事業を多角化するという活動と，一般企業が農業に参入するという活動は対の関係にある。さらに言えば，そこには，企

業が異業種に参入する際に直面する共通の課題というものが存在すると考えられる。すなわち，いかにして経営が既存の経営資源を有効に活用するとともに，新規事業を運営する能力を高めることができるかということである。したがって，その点に農業経営学が解明すべき問題があると考える。このことは，企業は技術的な側面および社会的な側面で農業経営に馴染むのか，さらに農業は特殊な産業であるのか，といった一般的な問いに対して，農業経営学としての答えを用意することでもある。

　数の上では増加しているとはいえ，現状では日本の農業経営の極一部を占めるに過ぎない存在である参入農業経営が，今後の農業経営の主体となる可能性について吟味し，さらには，真に競争力のある農業経営を形成していく足掛かりとすることが求められる。すなわち，現状の分析にとどまらず，その先を目指すことを忘れてはならない。

4. 主な論点

　農業における企業参入は，関連する領域が広いとともに様々なケースがある一方で，これまで農業経営学としての議論が十分なされていないことから，多数の論点が存在するが，第Ⅱ部における主な論点は以下の4点である。

　第1は，農業への企業参入をどのように評価するのかという問題である。経営には持続可能性が求められる以上，経済性の確保は不可避である。したがって，まず参入農業経営に関する経済性の分析・評価が必要である。さらに，トリプル・ボトムラインによる持続可能性の視点から見るならば，経済性に加えて環境性や社会性の観点からの評価も重要である。実際，企業の中には，CSR活動の一環として農業に参入するケースもある。具体的には，有機資源のリサイクルには環境性が，耕作放棄地の解消には社会性がそれぞれ密接に関係しており，農業への企業参入に関しては，それらを総合的に評価することが求められる。

　第2は，農業への企業参入の本質はどこにあるのかという問題である。当該分野における従来の議論は，土地や資本の所有関係や利用関係の問題に注目が集まりがちであった。しかしながら，われわれは，農業への企業参入の本質は，企業におけるマネジメントの農業への導入，定着，発展の問題であると考えている。土地や資本の問題についても，制度に関する議論は重要で

あるが，むしろ資源の調達問題や立地選択問題として，マネジメントの視点から捉え直す必要があると考えている。農業経営と農外企業との事業連携，農業・食料産業クラスターなどとの対比も有効であろう。また，従来の農業経営学が，農家経営の企業的な成長メカニズムを対象としていたとすれば，農業への企業参入は，逆の側から同じ方向を目指す試みであるとも言える。したがって，農業への企業参入から，農家経営の成長について何を学ぶことができるのか，という視点も重要となる。

第3は，企業による農業は，地域農業といかにして建設的な関係を築くことができるのかという問題である。実際，参入する企業には，競争・協力を問わず，地域農業との関係が極めて薄いケースがある。しかしながら，その一方で，地域農業との協力関係を築いているケースがある。この点に関連して，企業が異業種に参入する場合を考えても，新たな経営資源のすべてを自前で用意するケースもあるが，参入先の企業との間で事業連携や経営資源の有効活用を通じて参入するケースもある。その意味で，企業と地域農業とのコラボレーションによる新たな農業経営の確立という方向性も検討に値するのではないかと考える。

第4は，企業による農業参入の成功要因・失敗要因とは何かということである。参入農業経営には，従来の農家経営とは異なる経営目的があり，独自のビジネスモデルを有していると考えられる。したがって，まず，参入農業経営の経営目的や経営戦略がどのように構築されるのかということから分析する必要がある。そのうえで，企業の本業において培われた技術やノウハウを農業経営の経営管理に活かして，マーケティング，人材・財務管理，イノベーションなどにどのように応用することができるのか，農業における様々なリスクにどのように対応することができるのか，という点についての議論を深める必要があると考える。

そして，以上の論点を視野に入れながら，農業における企業参入に関して一定の共通の理解を醸成するとともに，企業形態や出自を問わず，持続可能な農業経営のメカニズムの解明，およびその確立に寄与することが農業経営学には求められているのである。

第5章　農業への企業参入をめぐる動向

清野英二

1. はじめに

　平成21年6月，改正農地法等が成立，公布され，同年12月15日に施行された（一部は22年6月）。法改正により農地貸借による権利移動規制が緩和され，一定の要件のもと，一般の個人，法人も貸借により農業への参入が可能になり，平成14年の構造改革特別区域法制定を皮切りに緩和されてきた農業への一般企業の参入は，今回の法改正により大幅に緩和されることとなった。所有権取得による参入の道は堅く閉ざされたままだが，今も増加しつつある企業参入はさらに増えるとみられ，農地リース制度による企業参入も21年3月1日現在349法人，改正農地法等が施行された12月には436法人まで拡大した。その後，22年12月31日には728法人となり，平成22年度末に500法人を目指すとの国の目標は，前倒しで達成されたといえる。

　これまで農業への企業参入問題は農地制度との関係で議論されてきた感が強い。しかし，参入の実態からみると，農地，労働，技術などの要素を含め経営全体をどう考えるか，あるいは経営をどのように支援するかの視点が欠けていたように思われる。これは今後の規制緩和の中でより現実味を帯びてくる問題と考える。農業への企業参入の状況や制度の歴史を若干整理した上で，参入をめぐる課題や今後の展望について触れたい。

2. 企業等の農業参入の現状

　国の食料・農業・農村基本政策本部は平成18年4月，農地リース制度による企業参入数を平成22年度末に500法人とすることなどを盛り込んだ「基本農政2006」を策定した。

　平成14年，構造改革特区法にもとづき，農地リース方式（貸借）による企業等の農業参入が認められ，以降，特区による農業参入が進み，平成18年3月までに156法人の参入があった。特区制度導入当時は，地域の活性化や耕作放棄地解消，また公共事業の削減方針による建設業等の業績悪化に対応した事業再建などの意味合いが強かったのが特徴と言える。また，この間

の食品偽装問題や中国産野菜の残留農薬問題など食品の製造・供給側からの食と農の安全・安心に対する関心の高まりも背景として無視できない。

最近では，国際的な食料・資源等の需給変化を背景に，国の食料供給力の確保が強く叫ばれる中，食品・流通関係業界等による原料や食材の安定供給やPB化の動きとして，農業への企業参入が加速化している側面がある。だが，これを業界の動きとしてとらえるだけでは不十分であり，農業構造や農産物の生産・流通・消費の変化の一側面として認識する必要がある。

(1) 農業参入の推移

農林水産省は，平成17年9月に農業経営基盤強化促進法を施行して以降，半年おきに企業等の農業参入数を公表している。まず，これにより全体的な動向をみておこう。

平成21年3月1日現在，349法人が参入しており，うち8法人が農業生産法人に移行している。平成18年→19年：+50法人，19年→20年：+75法人，20年→21年：+68法人と，この間一貫して純増が続いており，こうした動きはさらに続くものと思われる（**第5-1表**）。また，数字には表れないが，農業生産法人として参入する企業，あるいは企業代表者が個人の名義で農地を取得し農業参入している企業等も少なくないことにも留意しておく必要がある。

組織形態別には，株式会社191（55%），特例有限会社89（26%），NPO等69（20%）（平成21年3月1日現在，以下同）となっており，趨勢としてはこうした比率に大きな変化はない。

第5-1表　組織形態別・業種別の法人数

	参入法人数	組織形態別 株式会社	組織形態別 特例有限会社	組織形態別 NPO等	業種別 株式会社	業種別 特例有限会社	業種別 NPO等	農業生産法人に移行	参入市町村数
平成21年3月	349	191 (55%)	89 (26%)	69 (20%)	125 (36%)	72 (21%)	144 (41%)	8	173
20年9月	320	170	85	65	104	65	144	7	155
20年3月	281	144	80	57	94	65	122	−	135
19年9月	256	130	74	52	88	58	110	−	129
19年3月	206	110	54	42	76	46	84	−	102
18年9月	173	89	46	38	59	46	68	−	
18年3月	156	80	41	35	57	41	58	−	

資料：農林水産省資料より作成
注1）：数字は各月1日時点でまとめたもの

第5-2表　営農類別の法人数

	米麦等	野菜	果樹	畜産	花き・花木	工芸作物	複合
平成21年3月	62 (18%)	131 (38%)	53 (15%)	7 (2%)	10 (3%)	13 (4%)	73 (21%)
20年9月	56	124	50	5	11	11	63
20年3月	52	109	49	7	6	9	49
19年9月	48	103	41	6	6	8	44
19年3月	38	84	30	6	5	8	35
18年9月	34	67	22	6	5	4	35
18年3月	30	65	24	6	3	5	23

資料：第5-1表に同じ

　また，業種別（同）には，建設業125（36%），食品会社72（21%），その他144（41%）となっており，20年度は建設業の参入ラッシュの感があるが，耕作放棄地解消に向けた国の支援策等の拡充や各都道府県の新分野開拓等の支援策の増加もその要因と推察される。

　最後に，営農類型別（**第5-2表**）についてみると，野菜131（38%），複合73（21%），米麦等62（18%），果樹53（15%）などの順であり，上位類型別に大きな変化はない。

　また，以前から食品・外食産業等が農業生産法人を設立し，主に自社のレストラン等に原材料等の供給を行う例がみられたが，昨年以降，食品・流通業界等大手の農業進出も盛んに報じられている。その詳細は把握されておらず，知り得た情報の範囲内で述べるにすぎないが，参入にあたっては旧特区時代からさまざまな形があるものの，農業生産法人形態での参入が意外に多い（**第5-3表**）。これは，特区や特定法人貸付事業であれば参入市町村や参入区域が限定されることとなり，それを嫌うため，あるいは参入企業からは制度の要件が厳しいとの批判があるものの，実際に一定規模の農業生産を行っていくのであれば農業生産法人形態の方がメリットが大きく，かつ農業生産法人の設立自体，さほど難しくないとの判断が働いたためと考えられる。

3. これまでの制度の推移（農地法等の改正の経緯）

　今回の農地法等の改正は，こうした企業参入の動きに変化を与えることが予想されるが，ここで，これまでの農地の権利移動規制の緩和の動きについてふれておきたい（**第5-4表**）。

第5-3表　主な企業の農業参入の状況等

企業名	参入形態	内容等
ワタミ	農業生産法人，特定法人（特区），他の生産法人への出資	ワタミファーム（平成14年から）
カゴメ	農業生産法人に出資（直営法人，北九州市はJパワーと共同，和歌山市は特区，オリックスと共同	福島県いわき市（17年），和歌山市（16年），広島県世羅町（12年），福岡県北九州市（17年）で直営法人設立
キューサイ	農業生産法人	キューサイファーム島根（島根県益田市，10年），同広島（広島県世羅町，10年），同千歳（北海道千歳市，11年）
モスフード	農業生産法人。関連法人と共同出資	サングレイス（静岡県菊川市，18年）
セブン＆アイ	農業生産法人。JA，地元農業者と共同出資	セブンファーム富里（千葉県富里市，20年）
モンテローザ	特定法人	モンテローザファーム（茨城県牛久市，20年）
JR東海	特定法人	JR東海商事（愛知県常滑市，20年）
日本レストランエンタプライズ	農業生産法人（農事組合法人），地元農業者と共同出資	みどりの線路（茨城県石岡市，21年）
イオン	特定法人	イオンアグリ創造（茨城県牛久市，21年）

資料：新聞報道，各社HPあるいは聞き取り調査等から著者が作成

第5-4表　企業の農業参入をめぐる主な経緯

年月	内容
平成4年6月	農水省「新しい食料・農業・農村政策の方向」で，農業生産法人の一形態としての株式会社については「さらに検討を行う必要がある」
10年9月	食料・農業・農村基本問題調査会「答申」で，「株式会社一般に参入を認めることに合意は得難い」。農業生産法人の一形態として「株式会社が経営形態の一つとなる途を開く」
12年11月	農地法改正。株式会社形態の導入を含む農業生産法人制度の要件見直し。農業委員会による要件適合性の担保措置
14年12月	構造改革特別区域法制定。農地リース方式による株式会社一般の農業参入を容認
15年6月	農業経営基盤強化促進法の改正。農業生産法人の構成員要件の特例措置（認定農業者である農業生産法人について農業関係者以外の構成員に係る議決権制限を緩和）
17年6月	農業経営基盤強化促進法の改正。農地リース特区の全国展開（特定法人貸付制度）
19年11月	農水省「農地政策の展開方向について」で「所有権については厳しい規制を維持しつつ，利用権については規制を見直す」方向
20年12月	農水省「農地改革プラン」で「賃借権設定の要件を緩和し，農業生産法人以外の法人の参入を拡大。所有権の取得については，現行の要件を維持
21年6月	農地法等改正。特定法人貸付制度を廃止。解除条件等を付し利用権に限り規制を緩和
21年12月	改正農地法等施行（一部は22年6月）

資料：著者が作成

(1) 農業生産法人制度の創設から株式会社形態の企業参入問題登場まで

　会社組織形態の農業参入は，昭和37年の農地法改正における農業生産法人制度の創設によって実現しているが，これは当時としても，家族（個別）経営の延長線上に位置づけられるものであり，その後昭和55年の農地法改正における構成員要件の変更で，家族型法人としての性格は薄まったものの，引き続き株式会社形態の法人に対しては，株式の譲渡性や経営支配の問題から固く門戸を閉ざしてきた経緯がある（「経営組織の中核となるべき農家以外の者によって実質的に農業生産法人が支配されることがないよう……」（「昭和45年農地法改正施行事務次官通達」の一節））。

　それ以降，企業の農業参入問題が農政論議の俎上にのぼったのは，平成2年から始まった，いわゆる「新政策」（「新しい食料・農業・農村政策の方向」）の検討においてであった。昭和60年以降，わが国農政は，経済界などからの農産物の市場開放や内外価格差是正，価格支持政策の見直しなどが強く求められるようになり，上記の検討では，「経営形態の選択肢の拡大」の一つとして，農業生産法人制度の見直しと株式会社形態による農地の権利取得問題が取り上げられたが，最終的には，平成4年にとりまとめられた報告書では株式会社の農業参入問題は退けられた。これは，当時の農水省として，株式会社形態の農地の権利取得については「農業からの撤退やその後の農地転用」など農地制度上デメリットが大きいと判断したためであった。

2）農業生産法人の一形態として株式会社を容認

　しかし，企業の農業参入をめぐる議論はこれで収まったわけではなかった。農業生産法人の要件緩和や農地法の耕作者主義の見直しなどについては，政府の行政改革委員会等から繰り返し要求がなされた。政府は平成9年3月，「規制緩和推進計画の再改定について」を閣議決定し，株式会社の農業参入問題については，新農業基本法の制定過程で議論することとされた。

　平成9年に始まった「食料・農業・農村基本問題調査会」では，同問題をめぐって，農業団体側と経済界側の委員等で激しい応酬があったが，同調査会の「最終答申」では，「株式会社一般に参入を認めることに合意は得難い」と結論づける一方，農業生産法人の一形態として「株式会社が経営形態

の一つとなる途を開く」こととなり，平成12年11月，農地法改正により株式の譲渡制限が付された会社に限って株式会社形態の農業生産法人が認められることとなった。

3）特区（農地リース方式）による企業参入開始

規制緩和を求める動きはこれで止まることなく，小泉政権下での農地制度改革の要求は続いた。平成14年12月に成立した「構造改革特別区域法」において，遊休農地解消対策の一環との位置付けで，特例的に農地の「リース方式」（賃借権の設定による）により一般の株式会社など農業生産法人以外の法人に農業参入の途が開かれることとなった。

同制度を受けて，新潟県や長野県を始めとして，公共事業の減少などに悩む地元の建設業者などが遊休農地解消や地域活性化の下に各自治体が定める構造改革特区にもとづき，次々と農業参入が開始されていった。

4）農地リース方式の全国展開

一方，国の総合規制改革会議等は，さらなる規制改革とさまざまな特区制度の全国展開を検討していたが，農地リース特区の全国展開についても「支障なし」として全国展開を求め，経済財政諮問会議等もこぞってさらなる規制緩和を求めた。日本経済調査協議会が平成15年「農政の抜本改革（中間報告）」で農地制度の抜本改革を求めたのもそうした時期である。

こうした圧力の中，一般の株式会社の農地リース方式での農業参入を全国展開する「特定法人貸付制度」を盛り込んだ農業経営基盤強化促進法の改正法案が国会提出され，平成17年6月成立し，同年9月に施行された。

この特定法人貸付制度は，**第5-1図**に示す通りであるが，①遊休農地およびその恐れがある農地が相当程度存在する区域で，②農業を着実に行う旨の協定を市町村と締結した特定法人が，市町村等から農地を借り受けて農業を行う仕組みであり，同制度を活用した農業参入は着実に増加していった。

4．農業参入の課題等

農業参入企業の中には，思わぬ課題で苦戦しているところも多い。全国農業会議所は，平成18年12月から農業参入企業等を会員に「農業参入法人連

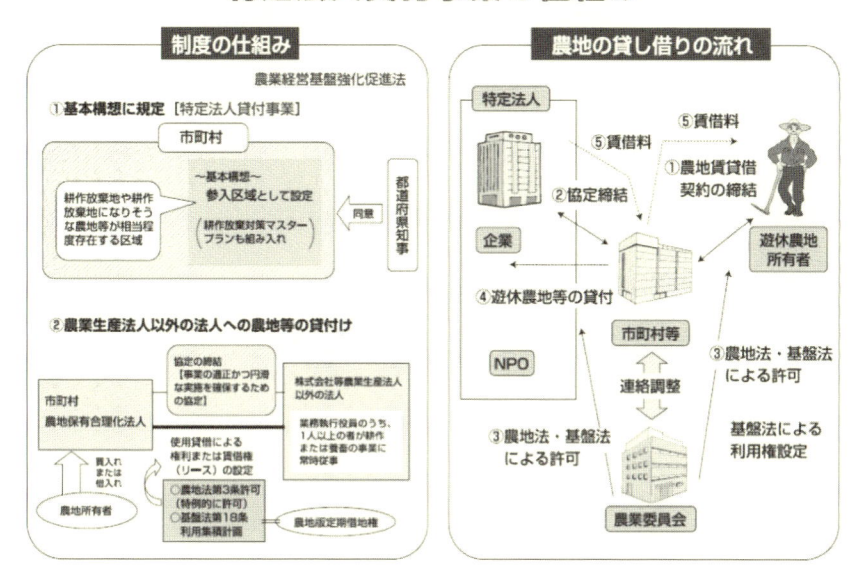

第5章 農業への企業参入をめぐる動向 (101)

第5-1図 特定法人貸付事業の仕組み
資料：報告者が作成

絡協議会」（櫻井武寛会長；宮城・（株）一ノ蔵会長）を組織化し，参入法人の抱える課題の検討や国・関係団体等との意見交換，会員相互の交流などを図ってきた。平成20年6月には農業参入法人連絡協議会が全国農業会議所と共同で，農業参入企業等に対するアンケート調査を行い，82法人から回答を得た（回答率30％）。以下，この結果を紹介し，検討する。

(1) 参入企業の農業経営の概況

まず，アンケート結果から調査対象法人の農業経営の概況等を紹介する。

1) 経営概況

経営面積は，10ha以上の法人9％を含め1ha以上が6割を占めるが，1ha未満の小規模な経営も多い。なお，回答のあった法人の56％が参入当初に比べて経営規模を拡大している。

農業の売上高は，300万円未満が全体の3分の1強となっており，規模だ

けでなく生産性の低さや販路が確保されていないこと等が要因となっている。一方，1千万円超が24％で1億円以上の法人も5％ある。

農業部門の経営状況は，63％が「赤字」で，「黒字」11％，「収支ほぼ均衡」10％を大きく上回っている。

2）初期投資について

参入にあたっての初期投資額は，「500万円未満」がほぼ半分だが，「3千万円超」も18％ある。

初期投資の調達先は，「全額自己資金」が52％，「親会社」が10％だが，この他に自己資金と他の資金との組み合わせもあり，全体の約3分の2が親会社を含む自己資金依存形と思われる。

3）経営規模拡大の意向

今後の意向は，「規模拡大」志向は60％，「現状維持」は38％であった。「規模縮小」は2％と少ない。経営状況が悪いところも，年数が浅いため当面は「様子見」と考えているようだ。

現状維持または縮小の理由は，「収益性が低い」30％，「農産物の販路確保が困難」15％，「技術不足」19％であった。また，「経営方針どおりの面積が確保できた」とするものも21％あった。

4）農業経営における課題（複数回答）

経営課題としては，「農業生産や経営，技術」46％，「農産物の加工・販売」43％，「農地」29％などで，参入後ということもあるが，農地を問題にあげる回答は意外に少ない。

（2）農地の借入れ

1）借入れ農地の状況

借入れ農地が，「耕作放棄地または条件の悪い土地だった」と「普通の農地だった」の比率は2対1であった。耕作放棄地のうち条件整備が必要だった農地は39％であり，「耕作放棄地または条件の悪い土地だった」とする

回答の3分の2近くを占めている。

　また，借入れ農地が「希望どおり」は54％だが，「同じ市町村でも別の地域の農地を借りたかった」16％，「他の市町村の農地を借りたかった」1％であった。このうち，借りた農地が希望と違ったとする理由は，「市町村の農地の利用調整を受け入れた」31％，次いで「地権者の同意が得られなかった」23％，「借りたかった農地の所在する市町村では企業参入を受け入れていなかった」23％が並んでいる。また「借りたかった農地が企業参入の区域として設定されていない」とする回答も8％あった。

2）公的機関が仲介して農地を借りる仕組みについて

　現行のリース方式の評価については，「行政等の公的機関の仲介により貸し手側が安心して貸借に応じてくれた」48％，「行政等の公的機関の関与で農地の選定，借入れがスムーズにいく」24％，「地権者等との農地利用調整の手間が省略できる」8％で，全体の8割がこの仕組みを評価している。一方，「行政の意向もあり営農開始に時間がかかる」7％，「行政の取り組みいかんで事業が進まない恐れがある」7％等の指摘もみられた。

(3) 考察

1) 経営面の課題と展望

　こうした結果から，農業参入企業の特徴としては，次のようなことが挙げられよう。

・経営規模はその法人の目指す農業の姿により異なるものの，栽培技術や販路，組織体制などが確立され，将来展望をもっている法人は，さらなる規模拡大を考えている。
・過半の法人は経営上赤字であるが，雇用確保（特に本業の季節調整）や原料調達等の必要性の面からは一定期間は採算を度外視しても農業を継続していく必要がある。
・なお，赤字法人も生産性の向上，販路確保や各種補助事業等の支援策を受けるなどして，徐々に経営改善は進んでいる。
・参入初期は，制度融資や補助事業など支援策がほとんど用意されておらず，

初期投資のほとんどは親会社を含め自己資金でまかなわれた。また，初期投資費用の回収はただちには困難な状況にある。

また，参入企業の中には，既に撤退した事例もみられる。その最大の要因は，農業技術の定着・安定が難しく，思うような収益があげられず事業継続を断念したものである。当初の経営計画が不十分であったと言わざるをえないが，国・地方自治体等が開発した農地であっても土地条件が悪く困難を強いられた事例もある。耕作放棄地問題がこれほど叫ばれる中，もっと早く支援策が用意されていれば，と悔やまれる。

また，景気低迷により本業自体がさらなる経営不振や，ひいては倒産に至ったケースもある。改正農地法施行後は，こうした場合の借入農地の扱い方も課題として残される。

2) 農地問題

また，アンケートでは参入企業のほぼ半数が，借り入れた農地は耕作放棄地か条件の悪い土地だったと回答している。一般的に貸し手の意向として，農地は条件の悪いところから貸し出される（農家が耕作を手放す）ことを考えれば，ある程度やむを得ないことではあるが，土地の整備に多額の費用を要し，かつ制度導入初期には，そのための支援策も何ら講じられなかったなかで，参入側の不満も強いものとなっている。

一方，参入区域限定の制度が必ずしも大きな問題ではないことがうかがえる。実際に，制度を運用している市町村の中には，遊休農地になる『恐れがある』との解釈に立つ場合もみられ，リース対象を必ずしも条件の悪い遊休農地に限定しているわけではない。運用実態面からみれば，参入区域の問題は，あまり制度的な問題としてとらえる必要はないと考えている。

しかし，参入区域制限を市町村単位としてとらえた場合には状況は多少変わってくる。特定法人貸付事業を基本構想に位置づけた市町村は約4割程度にすぎない。遊休農地の発生が特に問題となっていないため，あるいは既存の担い手に配慮して，位置づけをしなかったところが多かったわけで，こうした地域で農業参入を希望する企業等があっても，参入を断念するか，参入対象市町村まで足を伸ばすか，あるいは農業生産法人制度を活用する以外に方策がなかったのも事実である。

3）市町村等の仲介の仕組み

　また，特定法人貸付制度における市町村等の仲介の仕組みについて，おおむね評価が高いことは注目してよい。これは，この仕組みが，農地の出し手・受け手の双方に安心感を生みだしているために他ならない。行政側には，書類の作成や賃借料の徴収・支払いなど事務的な負担も大きいが，公的機関が仲介することで，企業等と公的機関との関係が深まり，さまざまな助成策等の支援が受けやすくなる面も指摘される。

　特に，市町村合併の進行や市町村の行財政改革等で行政サービスの低下が著しい中では，農業の知識やノウハウが不十分な参入企業にとって，こうした仕組みがあれば大きな後押しとなることは想像に難くない。改正農地法等では，この仕組みは廃止されることとなるが，これに代わる仕組みを模索していくことが，参入対象市町村にとっては農地利用の調整を図っていく上で意義あるものと考える。

5．今後の展望

（1）今回の農地法等改正と農業への企業参入

　今回の農地法等改正で，農業への企業参入がどう進展するかが，農業内外で関心の的となっている。特に，昨年以降相次いで流通大手等が参入し，農業者や特定法人も戦々恐々として受け止めている。以下，改正農地法等と特定法人貸付制度における企業参入の仕組みを比較する（**第5-5表**）。

　特定法人貸付制度は，「全国展開」以前の農地リース特区の規定をほぼ踏襲した。すなわち，市町村等が実施主体となり，所有者から借り受けた農地を参入企業等に転貸する仕組みが継続された。しかし，新たに，リース契約にもとづき借り入れた農地等を「全て耕作すること」，農地等が適正に利用されない場合は協定違反にあたること，法人が破産手続き開始の決定を受けるなど事業継続が不可能となった場合は協定違反に該当することなど，制度の全国展開にあたり，不適正な利用を排除し，企業が撤退等した場合を担保する措置が追加された。

　改正農地法等は，この市町村等による転貸の仕組みを外し，企業等が直接

第5-5表　改正農地法等と特定法人貸付制度における企業参入の比較

項目	新制度(改正農地法等)	特定法人貸付制度
法人の要件 (農業生産法人以外の法人)	①地域の農業における他の農業者との適切な役割分担の下に継続的かつ安定的に農業経営を行うと見込まれること ②業務執行役員のうち1人以上が法人の行う耕作又は養畜の事業に常時従事すると認められること	①業務執行役員のうち1人以上が法人の行う耕作又は養畜の事業に常時従事すると認められること(*1) ②市町村等と締結する協定に従い耕作又は養畜の事業を行うと認められるものであること
参入可能市町村	限定なし (農業の内容、農地の位置・規模からみて、農地の集団化、農作業の効率化その他周辺の地域における農地の農業上の効率的かつ総合的利用の確保に支障を生ずるおそれがある場合は認めない)	基本構想で「特定法人貸付事業」の実施を規定している市町村(平成20年9月で769)
実施区域		遊休農地又は遊休農地となる恐れがある農地のうち、農業上の利用の増進を図る必要があるもの(「要活用農地」)が相当程度存在する区域で、特定法人貸付事業を実施することが適当であると認められる区域(*2)
借入方法	市町村等による転貸の仕組みはなく、直接契約	特定法人貸付事業の実施主体として、市町村又は農地保有合理化法人が関与(転貸)
協定の締結 (許可)	許可にあたっては、農業委員会等が予め市町村長に通知。市町村長はこれについて意見を述べることができる	事業実施主体が特定法人と協定を締結しなければならない(実施主体が農地保有合理化法人である場合には、さらに市町村と)
協定に盛り込まれるべき内容 (許可の要件)	権利の取得後においてその農地等を適正に利用していないと認められる場合に使用貸借又は賃貸借の解除をする旨の条件を書面による契約に付されていること	①事業内容、事業実施区域、②事業の用に供される農用地の利用に関する事項、③地域の農業における法人の役割分担に関する事項、④協定の実施の状況についての報告に関する事項、⑤協定に違反した場合の措置、⑥法人が破産手続の開始の決定を受けた場合その他による事業継続の場合の措置
利用状況報告	法人は毎年農地等の利用状況について農業委員会等に報告しなければならない	法人は協定の実施状況について毎年度定期的に報告しなければならない
協定(契約)に違反した場合の措置	相当の期限を定め契約の解除や利用是正など必要な措置を勧告。解除に応じない、勧告に従わない場合許可取り消し。当該農地は農業委員会があっせん	利用是正など必要な措置を通知。これに従わない場合契約を解除

資料:著者が作成
注:1) 「常時従事すると認められるもの」であるか否かは、その耕作又は養畜の事業に必要な業務に従事しているか又は従事すると見込まれるかどうかにより判断することが適当とされている。この場合、年間150日以上従事している又は従事すると見込まれるときには、常時従事しているものと認めて差し支えない。また、従事日数が150日に満たない場合にあっては、その耕作又は養畜の事業の規模や内容等に応じ必要な程度において業務に従事している又は従事すると見込まれるときには、常時従事するものと認めて差し支えない。なお、常時従事すべき耕作又は養畜の事業とは、農作業に限定されるものではなく、営農計画の作成、マーケティングなど企画管理業務が含まれる。
　 2) 市街化区域の場合は、市街化区域外の農用地と一体として利用されている農用地の存する区域又は生産緑地地区の区域は実施区域とすることができる。

に所有者から農地の借入れができることとし、かつ参入区域制限を外したことが最大の特徴である。また、適正な利用が図れない場合の担保措置として、

農業委員会等が許可する際に，「解除条件」を付した契約とすることが規定された。

ところで，当初の政府提出法案は，農地のリース契約に解除条件を付すこと（政府案農地法第 3 条 3 項），および「効率的かつ総合的な農地利用」（同第 3 条 2 項 7 号）等の規定で懸念払拭は可能と考えた。しかし，国会審議が始まると，企業参入への懸念が焦点となったことから，与野党が共同修正協議に入り，共同修正案では，①地域の他の農業者との適切な役割分担の下に継続的かつ安定的に農業経営を行うと認められること，②法人の業務執行役員のうち 1 人以上が農業に常時従事すると認められること——の 2 項目が許可要件として追加された。

修正案の①は地域内の調和づくり，②は，特定法人貸付制度と同等の業務執行役員要件を付すことにより，大都市等遠隔地に本社を持ち，地域の農地利用その他に無責任な企業参入を排除すること等を目的としたもので，無秩序な参入に対する一定の歯止め措置として期待される。

また，企業等への許可にあたり，市町村長が農業委員会に意見を述べることができること（第 3 条 4 項）や企業等が毎年利用状況の報告をしなければならない（同 6 項）ことが盛り込まれた。企業等が適正な農地利用を行っていないなど要件を欠いた場合には，是正勧告（第 3 条の二 1 項）や農業委員会によるその農地のあっせん（同条 3 項）など事後監視の強化措置を盛り込んだ。出資制限の緩和など農業生産法人制度の一部も見直されたが，詳細は割愛する。

なお，今回の一連の法改正により，現場の農業委員会には新たな役割が増えた。権利移動関係では，許可（参入）時の要件チェック，参入後の農地利用状況の監視機能の強化である。今後，体制を強化し，不適切な利用を抑止し農地の効率的かつ総合的利用に努める必要がある。

(2) 企業参入の選択肢としての農業生産法人

一般企業等が農業参入するにあたり，今回の農地法等改正で，組織変更なしに直接参入する枠組みが広がってはいるものの，先に触れたように，農業生産法人として参入する道筋も残っていることにも十分留意すべきであろう。

これまでの議論では，「農業生産法人の設立は面倒」などの批判も参入企

業側からも聞かれたが，実際には，別会社の農業生産法人を設立し実際に参入している事例は少なくないし，しっかりした営農計画をもち，要件を満たすことができれば，農地制度上何ら参入に不都合はない。また，既に特定法人貸付制度で参入した企業の中にも，新たに農業生産法人を設立したり，または組織変更し農業生産法人の要件を備える動きもみられる。

その背景として挙げられるのは，一つは農地利用に関するもので，特定法人貸付制度の下での参入区域の制限等，借りたい農地が借りられない，農地の条件が悪い，よって農地の選択がしやすく，かつ所有まで可能な農業生産法人に移行したい，というものである。また，農業生産法人になることで支援措置のメリットが拡大することを挙げる企業もある。なお，特定法人でも認定農業者になることは可能であるが，税制・金融等の分野ではより大きな支援措置が得られる。さらに，農業労働の特殊性を指摘する声もあった。つまり，農業部門として部門制を敷いても，労働時間，労働条件等において他部門との違いは歴然としており，企業の雇用管理制度上，独立・分社化の検討余地ありとする考え方である。

6. おわりに

今回の農地法等改正により，農業への企業参入は確実に増加することが見込まれる。また，参入には，農業生産法人または農業生産法人以外の法人という二つの道筋があり，企業がどのような選択を行うかも大きな関心事である。さらに，植物工場等の増加にみられるように，必ずしも用地取得（賃借）を農地に限らない例もあり，まさに参入の幅は広がったといえよう。

筆者は，企業をはじめ一般からの農業参入の相談等に関わった経験から，農地利用は確かにハードルは高いものの，あくまで農業経営の一手段であり，むしろ相談の多くは，具体的にどのような農業をやりたいのかを示す経営計画や農業の具体的な知識に事欠くものであったことから，計画をしっかり持つべきことをアドバイスすることが多かった。

すなわち，企業参入が進むにつれ，そうした経営面の課題が大きくクローズアップされることが多くなることが考えられる。その際には，アンケートでも明らかな通り，継続的かつ安定的な事業を担保する収益性の確保が課題となる。これは個々の営農技術，販路確保等経営内部の課題から，政策支援

まで実に幅広い課題であるが，しかしここに至って，実は一般の農業経営が抱える課題と共通のものであることがわかる。

さらに，やっかいなのは，政策支援対象をどう捉えるかという問題である。中小企業よりさらに零細な農業経営の支援を行ってきた農業政策が大きな曲がり角に来たといっては過言であろうか。しかし，既に農業生産法人の中にも数十億円の売り上げで中小企業と比較しても遜色ない経営状況を示す法人もあり，そうした1法人につぎこまれる金融・税制その他政策支援もかなりの額に達する。むろん現在でも大企業の子会社であっても，農業生産法人，認定農業者等の要件を備えていれば，政策支援の対象となりうる。

農業の「担い手」の多様化はこのように既に進んでいるが，まだ圧倒的多数の「担い手」は個別・零細な農業者であり，これらを無視した農地政策も農業政策もありえないと考える。

7. 追補

農地法等改正後，1年余が経過した（執筆時点：平成23年2月）。既に改正農地法施行を受けた企業等参入の動きが明らかになりだしたので，紹介する。

詳しくは**第5-6表**の通りだが，改正農地法施行前約6年9カ月（平成15年4月～21年12月）の間に参入した企業等は436法人であった（参入は

第5-6表　改正農地法による企業等の新規参入の動き

(1)参入状況（法改正前後の比較）

	法人数
改正農地法施行前① (H15.4～H21.12) （約6年9カ月）	436
改正農地法施行後② （約1年） (H21.12～H22.12)	292
合計(①+②)※	728
増加率(②/①)	67%

資料：農林水産省資料より作成

(2)組織・業務形態別参入

	法人数
新規参入した法人等の数 （農業生産法人を除く）	292
（組織形態別）	
・株式会社	186(64%)
・特例有限会社	52(18%)
・NPO等	54(18%)
（業務形態別）	
・食品関連産業	65(22%)
・建設業	50(17%)
・農業	25(09%)
・その他	152(52%)

平成21年12月15日～22年12月31日

438法人，2法人は撤退）が，法施行後約1年間（平成21年12月15日〜22年12月31日）間では，292法人が参入しており，その増加率は67％となり，参入法人数の合計は728法人に達している。

内訳は，組織形態別では，株式会社186（64％），特例有限会社52（18％）など会社形態が8割超と圧倒的に多いが，NPOや社会福祉法人・医療法人など特定法人貸付事業下でも見られた形態の参入も引き続き見られる（その他54，18％）。また，業務形態別には，食品関連産業65（22％），建設業50（17％），その他152（52％）などとなった。なお，農業25（9％）という動きも見られるが，これは農業を主とする新設の法人などと見られる。

また，特定法人のその後の動きであるが，法改正後，平成22年6月末までのまとめでは，経営規模拡大のために，新たに新制度により農地を賃借したものが52法人，特定法人貸付事業の契約満了に伴い，契約を延長する目的で新たに契約を結んだものが24法人となっている。今後，こうした動きは続くものと思われる。

第6章　企業による農業ビジネスの実践と課題

蓑和　章

1．はじめに

　平成15年9月に東頸城農業特区に参入して，夢の実現と新しい農業形態にチャレンジするために，（株）蓑和土建と地域の異業種有志5人で新会社「ファーストファーム（株）」を設立した。

　春は新緑に囲まれ，冬は雪景色の四季折々の豊かな自然資源に恵まれた新潟県上越市（旧東頸城）のこの恵まれた自然環境や，高齢化等により年々耕作断念による荒廃が進む農地を維持・復旧・保全しながら有効活用し，家族（Family）で楽しめる農業・農園（Farm）そして将来の新しい第6次産業（第1次産業×第2次産業×第3次産業）を目標に，トップ（First）を目指して日々チャレンジしている。

2．地域の概要

(1) 位置・地勢

　平成17年1月1日に全国最多の14市町村（上越市，安塚町，浦川原村，大島村，牧村，柿崎町，大潟町，頸城村，吉川町，中郷村，板倉町，清里村，三和村，名立町）の合併により，人口21万人の新市「上越市」が誕生した。

　上越市は，新潟県の南西部に日本海に面して位置し，北は柏崎市，南は妙高市，長野県飯山市，東は十日町市，西は糸魚川市に隣接している。

　古くから交通の要衝として栄えたが，現在も重要港湾である直江津港や北陸自動車道，上信越自動車道のほか，JR北陸本線・信越本線，ほくほく線などを有している。さらに北陸新幹線や上越魚沼地域振興快速道路などのプロジェクトも進行するなど，三大都市圏とほぼ等距離に位置する中で陸・海の交通ネットワークが整った有数の地方都市となっている。

　市の中央部には，関川，保倉川等が流れ，この流域に高田平野が広がっており，この広大な平野を取り囲むように，米山山地，東頸城丘陵，関田山脈，南葉山地，西頸城山地などの山々が連なっている。

このように，新しい上越市は，多様な自然を有する海・山・大地に恵まれた自然豊かな地域である。

規模　面積：973.32km^2，東西：44.6km，南北：44.2km

人口と世帯数（H17）：208,082 人，69,160 世帯

産業（H17）　第1次産業：7.2%，第2次産業：32.1%，第3次産業：60.2%

(2) 農業参入地域の位置・地勢

当社の本社がある農業参入地域の上越市浦川原区（旧東頸城郡浦川原村）は，人口 4,110 人，世帯数 1,193 世帯，面積 50.64km^2 で，上越市の東に位置している。国道 253 号線が東西に走り，ほぼ並行して保倉川が貫流し，この流域には約 300ha の平坦地が広がっているが，他はすべて 100m～200m の山腹に耕地（未整備）が広がり，大部分が地すべり指定，砂防指定の区域に含まれる。気候は，夏はやや多雨，多湿型であり，冬は北西の季節風が強く，全国有数の豪雪地帯（H46 特別豪雪地帯指定）である。積雪量は，かつて毎年 200cm 程度であったが，近年は暖冬によって少なくなってきている。

平成 17 年調査の経営耕地規模別の農家数では，522 戸の農家のうち，1.0ha 未満が 45%，1.0～3.0ha 未満 20%，3.0ha 以上 1%，自給的農家 34% である。

かつては，村の主要産業は農業であり，大黒柱である農家の主は，農業従事の傍ら農閑期には日雇いで建設産業に従事し，冬期間は関東・関西方面への出稼ぎ収入（主に酒造業に従事）で一家を養い，生計をたてていた。

3. 農業参入と特定法人設立の経緯

(1) 農業参入の動機

地域の過疎化や農業従事者の高齢化，農業後継者不足，米の生産調整，米価の下落等，農業をとりまく環境の悪化等により離農が進み，耕作放棄地（耕作断念）・遊休農地及び山林等の荒廃が著しく，このままでは自然豊かであった農山村資源が亡失してしまう恐れがあった。

このような状況を微力ながら解消すべく，地域の異業種有志5人で法人を

設立し，東頸城農業特区に参入した。遊休及び休耕している農地を新しいビジネスの場として活用するとともに農による新たな産業創出の場として活用することで，農地等の荒廃防止及び農山村の景観，機能を保全し雇用の創出と交流による地域の活性化を目指しての農業参入である。

(2) ファーストファーム株式会社設立の経緯

　平成 14 年 12 月から翌年 2 月まで数回，行政（県出先機関）主催の特区研究会に出席し，農業特区について理解を深め，この農業特区を活用することにより，念願であった夢を現実化する可能性を見出した。

　平成 15 年 2 月に，その夢を実現するため，30 歳代の頃一緒にまちづくりや地域活動のリーダーとして積極的に活動した仲間で，同じ夢を持っていた地域の有志 4 人（旅館業，土地家屋調査士，酒造業，農畜産業）に特区参入企業設立の協力依頼をしたところ，これ以上の農地の荒廃を防止したいという思いと，同じ夢の実現のため，全員から賛同を得ることができた。

　その夢とは，ある企業が牛の放牧場として活用していた土地約 20ha が経営不振により倒産してしまい，その跡地が十数年も荒廃（産廃不法投棄）したままになって放置されていたが，その牧場から眺める約 300 度のパノラマロケーションが素晴らしく，この荒れた土地を何とか地域活性化の為に活用できないかと努力したが，その土地は農地（畑）であったため農業者でない我々には不可能とのことで断念していた土地の活用である。

　その後の東頸城農業特区参入のための経緯については後述する。

(3) 会社概要

商号	ファーストファーム株式会社
所在地	〒942-0321　新潟県上越市浦川原区熊沢 932-3
代表者	蓑和　章
資本金	10,000 千円（出資　（株）蓑和土建 80%，個人 20%）
設立	平成 15 年 9 月 12 日
役員	代表取締役　蓑和　章（建設業） 取締役　　　H.I（旅館業） 取締役　　　O.T（土地家屋調査士・行政書士・宅建主任）

(114) 第Ⅱ部　農業における企業参入の現状と展望

取締役	M.M（会社員）
取締役	T.Y（酒造業）
監査役	M.T（建設業）
株主	W.Y（農畜産業）

従業員数　6人

経営方針

①東頸城の遊休農地及び休耕している土地を復旧し，維持することで，更なる農地等の荒廃の防止及び農山村の景観，機能保全に務める。

②東頸城の自然を利用し，自己完結環境保全循環型自然農法を目標に農業経営を行う（第6-1図）。

③自然農法により，安全で安心な食材として付加価値の高い農産物を生産する。

④各地域，地区及び集落と連携した生産基盤の形成並びに関係企業等と連携した付加価値の高い地域循環型農業経営を行う。

電話番号：025-599-3778（代表），FAX番号：025-599-3381

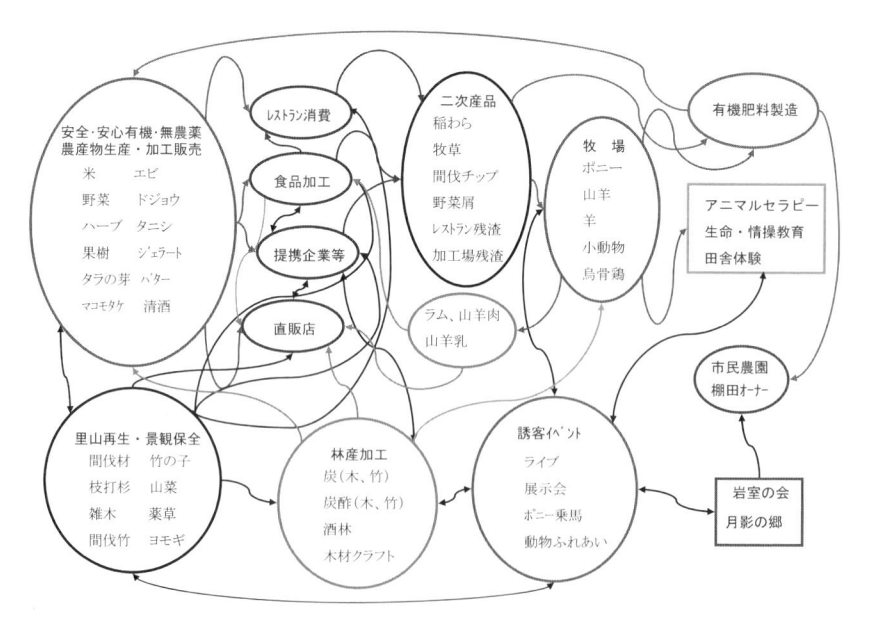

第6-1図　自己完結型環境保全循環型自然農法イメージ

URL：http://www.firstfarm.com，E-mail：info@firstfarm.com

（4）会社の沿革

H15.09	ファーストファーム株式会社設立
	旧浦川原村長と「東頸城農業特区参入協定書」調印
	牧場用荒廃農地再生着手，牧草播種ほか事業開始（ファーミーランド）
H16.03	農業経営改善計画認定（認定農業者）
H16.04	耕作放棄棚田天水田再生，酒米「五百万石」栽培開始
H16.05	ヤギ乳アイスクリーム試作・委託製造開始
H16.06	内閣府特区推進本部「もみじキャラバン」現地調査来園
H16.06	動物取扱業届け
H16.06	子ヤギ，子羊小学校貸出し開始
H16.07	牧舎竣工（廃校合掌廃材活用）
	ヤギ，羊，ポニーほか動物放牧開始
	ふれあい観光牧場「ファーミーランド」一般公開（開園）
H16.07	製造委託先移動販売車にて「ヤギ乳アイスクリーム」牧場販売開始（土・日限定）
H16.08	H16新潟県ものづくり支援補助金交付決定（ヤギ乳アイスクリーム，ヤギ乳バター）
H16.09	HP開設
H17.03	第1回「搾りたて生原酒と春を賜う会（特区酒お披露目会）開催（以後毎年開催）
	五百万石100％吟醸「特区酒」発売
H17.04	展望テラス（農地法上牧草保管庫・農機具庫）竣工（廃校合掌廃材活用）
H17.08	カフェテラスファーミー（飲食店・乳製品直売所）竣工・開業
	トレールモービル内部改造で店舗に（農地法の規制対策）
H17.11	ヤギ乳加工施設「ヤギミルク工房」竣工
	アイスクリームほか製造開始
H18.04	耕作放棄が見込まれる棚田天水田にて，新潟県究極の酒米「越淡

麗」栽培開始
H18.05　カフェテラスファーミーにて自社製造「ヤギさんのアイスクリーム」，「ヤギさんのバター」販売開始
H18.05　「マコモタケ」栽培開始
H18.11　アイスクリーム等専用移動販売車導入，各種イベント等出張販売開始
H19.01　地域産品支援商品として支援決定「ヤギさんのアイスクリーム」，「ヤギさんのバター」
H19.03　越淡麗大吟醸「特区酒」発売
H19.05　「やぎミルク工房」Webショップ開設
H19.06　動物取扱業登録
H19.11　羊毛加工品製造販売開始
H20.03　H19「立ち上がる農山漁村（農林水産省）」に選定

（5）経営概況

経営概況は，第6-1表のとおりである。

（6）経営上の課題と今後の展望

　主な収入源は酒米販売収入，ヤギ乳加工食品販売収入，牧場体験収入，動物販売収入，森林維持管理受託収入，特区酒販売等その他の収入であり，当初の目標どおり5年目にして単年度黒字決算となったが，まだまだ採算が取れる状態ではない。

　いかに原価コスト削減に努めても，職員の入れ替わりが激しく，ようやく一人前になりそうな時に退職してしまい，養成期間中の投資的人件費が無駄になり，人件費の削減には至っていない。今まで十数人採用したが長続きせず，設立当初から継続して勤務しているのは2人だけである。

　現在，正社員は20歳代から60歳代の男性3人，女性4人の計7人（うち日給男1人）であり，主な業務分担は，動物飼育・牧場管理担当が男性1人（営業兼務），女性2人，稲作等栽培・圃場等管理担当が男性2人，各種製造・販売担当が女性2人となっているが，今後，動物飼育・牧場管理担当職員を各種製造・販売・営業の兼務スタッフとしてシフトすることにより理想

第6章 企業による農業ビジネスの実践と課題 (117)

第6-1表 ファーストファームの経営概況

金額単位：千円

項目	H15.12	H16.12	H17.12	H18.12	H19.12	H20.12	H21.12	H22.12
売上高	1,464	4,415	7,188	8,232	12,409	29,302	29,042	29,000
粗利益	692	▲2,065	▲4,237	▲4,652	▲8,522	5,537	2,900	2,000
規模（稲作）	1.5ha	1.4ha	2.7ha	2.7ha	3.2ha	4.0ha	5.0ha	6.0ha
（放牧地）		1.5ha	1.5ha	1.5ha	1.5ha	1.5ha	1.5ha	1.5ha
（飼育動物頭数）								
ポニー		5	4	6	4	2	2	2
ロバ		1	1	1	1	1	1	1
山羊		14	28	35	37	38	41	38
羊			11	14	14	10	10	14
主な売上品目	森林整備	酒米, ヤギ乳製品, 山羊・羊賃貸・出荷, 各種牧場体験, 森林整備, その他							
正社員（日給）	0(6)	2(2)	3(2)	3(2)	3(2)	3(2)	4(2)	6(1)
（管理獣医師）			1	1	1	1	1	1
補助事業等	農業経営改善計画認定（認定農業者H16, H21更新認定）							
	農林水産業総合振興事業（新潟県, H18）							
	県ものづくり支援補助金（財・にいがた産業創造機構, H19）							
	中山間地域等直接支払交付金（国, H17～）							
	水田経営所得安定対策収入減少影響緩和交付金（国, H19～）							
	食料供給力向上緊急機械リース支援事業（国, H20）							
	農の雇用事業（国, H20）：1名新採用							
	中山間地域新規就農者確保モデル事業（新潟県, H21）：1名新採用							
	農林水産業総合振興事業（新潟県, H22）							

的な運営体系になる。

　さらに収益性を考えた場合，参入当初からの水田は，圃場条件が非常に悪い耕作放棄水田を再生したため，作業効率や年々深刻化する水不足などにより収量が悪く，採算が取れる状態ではないが，年々好条件のまとまった団地の圃場のリースが可能になってきたため，不採算圃場からシフトするとともに，高齢化や担い手不足による耕作放棄地の増加と比例した規模拡大をすることにより，スタッフを増員せずに収益性の向上を図る。

　また，全国的にヤギ飼育農家が少なく，ヤギ乳加工商品は希少で市場に出回っていないため，販売開始当初は「ヤギさんのアイスクリーム」や全国初のヤギ乳商品となる「ヤギさんのバター」等の知名度がほとんど無く，比較差別する商品も無く商品の宣伝に苦慮した。しかし，他の地域では真似のできない日本海から妙高連山・長野県境の関田山脈まで約300度見渡せる素晴らしい景色と豊かな自然環境の「ふれあい観光牧場ファーミーランド」との相乗効果や各種イベント等での専用移動販売車によるアイスクリーム等の販

売など，地道な PR・販売戦略（小学生が営業マン）により年々知名度が向上し売上増加となっている。

　ファーミーランドにおいては，当初ファミリー層の来園が主流であったが，現在は客層が拡大し，若い女性グループや男女のカップル，熟年夫婦等の県外客も多くなり動物とのふれあい目的だけでなく，美しい自然と動物の持つ癒し効果やヤギさんのアイスクリームを求めて来園されているようである。

　通年性を考えた事業化は，今の企業体力では不可能と考えられる。当地域のような豪雪地帯では，冬期は雪に埋もれて春をじっと待つしか対策はないように思う。職員はそれぞれ冬期間の仕事があり，弊社役員の酒造会社へ出向して酒造りに従事したり，牧場までの除雪作業，山羊・羊の繁殖準備・お産介護，羊毛加工作業，ジャム製造等々それぞれ冬期でも忙しく働いているが，繁忙期は週休1日（土・日以外）のため，冬期間は週休2〜3日として調整している。

　今後の展開方向として，新商品開発と販路の拡大，耕作面積（稲作ほか）の規模拡大による売り上げ増加とコスト削減はもちろんのこと，年次的に時代の要請を見極めながら，食の工房経営，森林資源・山野草等の加工販売，果樹・野菜園の経営，農産物の加工販売，堆肥製造販売，市民農園の運営，内水面小型魚類養殖，会員制酒造塾など各種農業体験受入による都市との交流促進等の事業展開を考えている

　企業経営者として会社の永続発展の義務があるとすれば，5年目にしてようやく産声を上げたばかりで，これからが新産業創出に向けて発展途上に差し掛かる時だと思っている。急がず，休まず，とどまらず，地道に地域活性化・発展のため微力ながら貢献していきたいと考えている。

4．東頸城農業特区参入までの経緯

(1) 構造改革特別区域（東頸城農業特区）の特性

　特区認定申請当時（H15）旧東頸城郡（現；上越市浦川原区・安塚区・大島区・牧区，十日町市松之山・松代6町村）の地域は，
①新潟県の南西部に位置する全国有数の豪雪地帯，地すべり地帯である。古来より天水田の棚田が形成され，水稲を主体とした農業生産活動の維持によ

り地域の環境・景観などを保全してきた地域で，現在にも引き継がれている。
②しかしながら，平成12年度の地域人口は20,838人で昭和60年の74.5%までに減少し，65歳以上の高齢化率も35%に達するなど，過疎化・高齢化の著しい地域である。
③全耕地面積5,397haのうち1/20以上の急傾斜農地が62.3%を占め，この地形的条件から水田の整備率は21.3%と県平均48.9%に対し大幅に低水準となっている。また，農業生産所得も農業専従者換算で1人あたり557千円と県平均の1,461千円に比べ大幅に低水準となっている。
④全農家3,823戸のうち65歳未満の農業専従者がいない割合が92.7%に達し，後継者がいる農家の割合も25%にすぎない。
⑤農地は年々減少を続け，昭和60年の8,651haから平成12年には5,397ha（減少率37.6%）に減少し，耕作放棄が進んでいる。
⑥農業以外の産業は，建設業と温泉観光産業がある。いずれも公共事業の減少や景気の低迷で活力を失っているが，近年「越後田舎体験」推進事業をスタートさせ，体験交流型観光産業で地域活性化を図っている。

(2) 東頸城農業特区の概要

①構造改革特別区域計画の作成主体の名称
　新潟県東頸城郡安塚町，浦川原村，松代町，松之山町，大島村，牧村
　6町村長連盟
②構造改革特別区域の名称
　東頸城農業特区
③構造改革特別区域の範囲
　安塚町，浦川原村，松代町，松之山町，大島村，及び牧村の全域
④特定事業の名称
　1001：地方公共団体又は農地保有合理化法人による農地又は採草放牧地の
　　　　特定法人への貸付事業（特区法第16条）
　1002：地方公共団体及び農業協同組合以外の者による特定農地貸付事業
　　　（特区法第23条）
⑤計画認定申請及び認定日
　認定申請提出：平成15年4月4日　認定：平成15年4月17日

4月21日認定証授与式　首相官邸において小泉総理から認定証授与
申請件数：129件（申請主体数111団体）　第1弾認定計画数：27件

(3) 農業特区参入の評価

　農業特区で特定法人が利用できる農地は，耕作放棄地又は耕作放棄が見込まれる農地に限り農地法第3条の許可を得て耕作することができる制度のため，地主（耕作者）との賃貸契約が必要となる。特定法人といえども，地主が企業に農地を貸すにあたって，利用目的（産廃不法投棄地に転用される恐れがある）など将来的な不安を抱き，容易ではない。たとえ貸し出しに応じても，利益優先の企業（特に建設業）ということで，高額な賃貸料や追加条件（近隣圃場・水利条件整備）を提示される場合が多いのが地域の実情である。しかし，幸い浦川原村には農地保有合理化法人である（財）浦川原農業振興公社があり，参入当初，同公社が保有していたある程度まとまった農地を借りることができ，土地探しや地主との直接の賃貸交渉が不要となり，標準小作料での賃貸料で借りることができた。

　東頸城農業特区は全国第1弾認定でもあったため，特区制度に対する地域住民の認識は皆無に等しく，地域の理解を得るまでかなりの時間を要した。地域農業への企業参入には利益優先と思われ批判的な地域もあり色目で見られていたようである。しかし，弊社のような異業種有志で設立した特定法人での農業参入でもあり，地域における5人の人徳により新しい農業経営形態に対しても，意外とスムーズに地域農業に受け入れてもらうことができた。

　2年目以降は，農家から直接，高齢化のため自分で耕作することは断念したいが，代わって弊社に耕作を継続して欲しい，との申し入れも増加し，最近では耕作を引き受けてくれる担い手（弊社）がいるので，高齢農業従事者が体の続く限り耕作して無理になったら引き受けてもらえるとの安心感が生まれ，元気に耕作を継続している農家も増えて，中山間地の農地の荒廃防止に僅かながら役立つことができた。

　また，参入当初から全国第1弾の農業特区参入企業であり，異業種有志で設立した企業ということで，行政機関の支援が大きくマスコミにも多く取り上げられ，計画していた事業展開にあたり地域の理解を得ることができた。さらに，親会社の地域貢献知名度アップにも非常に役立った。

今思うに，農業特区を活用したことにより，「農」による新しい産業創出にチャレンジできたことが一番の成果だと思う。

5. 今後の企業の農業参入に関して～まとめにかえて～

①特区参入当時に比較し，農地法の改正により農地のリース期間は長くすることが可能になったが，農業委員会で定める標準小作料が廃止されたにもかかわらず，耕作放棄地や生産調整によりやむなく保全管理している水田でも従前の標準小作料でのリース料支払が生じている。地域の実情に合わせ何らかの改善策が必要と思われる。

②企業参入により，今までにない形態の農業経営が生まれる可能性があると思われるが，新規参入の場合当初の資金確保が大変であり，実績や前例の無い事業でも政府系金融機関は理解し，融資の早期採択可否を決定して欲しい。

③農地法改正により企業への農地の規制緩和がなされ，農業への企業参入が容易になり優良農地の集積が可能になったと思われるが，農業委員会としてより以上の農地利用状況の追跡調査を厳重にする必要がある。

④作業効率や収益性の非常に悪い山間地の天水田の耕作放棄地を耕作することは，国土保全・環境保全にも寄与しているので，国土交通省や環境省の施策として理解を示し何らかの支援（土地リース料補填等）を期待する。

⑤一般企業への農地借入規制緩和は好ましいが，企業として水田農業経営を考えた場合，かなり大規模な優良農地を集約し耕作しなければ経営として成り立たない。しかし，著しく荒廃が進んでいる山間地の農地を一般企業が積極的に集約し，農業参入するかどうかは疑問である。

今までは，地域の農地保全・環境保全のためにと，耕作放棄又は耕作放棄が見込まれる農地で採算性を度外視した地域貢献の信念で耕作を継続してきた。しかし，企業の発展・継続性を考え，より収益性の高い圃場整備済みの優良農地に耕作主力をシフトした場合，収益性の悪い山間農地は誰が保全するのか疑問と不安が残る。

より心配なのは，生産調整の今後の状況にもよるが，継続・強化された場合，中山間地の耕作放棄地を集約して条件の悪い農地を保全管理地として転作面積を達成し，圃場整備済みの収量の多い優良農地で耕作する企業が出てこないとは限らないことである。

第7章　小売企業と組合員・農協出資による農業法人の取り組み

仲野隆三

1. はじめに

　昭和40年当時，富里村には任意の出荷組合が多く，系統販売組織は存在しなかった。その後，富里村農業協同組合では，昭和53年生産部設置規定を整備し，58年までに13組織の共販組織を育成し，「量は力」なりと産地共販体制を整えてきた。しかし，近年になって規制緩和（大店法）と共に予約相対取引が主流となり，長いデフレ経済に突入し，農産物の販売価格低迷に悩んだ。そして，平成7年からは原料企業や加工卸企業，さらに量販店や商社との直接取引など多様な販路開拓を推し進め，卸売市場一辺倒の販売から実需者を特定した取引を取り入れる方向に転換した。さらに平成8年には量販店との直接取引を始め，ピッキング処理や実需者が求める情報を把握しながら農協は企業と組合員の契約取引を仲介し，組合員が組織共販や企業契約，直販取引など販路を選択出来る体制を構築してきた。また平成20年に至り，実需者との取引拡大を推し進めるためイトーヨーカ堂と組合員により株式会社「セブンファーム富里」を設立した。このように，現・富里市農協（JA富里市）では，絶えず新たな生産販売体制を模索すべく取り組んできている。以下，その経緯と具体的な取組みについて報告していきたい。

2. 地域農業の概要

　富里市は千葉県北総台地のほぼ中央，成田市の南隣に位置し，地勢は南北に分かれ標高は約40〜50mの台地で総面積は5,391ha（53.91km^2），農地は水田276.3ha（全面積の5.1%），畑2,365ha（同43.8%），農家人口は4,385人，農業従事者（販売農家）2,886人，農家数1,098戸（販売農家980戸＋自給的農家118戸）であり，首都圏における有力な近郊園芸産地として展開している。販売農家980戸の経営規模数は**第7-1表**のとおりとなっている。

　平成18年度の農業産出額は全体で111.5億円（県内10位），うち野菜79.9億円（県内5位），畜産の産出額は9.8億円で豚（一貫経営15戸），

乳用牛（7戸）などとなっている。営農形態は北総台地（火山灰土「黒ボク土」）の優良な農地で，春夏作は西瓜436ha（収穫量17,200t），秋冬作人参632ha（収穫量27,505t），大根101ha（4,371t），夏秋トマト57ha（収穫量1,914t），里芋236ha（2,970t），馬鈴薯165ha（収穫量2,970t）などが主要作物として生産されている。

第7-1表　富里市の経営耕地面積別農家数（販売農家・2005年センサス）

規模別（面積）	戸数	割合
0.5ha未満	66戸	6.7%
0.5ha～1.0ha未満	180戸	18.4%
1.0ha～2.0ha未満	366戸	37.3%
2.0ha～3.0ha未満	249戸	25.4%
3.0ha以上	119戸	12.2%

注1：）経営耕地面積は
　　　（自給農家は含まず）
　　　田　　　172ha
　　　普通畑　1,577ha
　2：）農家1戸平均規模　1.2ha
　3：）規模拡大　6～20ha

3．農協事業の概要

　JA富里市の平成20年の事業総利益は8億2,300万円で，内訳は信用共済事業3億3,612万円，経済事業4億8,688万円で，経済事業のウエイトは59%，財務は安定し，自己資本比率は22.6%となっている。特徴は，**第7-1図**の「**JA営農・生活事業の連携体制**」に示すとおり，営農部門は営農指導課と営農販売事業課，営業開発で構成され，①受託販売事業～⑩セブンファーム（事務局）まで多様な販売事業に取り組んでいる。また生活購買部門では産直事業課は①産直事業～⑤地域

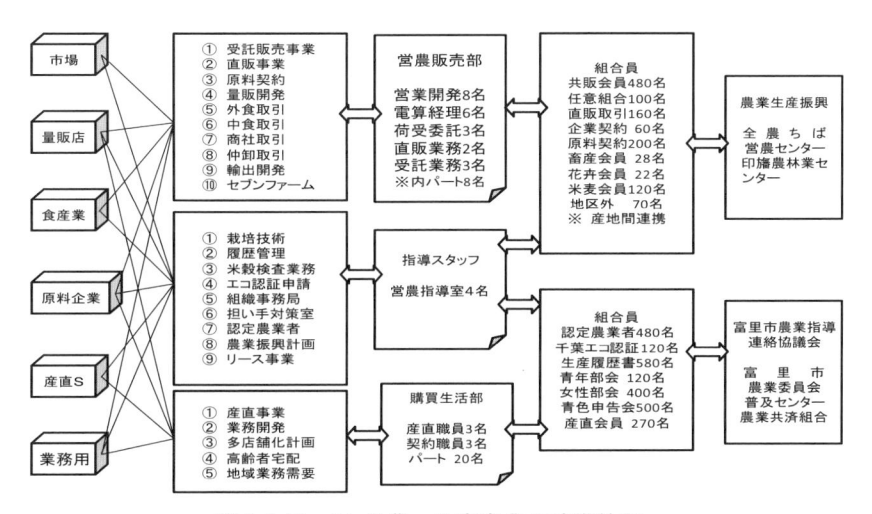

第7-1図　JA営農・生産事業の連携体制

第7-2表　JA富里市の販売取扱額（過去5年間の販売推移）

金額単位：千円

種目・年度	16年度	構成比(%)	17年度	18年度	19年度	20年度	構成比(%)
①米麦落花生	67,313	1.0	70,660	57,903	63,369	59,375	0.9
②野菜類	2,170,279	32.7	2,003,876	1,773,368	2,011,136	1,937,621	29.1
③果実類	1,413,906	21.3	1,457,076	1,290,759	1,354,365	1,058,022	15.9
④花卉類	192,477	2.9	293,773	250,465	149,296	194,577	2.9
⑤畜産物類	577,100	8.7	627,692	583,327	624,169	622,848	9.3
企業取引	336,520	5.1	356,298	283,612	330,232	368,595	5.5
直販取引	1,597,143	24.1	1,803,226	2,088,252	2,045,226	2,125,425	31.9
生協取引	97,240	1.5	80,233	63,784	61,113	78,714	1.2
インショップ	182,087	2.7	194,776	203,784	220,308	221,286	3.3
合計	6,634,065	100.0	6,887,610	6,595,254	6,859,214	6,666,463	100.0
うち①～⑤既存流通小計	4,421,075	66.6	4,453,077	3,955,822	4,202,335	3,872,443	58.1
うちその他	2,212,990	33.4	2,434,533	2,639,432	2,656,879	2,794,020	41.9

資料：富里市農業協同組合通常総会資料から作成
注1：）この他に産直事業課（産直センター）実績5億9千万円がある；所管は生活購買部門。

業務需要に取り組んでいる。営農指導課はこの二つの部門事業に対して生産指導等支援事業が中心に取組まれている。

過去5年間の販売取扱実績は**第7-2表**のとおりで，このうち既存流通（卸及び全農経由販売）での販売実績は図中の①～⑤で，そのうち②野菜と③果実の販売額は平成20年度（16年対比）で16.4%減少している。平成20年度の市場外流通（企業契約，直販取引，生協，インショップ）の合計取扱額は27億9千万円となり，今までの主力販売ルートである同年度の卸経由の②野菜と③果実の合計金額の29億9千万円にあと2億円にまで迫っている。

卸売市場経由以外の販売で最も取扱が伸びたのは直販取引(21億2千万円/PC，企画取引「PB商品・こだわり野菜など」）で133%（H16年対比），取引先は量販店5社となっている。またインショップは4社（33店舗），企業取引（契約野菜）は7社になる。

4．「セブンファーム富里」設立の経緯

平成20年5月8日営農部に（株）イトーヨーカ堂のT.I.氏（当時シニアマーチャンダイザー）とK.R.氏から，「ヨーカ堂で販売する農作物を専属的に栽培する畑はないか」と相談が持ちかけられた。このことが発端となり，以後6回の協議を経て平成20年8月1日農業法人「セブンファーム富里」が設立された。

それまで農協は野菜販売においてヨーカ堂と直接取引をしていたこともあり，お互いに産地と需要情報を重ねていたが，ヨーカ堂は平成24年までに店舗で発生する野菜屑や食品残さのリサイクル率（食品リサイクル法改正）を45％まで引き上げることを急いでいた。当時，セブンアイホールディングスは野菜屑や食品残さを八街市にある（株）アグリガイアシステムや君津市のミドリ産業でリサイクルしていたが，企業の社会的責任（CSR）として食品残さを排出処理するだけでなく堆肥（コンポスト）の農業還元と生産された野菜を消費者に販売する循環型農業を考えていた。また，これを実現するため提携できる産地を模索していた。

　当初ヨーカ堂は専属栽培する農家について農協と相談していたが，安定的にコンポスト堆肥を利用する農業者との提携を考え，農業法人設立が出来ないかとの方向で協議が進んだ。農協側からは，農業をするには生産リスクがあるなど説明したが，最終的に組合員生産者のT.H.氏（54歳）を紹介することとなった。同氏の経営規模は集約された2haの農地と借地1haの合計3haで，ほぼ100％を系統出荷する粗収入約1500万円の専業農家であり，また地場野菜部会（インショップ）の初代部長を務めるなど数十品目の野菜を小売店に直接販売をしていた。また同氏には娘夫婦がおり，現在就農し家族4人で農業経営を続けている。同氏はヨーカ堂のコンポスト堆肥の利用を二つ返事で了承したが，ヨーカ堂と共同で設立する農業法人についてはかなり悩み，家族で話し合い，さらに仲間に相談したが結論を出せずにいた。

　一方，農協内部ではヨーカ堂との直販取引と小売企業の農業部門進出について協議が行われ，組合員の意思を尊重すべきとした。この後T.H.氏を訪問して農業法人とはどういうものか，将来の野菜流通の方向性などを同氏夫妻に説明し，氏からの「農協はどうなのか」との問いには「農業の現状や再生産価格を理解してもらうために実需者との連携は意味がある」と答え，農協も組合員を支援するため出資を考えてもよいと伝えた。後にこのことが氏の判断に大きく影響したと聞く。国内で農業法人が次々に設立されるなかで，企業と組合員の間に農協が割って入る意味は大きいと考えた。農協と小売企業の垂直統合と揶揄する見方もあるが，これからの農産物販売は需要との幅広いパイプを持つことが必要と考えている。

5. 事業計画及び出資構成

　農業生産法人の設立発行株数は 100 株（300 万円）とし，持ち株数は農業者の T.H.氏 79 株（79%），その妻 1 株（1%），小売企業の（株）イトーヨーカ堂 10 株（10%），そして JA 富里市 10 株（10%），業務執行役員は代表取締役に T.W.氏（執行役員）が就任し，取締役 2 名には T.H.氏夫妻が就いた。事業年度は毎年 1 月 1 日から同年 12 月 31 日まで，法人が有する農地は，畑 1.8ha を T.H.氏からのリース方式とする。営農計画は露地野菜を中心に人参，大根等を作付け県内のヨーカ堂 6 店舗で年間 1,588 万円販売する。

　営農活動には「ヒト，モノ，カネ」が必要となる。まずヒト（農業従事者）の面では T.H.夫妻とヨーカ堂（職員）農場担当 2 名〜3 名（週 3 日間就農）の 5 名が農業従事する。次にモノ（機械施設等）の面では T.H.氏の所有する大型トラクター（38PS・25PS）及び各種機械類，また収穫運搬車両及び調整施設（170m²）をリースで借入れる。最後に，カネ（運転資金）の面では役員報酬及び雇用賃金さらに生産資材等（水光熱費・燃料代等）の支払いを準備しなければならない。運転資金では人件費と生産資材費及び水光熱費等が主な費用となる。

　構成員の役割はヨーカ堂が店舗販売計画に基づき T.H.氏と営農計画を立て，これに基づいて播種及び生産管理をする。ヨーカ堂職員（農場担当）は T.H.氏の指導を受け野菜の生育管理支援をする。就農日数は TH 氏が年間 300 日，その妻が 240 日，ヨーカ堂職員が 100 日で，農作業の主体的な部分は生産者が担当する。収穫された野菜類はヨーカ堂農場担当者（ディストリビューター）により店舗配分計画が立てられ，このデリバリーと精算事務等を JA 富里が担当する（第 7-2 図）。

6. 具体的な取り組み

　（株）セブンファーム（SF）富里の活動は，平成 20 年 10 月〜12 月の秋冬野菜（大根，人参，小松菜など 5 種類の作物が 0.5〜0.7ha 栽培され県内数店舗での販売で開始されたが，本格的な稼働は平成 21 年 1 月からで，第 7-3 表のとおり，春大根・ブロッコリー・馬鈴薯・トウモロコシが生産販売された。環境循環型農業を基本とすべく，京浜地域のヨーカ堂店舗から排出され

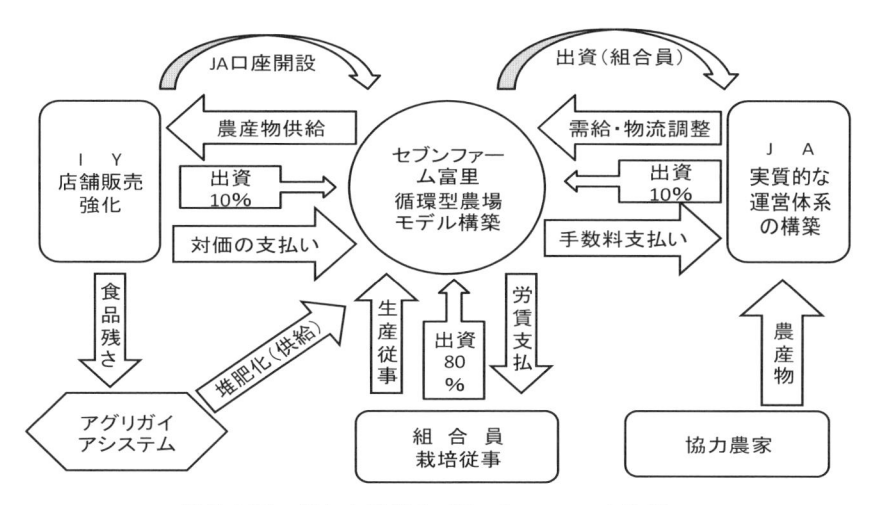

第 7 章　小売企業と組合員・農協出資による農業法人の取り組み　(127)

第 7-2 図　新たな取組み「セブンファーム富里」

　る食品残さ及び野菜クズを(株)アグリガイアシステム、(株)ミドリ産業で堆肥化処理(コンポスト)し、これをヨーカ堂が供給管理し、JA 富里市から農場[注1](SF 富里及び協力農家)に運搬されて土作りに用いられる。農作業は 80 %を T.H.氏夫妻が担い、パート職員(SF 富里の 21 年雇用)と T.H.氏の娘夫妻の 5 名で栽培、収穫まで管理する。ヨーカ堂(SF 富里担当)は農業研修に 2 名が就くと共に店舗供給管理を務める。このほかヨーカ堂担当者の役割には消費者との農場交流(食農教育)や販売企画などがあり、毎週打合せを実施する。

　JA 富里市は「セブンファーム富里」の事務受託[注2](代金の決済、月次収支明細、コンポスト堆肥供給、イベント協力)のほか、ヨーカ堂へのデリバリー管理(「JA 集荷」⇒「センター」or「ヨーカ堂」)をする。収穫物はコンテナー容器とし、運賃はセブンファーム富里で負担する。また販売価格の決定はヨーカ堂の販売単価を基本に設定される。さらに協力農家(30

第 7-3 表　セブンファームの野菜類生産販売額(平成 21 年 1 月～6 月上半期実績)

品目		数量(ケース)	販売金額(円)
直営農場	春大根	13,000	1,300,000
	ブロッコリ	2,500	270,000
	馬鈴薯	8,000	1,050,000
	トウモロコシ	6,000	600,000
	合計		3,220,000

名）とのヨーカ堂取引交渉を総合的に取り組んでいる。

7. 最後に

　設立後1年目を迎え，改めてイトーヨーカ堂の農業進出は反響が大きかったことを感じる。銀行やJA組織，行政などの視察研修に各種マスコミ取材など，企業の農業参入がそれほど珍しいのかと思った。農地法改正議論からすれば「所有から利用への規制緩和が企業の農地取得に道を開く」と懸念されている。それより組合員が「セブンファーム富里」についてどのように思うか，昨年9月組合員座談会や女性部，青年部さらに生産部など多くの組合員とも座談したが，批判意見もない。

　JA富里市の販売事業は，企業や商社等との契約取引を通じて組合員意識が変化しているように思う。このことは私達組織がこれでよいと考えるのではなく，さらに慎重になることが必要と考える。経団連農政調査部会は「セブンファーム富里」の事業設備投資が小さいことを質問し，ヨーカ堂は農業部門進出に際して施設園芸農業には参入せず，露地野菜部門に参入することを明確にした。農業が過大投資を回収できないことを知り得た回答だと思う。最初に作付した大根がキスジノミハムシ食害痕で規格外品が大量に出来た時，再生産価格を真剣に弾き生産費や運賃等コストを学んだことはある意味で農業参入には意義があったとみる。

　また富里市は専業農家割合が高く，高齢化も進んではいるが，新規就農者数も毎年5～10人と多く，過去に途絶えたことがない。しかし，専業率が高くても7～10年後の農業後継者がいない組合員もいる。セブンファーム富里がマスコミ報道された時，60歳前後の農業者から自分も参加させて欲しいと申込まれた集約された農地が3haもあり，こうした農地を保全したい。いずれ孫が継ぐかもしれない，農協が企業と組んで農地利用するのであれば参加させて欲しい，といった声が寄せられたが，組合員の農協に対する信頼と素直な気持ちだと思う。しかし，当地域では遊休農地が少なく，集約農地は担い手にとって農地斡旋が重要な課題であり，農地利用集積も含めて考えなければならない。相談された組合員にはセブンファームだけにとらわれることのない農地利用を検討すると約束したい。

注：1）農場はヨーカ堂に専属的に作物を納入し，コンポストを利用することを必須条件とした。
注：2）事務受託は毎月受託手数料がJA富里市に支払われている。

付表第7-1　平成19～21年（1～6月）販売実績

単位：円

年度 \ 分類	ヨーカ堂センター供給	地場販売 地場野菜組合員	地場販売 セブンファーム 協力農家	地場販売 セブンファーム 直営農場	合計
H21年（1～6月）	30,600,000	－	10,000,000	3,220,000	43,820,000
H20年（10～12月）	－	－	7,600,000	－	61,800,000
H20年（1～9月）	46,700,000	7,500,000	－	－	
H19年（1～12月）	34,000,000	13,600,000	－	－	47,600,000

付表第7-2　地場野菜の組合員及び協力農家販売内訳

単位：円

	品目	販売金額
地場野菜＆協力組合員	ホウレン草・小松菜等	2,500,000
	人参・大根等	3,700,000
	トマト・西瓜等	3,800,000
	合計	10,000,000

付表第7-3　センター納品内訳

単位：円

	品目	数量（ケース）	販売金額
センター納品	人参	24,000	30,000,000
	その他		600,000
合計			30,600,000

第8章 農業における企業参入の分類とビジネスモデル

渋谷往男

1. はじめに

2003年4月に開始されたいわゆる農地リース特区を画期として，企業の農業参入が社会的に注目されるとともに，今日まで参入企業の拡大が見られる。しかし，参入企業の多くは経営的に成功しているとはいえない状況にある。参入企業が経営に失敗し，農業からの撤退が生ずると，当該企業に少なからぬ損失が発生するだけではなく，地域農業，地域経済のさらなる衰退，さらに，後続が期待される企業参入への忌避感が増大することが懸念される。

企業参入が容認されるまでは，その是非についての議論が中心であった。農地リース特区制度導入後は，企業参入の事例報告，特性分析などが議論されてきたといえる。参入企業が農業における「多様な担い手」の一員として，認知されるに至ったといえる現在，家族経営農業と同様に，経営の改善・発展のための方策を研究していくことが求められているといえよう。その際には，一般企業経営を対象とした経営学の研究蓄積の活用が不可欠と思われる。

そこで，本章では企業経営における内部資源分析の代表的手法の一つであるバリューチェーン分析を用いて，企業参入事例を実証的に分析する中から，企業ならではの特長を生かして競争優位性を形成する方策を提示するとともに，その手法を活用することで参入企業の戦略的な農業経営の可能性を提案的に示すこととしたい。

2. 企業参入の分類

一口に「企業参入」といっても，法律的な形態や経営の実態は様々である。このため，いくつかの基準で類型化を行い，その特徴を提示することが，企業参入の全体の理解や議論の促進のために有効となる。さらに，これにより，参入企業自身の経営戦略構築や経営改善が容易になるとともに，行政や農業団体などが参入企業の支援策を講じる際にもより有効なものとなる。

こうした問題意識のもとで，本節では，法律的に規定されている「参入方式」について詳細に説明し，これと関わりのある「作目・作物」，さらに

「本体企業の業種」，「本体企業の企業規模」，建設業を中心とした「参入時期」という五つの軸を設定して類型化し，その特性を分析する。

(1) 参入方式による分類

　企業参入は主として農地法により規定されており，企業が農業を行う場合に利用する土地が農地か否かが参入方式での分類の前提となる。農地を利用しない農業である一部の畜産や施設栽培などは，農地法による制約がなく，昨今の企業参入議論が生じる前から一般企業による経営が可能となっている。農地を利用する企業参入については，農地所有の可否と経営の主体性という二つの分類軸から四つに分類できる。農地所有の可否による分類では，それが可能である農業生産法人が農業を行うものと農地を所有できない参入企業自身が農業を行うものに区分できる。この場合の農業を行う，という言葉は農作業のみの場合も含んだ概念である。経営の主体性による分類では，参入企業側が主体的に農業経営を行うものと，実態は別としても形式上農業経営の主体が従来からの農業者側にあり企業は部分的に参画するものとに分けることができる。これらを整理して示すと，**第8-1図**のようになる。

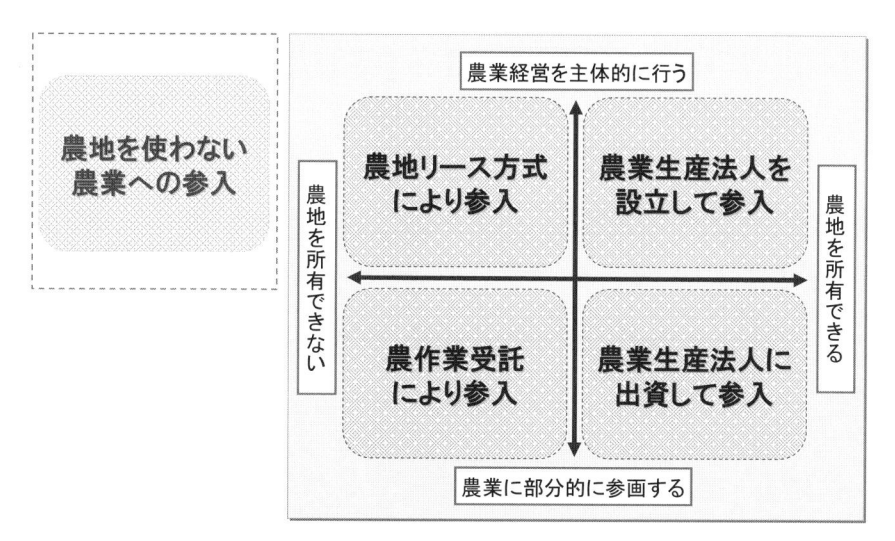

第8-1図　企業参入の参入方式による分類
資料：[7]

1）非農地利用型企業参入

　農地法の対象外である山林などを切り開いて大規模畜産経営や施設栽培を行う場合である。この農業形態は，基本的に施設で生産を行うため天候に左右されにくく，企業の得意とする大規模化，計画生産，マニュアル化などを行いやすい。また農地法の適用を受けないため，生産組織は農業生産法人である必要がなく，それに伴う種々の制約を受けないことは経営上のメリットといえる。

2）農業生産法人方式（農業生産法人を設立して参入）

　本体企業の経営者が個人として農地を取得（購入または賃借）して農業者となり，農業生産法人の要件を満たす会社を設立して農業を行う参入方式である。同じ経営者のもとで農業生産法人から本体企業に農作業を委託することで，実態的には本体企業が農業生産を行う方式である。メリットとしては，農業生産法人を設立するため，農地借用の際の地主及び農産物の販売・出荷先などに対して農業に本気で取り組む姿勢が伝わるという点がある。本体企業が建設業など農業との関連が薄い企業の場合は，別会社の設立により食品を扱う企業としてのイメージ改善効果もある。

　この方式は，多くの地場企業が採用しており，参入企業であっても，一般の農業生産法人と同様に農地を所有しつつ農業経営を行うことが可能となっている。

3）農業生産法人への出資方式（農業生産法人に出資して参入）

　農業生産法人と取引関係のある一般企業が同法人に対して資本金の一部を出資することで，農業経営に部分的に参画する方式である。2009年改正前の農地法では企業の出資比率は1社で10％，合計でも25％以内に制限されていた（農業生産法人が認定農業者となっている場合は50％未満とされていた）。改正後は1社で25％以下，農商工連携の相手先企業の場合は50％未満となった。いずれにせよ，企業が経営権を握らない範囲で株式を取得して農家等と協力して農業を行うものである。こうすることで，単発の取引関係や一般の契約栽培に比べて，永続的な関係を構築することが可能であり，

農業者側としては経営の安定，企業側としては不足している農業のノウハウの補完とリスク回避による農業参入が可能となる。出資比率が限定的であっても，出資先の法人の機能活用は十分可能であり，一定の業務範囲を決めた農業参入の場合はこの方式が適していると考えられる。

4）農地貸付（リース）方式（農地の貸借により参入）

2009年の農地法制の改正前まで存在したいわゆる農地リース制度（農地リース特区と特定法人貸付事業）と改正後に引き継がれた農業経営基盤強化促進法に基づく利用権設定による農地の貸借の方式を総称し，企業が借地により主体的に農業経営に参入する方式である。農地を代々続く家の資産と考える農家にとっては農地を所有したまま適正管理と有効利用を図ることができる。地域社会からみても農地の所有権が移転しないため不法転用なども防止できる。参入企業側としては，さまざまな制約条件のある農業生産法人を設立しなくても農業経営ができるという簡便さや，本業の経営資源の直接活用，意思決定の速さなどのメリットがある。

5）農作業受託方式（農作業受託により参入）

この方式は企業が農地を利用して農業を行うものの，あくまでも地主が経営している農地において一部の作業のみを請け負う方式である。農作業の実施という点では，企業が農業を行うものであり，新規に取り組む場合は企業参入と捉えることができる。一般的に認識されているものは，水稲作における機械作業を受託や，飼料自給型酪農経営における飼料畑での作業の請け負いがある。当初は一部の作業のみの受託であったが，昨今ではほぼ全ての作業を受託することで，実質的には農作業全体を行っている例も見られる。

(2) 作目・作物による分類

一般の農業経営では作物の種類を表す作目（米，麦，野菜，果樹，花，畜産など）による分類を行うことがあり，参入企業による農業にもあてはまる。作目は農地使用の有無と関連があるため，前項の参入方式による分類とも関連が強い。

参入企業の手掛けている作目の状況は，農林水産省による農地リース方式

での参入状況の調査[8]では、米麦、野菜、果樹などの耕種が比較的多く、畜産が少ない。これは、農地利用の特例を定めている農地リース方式特有の事情と考えられる（第8-1表）。

第8-1表 農地リース方式で参入した法人の経営類型

営農類型	法人数	比率(%)
米麦等	71	17%
野菜	161	39%
果樹	68	16%
畜産	8	2%
花き・花木	13	3%
工芸作物	14	3%
複合	79	19%
合計	414	100%

(3) 本体企業の業種による分類

企業が新規事業に参入する際には、一般に自社の経営資源や既存市場を生かそうとする。農業でも同様であり、本業の業種によって農業経営の戦略が異なってくる。農林水産省による農地リース方式での参入企業の業種区分では、建設業、食品産業が企業参入の2大業種となっており、ここではその特徴を概観する。

1) 建設業からの参入

建設業の中でも土木系建設業は土地改良事業や道路工事などの土木工事の経験を生かし、参入する農業のタイプは土を使う露地型農業が相対的に多いという傾向がある。一方で、建築系建設業は施設整備を得意としており、ハウスや畜舎の建設で経営資源を活用することができる。このため、施設園芸や酪農などの施設型農業に参入する傾向が認められる[5]。

2) 食品産業からの参入

一口に食品産業といってもその内容はいくつかに細分化される。このうち、食品製造業（飲料を含む）は原料として利用する農産物が限定されており、農業への参入によりその農産物を自前で生産する例が多い。そうすることで、自社の原料として適した農産物を確実に確保することが可能となり、それが本業である食品製造部門の差別化要素とすることができる。産業分類では「持ち帰り・配達飲食サービス」となる総菜や「飲食店」となる外食事業者も自社の原料の確保という点では、食品製造業と同様の部分があり、原料生産にあたる農業に参入することで、本業の付加価値向上につなげている。一方で、「食品小売業」であるスーパーは他の食品産業と異なり、仕入れる品

目と量が多いため自社生産では種類・量ともに間に合わない。このため，企業参入とはいえ，原料生産とは別の目的を有している場合がある。千葉県のセブンファーム富里に出資しているイトーヨーカ堂は自社店舗で発生する野菜くずのリサイクルを主目的に農業に参入している。このように，食品産業の中でも細分化された業種によって目的と行動が異なっている。共通点としては，農産物の需要先であるため，農業参入の際に販路開拓の必要がないことは大きなメリットといえる。

(4) 本体企業の企業規模による分類

我が国の企業は大企業と中小企業に分類され，中小企業基本法により，製造業その他，卸売業，小売業，サービス業の区分ごとに定義づけられている。農業という区分はないが，「その他」があるため「製造業その他」の区分を適用すると，中小企業の定義は「資本の額又は出資の総額が3億円以下の会社並びに常時使用する従業員の数が300人以下の会社および個人」となる。農業に参入した企業も大企業から中小企業まで幅広く，規模により分類することができる。

1）大企業の参入

大企業は中小企業に比べ，経営資源が豊富である点が参入上の大きなメリットといえる。また，大企業の本社は大都市部にあり，特定の農村部に立地しているわけではない。このため，自社で取り組もうとする農業形態に即して，全国から最適な参入場所を選ぶことができる。一方で，農村地域におけるネットワークが希薄であり，農地の地主や地域住民，自治体などから外部者としてみられ，有形無形の支援が受けにくい面もある。

2）中小企業の参入

中小企業比率の高さと同様に，参入企業も中小企業が圧倒的に多い。中小企業は基本的に地域密着で事業を行っており，農業に参入する際にも，地域の農業者や農業関係機関，行政機関などとも人的ネットワークを有する場合が多く，さまざまな支援を受けやすい。また，長年地域で事業を営んでいるため，外部者とはみられない。参入した農業の経営が多少うまくいかなくて

も地域から撤退することは考えにくく，企業行動に対する信頼感がある。一方で，中小企業故に，経営資源が乏しい，農業参入にあたって事業としての最適な地域選定ができず，取り組む作物が限定される，などのデメリットも存在する。

(5) 参入時期による分類

　企業の農業参入方式のうち，農地リース方式以外は2003年の規制緩和以前から実施可能なものであり，2003年以前を含めて参入時期による分類もある程度可能である。特に，建設業の場合はバブル経済の崩壊とその後の経済対策などの影響がある。また，澁谷[4]は，農業に参入した建設業のうち収支均衡以上に達した企業がそうなるまでの年数について，7.6年としており，参入年数が経過しているほど経営状況は良いことが想定される。そこで，参入した時期から，以下の3期に分けることとする。

1) 1996年以前（建設業の好景気時代）の参入

　バブル経済期及びそれが崩壊して全国的に景気が低迷する中で，国の緊急経済対策などが発動され公共投資が増大した時期であり，建設業は好景気を謳歌していた。こうした時期に参入した企業は，建設業からの潤沢な資金等を農業に振り向けることが可能であり，時間的・資金的に余裕を持って技術習得や市場開拓を行い経営基盤の確立を図ることができたと考えられる。

2) 1997年〜2002年（公共投資の削減時期）の参入

　この時期は，財政難により公共投資の削減が進められた時期で，建設投資額は年々減少を続けていた。このため，建設業界は経営環境が厳しくなりつつあった。しかし，個々の企業ではそれまでの好況期に形成したストックがあり，将来的な不安はあるものの，切迫した危機感がない企業が多かった。そうした中で，一部の建設業経営者は将来的な建設投資の先細りを見越して，自社事業に余裕のあるこの時期から農業に参入している。この時期に参入した企業も前項同様，比較的余裕を持って農業経営を開始できたといえる。

3) 2003年以降（建設投資低迷＋農地リース方式開始期）の参入

　この時期は全国の建設投資額がピークである1996年頃に比べて2/3程度に落ち込んでおり，建設業の経営環境は非常に厳しく，本業の余力を農業に振り向けることが困難になっていた。このため，参入時の準備が不十分であり，参入後も農業部門の初期的な赤字が発生するためにかえって本業の経営を圧迫する例もみられる。

　参入企業が収支均衡まで平均で7.6年かかるとすると，本体企業の経営面の体力が必要であり，2003年以降に参入した企業の経営の厳しさが想像される。一方で，それ以前に参入した企業で今日まで継続している企業は参入初期に農業経営基盤の充実が可能であったと想定され，最近では経営が安定軌道に乗りつつある例が多いと考えられる。

3. 研究の方法

(1) 既往の研究

　企業参入についての議論は，1992年に発表された新政策（新たな食料・農業・農村政策の方向）の頃から活発になった。当時はその是非についての議論が中心であり，企業による経営の内容に踏み込んだものは少ない。その後も企業参入についての，意義や課題を事例から考察するなどの研究が多かった。そうした中で，市川[2]は北海道の建設業が実施するコントラ事業の経営採算などの課題を考察している。また，経営状況についての全体傾向の把握が可能なものとして，農林水産省や全国農業会議所等[注1)]が農地リース方式で参入した法人を対象に実施したアンケート調査がある。また，澁谷[4]は農業に参入した建設業70社のアンケート調査結果を基に，経営の状況などを訪ねることで，建設業に限定しつつも将来の経営のあり方に繋がる分析を行っている。

　さらに，渋谷[5]は参入企業の業種特性と営農形態についての考察から，本体企業の保有する経営資源が農業において生かされていることを指摘し，参入企業が一般の農家や農業生産法人には持ち難い強みを形成していることを示している。この論文は本章の経営資源の調達問題につながっている。

(2) 研究対象

本研究の対象は農業参入企業の中でも，地方中小企業とした。これは，数として多くを占めモデルとして分析する意義が大きいこと，企業の規模や性格が農業生産法人に近く，将来的に地域に根ざした農業の担い手として定着可能性が高いと思われること，などからである。参入方式は，現在の中心である農業生産法人方式と農地リース方式の2種類とした。

すでにアンケート調査[4]などにより経営の概要を把握していたため，対象は第8-2表に示す建設業5社，食品産業（酒造業）1社とした。これらの企業の経営者に対して，2008年5月から12月にかけてヒアリング調査を実施した。一部の企業には複数回にわたって実施した。なお，本報告では後に示す2社を取り上げた。

(3) ビジネスモデルの捉え方

我が国ではビジネスモデルという用語は2000年前後から使われ出した。例えば國領[3]は，ビジネスモデルとは経済活動において，（1）誰にどんな価値を提供するか，（2）その価値をどのように提供するか，（3）提供するにあたって必要な経営資源をいかなる誘因のもとに集めるか，（4）提供した価値に対してどのような収益モデルで対価を得るか，という四つの課題に対するビジネスの設計思想，と定義している。同時に，ビジネスモデルの例としてよく引用されるデル・モデルについて上記の（2）の例として紹介している。

また，伊丹ら[1]はビジネスモデルと類似の概念として，事業を行うための

第8-2表 ケーススタディ企業の概要

本体企業名	農業の企業名	所在地	主な作物	本格的な参入年
(有)田中建材工業	(有)田中牧場	北海道	酪農	1992年
頸城建設(株)	(本体で参入)	新潟県	米	2003年
東九州電設工業(株)	(有)東九農園	宮崎県	ピーマン	1993年
(株)愛亀	(有)あぐり	愛媛県	米	2000年
(株)ハイエスト	(有)フルージック	岐阜県	熱帯果実	2004年
丸本酒造(株)	(本体で参入)	岡山県	米	2003年

資料：[6]

資源と，資源を活用する仕組みのシステムを「ビジネスシステム」と呼んでいる。これは，顧客との接点までの長い供給の流れのシステムとも言い換えており，ポーター[9]のバリューチェーンを指している。本報告でのビジネスモデルは，國領の定義によると（2），（3）を中心とし，伊丹らが示すビジネスシステム（＝ポーターのバリューチェーン）にあたるものといえる。

4．参入企業へのバリューチェーン・モデルの適用

(1) 高収益のビジネスモデルの必要性～高コストになりがちな企業経営

　企業による農業経営を家族経営と比較すると，家族経営では損益計算書でいう製造原価および一般管理費のうち労働費・給与部分で家族の給与相当（所得）を得ればよく，必ずしも純利益段階での利益を出す必要はない。一方で，企業経営では純利益段階での黒字が望まれるため，一般に家族経営以上の収益性が求められる。

　また，労働費・給与部分の経費を見ても，企業経営では社会保険料負担なども必要となる。さらに，本業の従業員を農業に投入する際は，必然的に30代から50代のいわゆる働き盛りの世代の男性となり，配偶者や親世代などの活用が想定される家族経営よりも給与水準は高いと想像される。加えて，建設業の場合は技能職が多く，給与水準は標準より高めである。このため，企業の農業経営は一般に高コスト構造となりがちである。このため，参入企業は家族経営と比較して，より高収益のビジネスモデルが必要となる。

(2) バリューチェーン分析の特徴～この再設計こそが『戦略』

　事例から参入企業のビジネスモデルを分析する手法として，ポーターのバリューチェーン・モデルを活用することとした。同モデルでは，企業活動を事業の流れに沿って五つの「主活動」と，主活動をサポートする四つの「支援活動」に分けている。（**第8-2図**）これらの個々の活動が価値を生み出す主体であり，その活動は「価値活動」と呼ばれる。

　バリューチェーン分析は，企業活動を個別の価値活動に分解し，それぞれの付加価値とコストという定量的な把握により各活動が最終的な価値にどのように貢献しているのかを明らかにするとともに，価値活動単位ごとに他企

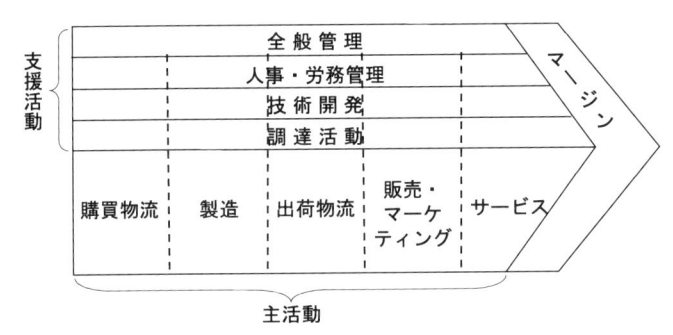

第8-2図　バリューチェーンモデルの基本形

（図中：支援活動／全般管理・人事・労務管理・技術開発・調達活動／購買物流・製造・出荷物流・販売・マーケティング・サービス／主活動／マージン）

資料：[9]

業と比較することで自社の強み・弱みを把握して企業あるいは事業の競争優位を探るという手法である。第8-2図に示す価値活動の区分はあくまでも基本形であり，その細分化や統合は活動の経済法則と分析の目的によって異なるとされている。このため，価値活動の中でどれが重要かは業界や企業によって異なる。

ポーターは価値活動及びその構成要素に着目し，それらの「低コスト（コスト・リーダーシップ）」での経営か，競合他社との「差別化」のいずれかによって競争優位が確立するとした。そのためにはどの価値活動に傾注すべきか，あるいは外部との提携や協力関係をどのように構築すべきかなどの検討によるバリューチェーンの再設計が必要となる。このバリューチェーンを再設計する活動を『戦略』と呼んでいる。

(3) 農企業のバリューチェーン分析～八つの価値活動と定性分析

バリューチェーン・モデルは，企業や業界によって独自の設定が適当とされている。農業参入企業のバリューチェーン分析では，以下の二つの観点から変更を加えた。なお，以下では農業を行う企業を「農企業」として，話を進める。

第1は，農業という事業の特殊性を勘案して価値活動を変更したことである。具体的には，主活動のうち「購買物流」を「生産基盤・施設整備」と「生産資材調達」に，「製造」を「生産」と「加工」に区分した。支援活動では，ポーターのモデルで示されている各価値活動を一括して全般管理とし

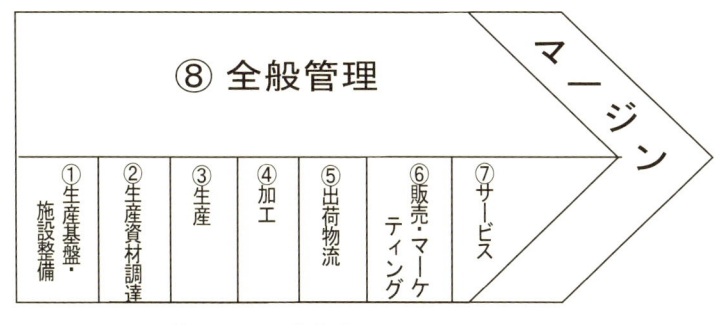

第8章　農業における企業参入の分類とビジネスモデル　(141)

第8-3図　農企業バリューチェーン
資料：[6]

た。これは，今日の農企業は規模が小さく支援活動が未熟であり，競争優位となっている部分が少ないと考えたためである。

こうした考え方によって，農企業の標準的なバリューチェーンを八つの価値活動からなるものと設定した。（第8-3図）これを「農企業バリューチェーン」と呼ぶこととする。

第2は，農業生産法人を除いて一般企業による農業は昨今開始された面が強く，現時点では定量的な分析や他社比較がなじまないため，ケーススタディは定性評価を中心に実施したことである。

なお，ここで想定した八つの価値活動の各要素とその内容については第8-3表に示すとおりである。

(4) 競争優位の形成方法～五つの経営資源調達・創出方法

農企業バリューチェーンの価値活動の評価は各活動が差別化や低コストなどの優位性を有している部分を指摘するとともに，その優位がどのように形成されたのかを分析した。優位形成については，ポーターの手法を参考に五つの方法で捉えた。（第8-4表）

5.　農企業バリューチェーン分析のケーススタディ

第8-4表に示した6社に対する参入企業の経営者へのヒアリング調査のうち，2社の農企業バリューチェーン分析の結果について述べる。

第8-3表　農企業バリューチェーンの価値活動の設定

価値活動	価値活動の要素の例	価値活動の要素内容
①生産基盤・施設整備	農地調達	農地の購入や借入
	土地改良	ほ場の整備や耕作放棄地の回復
	施設整備	施設園芸のハウスや畜舎,倉庫等の建設
	農業機械	トラクター,コンバインなどの農機具の購入・修理
②生産資材調達	肥料・農薬	肥料,農薬の調達
	飼料・薬剤	粗飼料,濃厚飼料,抗生物質などの薬剤等の調達
	燃料・各種資材	重油・灯油・軽油,ビニールなどの被覆材等の調達
	種苗	種子,苗の調達
③生産	飼料生産	自社の家畜に与えるための牧草等の生産
	生産	耕種作物や家畜の生産
④加工	乾燥・調製	収穫した農産物の乾燥や出荷形態への調製
	農産物加工	農家グループ等が行う漬物等の簡単な食品加工
	食品加工	食品会社が行う工業製品としての加工
⑤出荷物流	保管	出荷までの倉庫等での保管
	物流	トラック等での物流・配送
⑥販売・マーケティング	販売	卸・小売店・消費者等への販売活動
⑦サービス	情報提供	商品の品質や生産履歴に関する情報提供
	アフターサービス	販売後のサービス提供,苦情処理等
	観光・レジャー	体験農園等観光・レジャーと絡めたサービス提供
	外食・中食	飲食店や総菜店などでの食品の提供・販売
⑧全般管理	人事管理	農場等で働く人の確保・育成等
	会計管理	初期投資や運転資金の調達
	営業・PR	販売のための営業活動やPR活動

資料：[6]

(1)　(有)田中建材工業（北海道上士幌町：酪農で参入）のケース

1)　本業の概要～砂利採取から土木建築までの一環経営

　(有)田中建材工業は砂利採取砕石販売に生コン,コンクリート製品などの建材販売業と建築工事,とび・土工・コンクリート工事などの建設業を16名の従業員で行っている。セメントや鉄骨など一部の建築資材は外部調達しているが,砂利採取という川上行程からコンクリート工事,鉄骨工事という川下行程まで自社で一貫して実施できることが特徴である。最近は同社も受注量の減少に直面し,従業員はピーク時の半数程度となっている。周辺

第8-4表　農企業バリューチェーン分析に用いた競争優位の形成手法

競争優位の形成手法 （戦略のタイプ）	内容
A:内部資源の活用	本体企業や経営者等がもともと内部で保有していた経営資源を活用して形成した優位性。
B:外部資源の獲得	本体企業や経営者等は有していなかったため，外部の資源を自社に取り込むことで形成した優位性。
C:外部資源の連携	本体企業や経営者等は有していなかったため，特定の外部の資源と強固あるいは継続的な連携により形成した優位性。
D:外部資源の利用	経営上特に差別化を行わない活動について，投資リスクやコストを最小限に抑えるために外部資源を購入して利用する手法。
E:自ら創造	農業への参入時又は参入後に企業や社員自らの努力やアイデアにより新たに作り出した優位性。

資料:[6]

の同業者3社は既に廃業し，同社のみが残った。これは農業が本業継続に大きく寄与した結果といえる。

(2) 農業経営の概要～5億円を売り上げる大規模酪農

農業部門は1992年に60頭経営の酪農家から経営を引き継ぐとともに，農業生産法人（有）田中牧場を別会社として設立して開始した。2008年の飼養頭数は1,000～1,100頭，うち搾乳牛は560頭。農地は400haでほとんど自己（or自社）所有地である。自給飼料用に牧草250ha，デントコーン150haを生産している。施設は各種牛舎，搾乳室などで，1機4,000万円の搾乳ロボットが既に4台導入されている。田中牧場の従業員は建設業とは別に採用し，飼育専門に10人前後を雇用している。

生産量は生乳約5,000t/年，乳価は平均80円/kg程度，生乳の売上げは約4億円で，この他に廃牛や雄仔牛の販売などを合計すると，概ね5億円の売上げとなる。生乳等の販売及び生産資材の購入は全て農協に依存している。

3) 田中牧場のバリューチェーン～本業のヒト・モノ・カネをフル活用（第8-5表）

①生産基盤・施設整備

同社は400haと広大な農地を所有するものの，農業では新規参入者であり，

第8-5表　田中牧場のバリューチェーン分析

価値活動	価値活動の要素	手法	戦略的対応
①生産基盤・施設整備	**農地調達**	A	**悪条件の農地を格安に購入**
	土地改良	A	**本業閑散期に本体企業の力で実施**
	施設設計	A	**使いやすい牛舎・施設を本体企業が設計**
	施設整備	A	**自社の建材と労働力を使って低コスト化**
②生産資材調達	堆肥	E	糞尿堆肥を土壌改良に利用
	肥料(混合)	A	**混合を自社で実施しコストダウン**
③生産	飼料生産・調製	A	本業の閑散期の人材を活用
	技術	E/C	自己学習＋獣医からの講義
⑤出荷物流	出荷	C	全量農協利用で本業の受注にも貢献
	物流	C	全量農協利用で本業の受注にも貢献
⑥販売・マーケティング	販売	C	全量農協利用で本業の受注にも貢献
⑦サービス	品質管理	A	経営者の視点で厳格に管理
⑧全般管理	人事・会計管理	A	本業と一緒に処理
	設備投資	A	本業の利益を活用して施設を整備
	経営管理	A	本業で培った厳格な管理を適用
	本業の受注拡大	C	農協からの酪農関連工事の紹介

資料:[6]
注:1)　手法の凡例　A:内部資源の活用，B:外部資源の獲得，C:外部資源との連携，D:外部資源の活用，E:自ら創造
　　2)　ゴシック部分は特に優位性が高いと思われる対応

　購入した農地は河川に近く，砂利が多い，排水不良，土地が痩せているなど悪条件のものが多かった。このため，地価は比較的安く，優良農地の半値程度のものもあった。しかし，本業の砂利採取業から見ると砂利資源の採取地[注2)]としては価値のあるものとなる。購入した農地は，建設業の機械と労働力を活用して砂利を建材として採取しつつ，排水改良工事，堆肥投入等の土地改良を行って優良な農地に変えている。

　施設では，本体企業が設計から資材調達，施工まで自社で一貫して実施できるため，牛舎，堆肥舎，バンカーサイロなど酪農経営に必要な施設は全て自社施工している。鉄骨資材も安い時期に数億円分まとめて購入するなどのコストダウンも行い，外注する場合の半額で建設できるという。

　また，補助事業は使わないので，自社で使いやすい施設設計をしている。たとえば，牛舎の暑さ対策として普通の畜舎では何台も大型換気扇を回すが，田中牧場では軒高を高くするとともに，屋根の頂点に排気窓を設けることで

扇風機を不要とし，材料費（鉄骨代）は多くかかるが，扇風機の設置費用と電気代を節約している。
②生産資材調達
　飼料生産に必要な種子，肥料などの生産資材は全て農協から購入している。経営上特別なこだわりを持っていないため，身近な事業者として農協を利用している。自給飼料生産の資材である購入肥料は，一般の酪農生産者では配合肥料の利用が多いが，田中牧場では大量に用いるため，窒素，リン酸，カリ等の成分単品で購入し，本業で用いるコンクリートミキサー車で混合して使っている。これで年間600万円程度のコストダウンとなっている。また，堆肥もすべて自社のものを使用している。
③生産
　本業は公共事業対応なので，忙しくなるのは概ね8月の後半以降となる。このため，4月から8月までは5人程度で業務ができるが，最盛期は従業員がフルに必要になる。最盛期の業務量に合わせて従業員を年間雇用する必要があるため，春夏の労働力の余剰が課題となっていた。そこで，自給飼料生産からサイレージ調製までは田中建材工業社員という内部の経営資源を活用している。牧場側から農作業委託料2,000～3,000万円程度で閑散期の仕事を創出でき，繁忙期と同水準の従業員数の雇用を可能としている。また，単なる人材活用にとどまらず，自給飼料生産と乳牛の飼養管理を同じ経営者の下で行うことで，良質な飼料生産による乳量・乳質の向上という農業経営の質的向上にもつなげている。
　一方，既存の経営資源活用だけでなく，酪農の素人だった経営者が努力して酪農経営の技術を身につけたことも忘れてはならない。規模拡大期に元酪農家に飼養管理一切を任せたことがあったが，飼養管理がおろそかで多額の損失が発生した。そこで，経営者は奮起して自ら牛舎に泊まり込むなど必死の努力と獣医の技術指導で酪農経営を立て直した。この時期に酪農経営全般の技術・ノウハウを自ら会得したことで，現在のような大規模で安定した酪農経営ができるようになり，⑦で示すように生乳の品質の高さが農協からのボーナスに結びつくなど経営上の優位となっている。
④加工
　田中牧場は酪農のみの経営であり，加工は行っていない。

⑤出荷物流及び⑥販売・マーケティング

　酪農経営では，集乳・出荷は共同の場合が多く，独自ルートでの販売は一般に行われない。このため，販売価格も固定的である。本事例でも資材調達から出荷・販売まで全て農協に依存している。大規模な田中牧場の存在は，農協の経営にも寄与している。このため農協では同社に対して迅速・丁寧など非常に良いサービスを提供しているという。さらに，「酪農経営を熟知している建設会社」ということで，設備投資を検討している管内の酪農家に対して農協が田中建材工業を紹介する場合があり，紹介による酪農関連の施設整備で年間 2～3 億円程度の受注になっている。こうした連携により，共存共栄関係が形成されている。こうしたことを踏まえると，本事例での戦略的な連携先は農協といえる。

⑦サービス

　生菌数などの乳牛の品質管理には経営者の視点で十分配慮している。農協での集乳の仕組みとして低品質の生産者からペナルティーを取り，高品質の生産者にボーナスとして支給している。田中牧場は年間数百万円のボーナスを受け取る側となっている。

⑧全般管理

　牧場の経理や人事管理は業務量が少ないので，本業と一体で実施しており，農業部門としての付加的な人件費は発生させていない。また，1990 年代に積極的に農業部門の規模拡大を行い多額の資金を必要とした段階では，建設業は引き続き活況を呈して利益を出していた。このため農業部門の一部を畜産部として本業の中におくことで，本業の利益の圧縮を行いつつ酪農関連施設への投資を行うことができた。経営者は，40 年以上競争環境下で建設業経営を行ってきた厳しさを酪農経営にも生かしており，牛の観察なども厳格に実施している。こうした内部資源を十分に活用した経営管理により農業部門での競争優位を形成することが可能になったといえる。

(2) （株）あぐり（愛媛県松山市：稲作で参入）のケース

1) 本業の概要～地域密着を重視した建設業の多角化展開

　（株）愛亀は舗装工事を中核とする建設会社で，生コン販売，建設リサイ

クル，リフォーム，造園工事，熱絶縁工事，農業などの事業会社を含めて愛亀企業集団と称するグループ経営を行っている。旧社名は金亀建設（株）であり，文字どおりの建設会社であった。公共事業の縮減が進む中事業の多角化を進め，「インフラの町医者」というコンセプトの下で2008年に現社名に変更した。

多角化の推進により従業員は愛亀本体で180名程度，グループ全体では250名を超える規模となる。舗装工事業は元来地域密着型であり，多角化の過程においても，「町医者」ということばに象徴されるように地域を重視している。これは，地域に信頼されてこそ事業ができる，という経営者の信念からで，この考え方は農業部門の経営にも反映されている。

2）農業経営の概要～差別化と販路開拓で販売価格500円/kgを実現

1985年に経営者個人として水田60aを取得し農業者となった。さらに，近い将来建設業にも不況が訪れるという考えから，2000年に経営者自身が社長となり農業生産法人（有）あぐりを設立し，本格的に農業ビジネスを開始した。現在は50haへと規模拡大している。しかし，農地は松山市や松前町を中心に広く分散し，水田の枚数では約400枚になっている。単純計算で1枚あたり，12aという狭さである。

農業では「資源循環型精密農業」を掲げ，地域で発生する有機性資源を活用するとともに，メーカーや大学と共同で精密農業を実践することで，勘と経験ではなくデータに基づいた科学的な農業を志向している。これにより無農薬・無化学肥料生産を行っている。

売上げは本格的な参入から8年目の2007年度で7,000万円弱となっている。販売する米の単価は業務用では基本的に500円/kgを目標としているが，200円/kg程度の委託販売分が約2割あり，平均では400円/kg台となっている。

3）あぐりのバリューチェーン～競争優位形成の模範（第8-6表）

①生産基盤・施設整備

農地の借入は，主に農協の営農指導員OBを農業生産法人の役員に迎え入れて担当させた（現在は高齢で退職）。農家に信用のある営農指導員OBと

第8-6表　あぐりのバリューチェーン分析

価値活動	価値活動の要素	手法	戦略的対応
①生産基盤・施設整備	農地調達	B	雇用した農協の営農指導員OBが担当
	農業機械	B	農協から中古農機を購入し整備
②生産資材調達	**自社調製肥料**	B	**廃棄物を逆有償で受け入れて調製**
	購入肥料	D	油かすなどの有機肥料は購入
③生産	水稲作業	A	建設部門から人材を投入
	基本技術	B	雇用した農協の営農指導員OBが担当
	精密農業技術	C	**大学やメーカーの協力により実用化**
④加工	保管	D	外部倉庫業者に依頼し玄米貯蔵
	精米	E	自社で実施
⑤出荷物流	物流（県内）	A	舗装工事で県内の道路は熟知
	物流（県外）	D	宅配事業者を活用
⑥販売・マーケティング	**販路開拓**	E	**自前で開拓**
	販売（法人・個人）	E	開拓した顧客の継続性を重視
⑦サービス	**品質保証**	B	**食味値と生産履歴の保証**
⑧全般管理	人事管理	A	建設業と一体的に業務を配分
	会計管理	A	**建設業の原価計算手法を導入**

資料：[6]

注：1）　手法の凡例　A：内部資源の活用, B：外部資源の獲得, C：外部資源との連携, D：外部資源の活用, E：自ら創造
　　2）　ゴシック部分は特に優位性が高いと思われる対応

いう外部人材（外部資源）の内部化を図り、農地借入という信用が重視される業務を円滑に進めることができた。また、同社では建設業のみの時代から建設機械を自社で整備・修理・改造することで経営上の強みが形成されると考え、早くから機械センターを設置していた。このため、基本的に農業機械は農協から中古品を購入し、自社で整備して使っており、調達や維持の低コスト化を可能にしている。

②生産資材購入

　有機質肥料は自社で試行錯誤の末、有効な種菌にたどり着き、それを活用して酒造メーカーや豆腐工場からの有機性廃棄物を原料として自ら調製している。化学肥料の施用より手間がかかるが、生産した米の付加価値向上に寄与している。有機性廃棄物の受け入れにあたって産業廃棄物処理業の許可も得ており、受け入れ時に逆有償で処理費用を得ている。こうすることで、農産物の販売と並ぶ重要な収益源を確立している。このように他社（外部）の

資源を取り入れて内部資源に変えて活用している。一方で，油かすなどの生産資材には品質的なこだわりはなく，市販品を購入している。

③生産

農作業は農地の借入，米の販売，有機質肥料関連などの通年的・基盤的な業務は主としてあぐりの社員が行い，水稲生産作業は主に愛亀の社員という内部資源で対応している。愛亀の社員は本業閑散期の5月～10月はほとんど農業を行い，11月以降に本業に戻るという勤務体制を取っている。

稲作の基本的技術は，迎え入れた営農指導員OBから得た。その上で高品質の農産物の生産には，名人と呼ばれるほどの高い技術力が求められる。同社では水稲担当社員全員がなるべく早く名人の域に達する技術での生産を可能とするために精密農業の技術を導入している。これにより，生育が均一化され，より高く均一な品質の米となっている。

④加工

あぐりでは籾の乾燥は自前で行い，保管は外部の倉庫業者に依頼し，玄米で貯蔵している。保管にあたっては適切な温度管理が必要となるとともに，米単品では通年的に満杯の状態ではない。また，米の保管は特に差別化要素としているわけではない。そこで外部機能の活用でコストを抑えている。精米は自社生産の米の直接販売では不可欠である。これによって付加価値の内部化を図るとともに，消費者や外食産業等への直接販売の道も開けるため，6次産業としての展開が可能となっている。

⑤出荷物流

県内顧客への販売価格はすべて輸送費込みとしており，自社で配達している。一見非効率に見える米の配達も視点を変えるとグループ会社のリフォーム事業など個人向けサービスの営業機会ともなっている。このため，同社では配達を担当する社員は営業能力の高い話し好きの社員が担当している。一方で，本業が地域密着の事業展開であるため，県外へのネットワークはほとんどなく，県外への出荷物流は，大手の宅配事業者という外部資源の活用を図っている。

⑥販売・マーケティング

建設業は受注生産が特徴で，マーケティング経験がない。愛亀も同様で販売面が最も苦労したとしている。規模拡大と同時に経営者と農業部門の責任

者が営業に回り，一つ一つ販路を開拓していった。現在の販売先は，西日本一帯に展開する高級スーパー，地元のホテル，外食チェーン，オーガニックをうたうオーナーシェフ型のレストランや居酒屋，個人客への宅配，ネット販売等となっている。この点では内部資源・外部資源いずれも使っておらず，企業自らの努力で創出した強みといえる。

⑦サービス

建設業では，工事の進捗を記録する。愛亀ではこれを農業でも当てはめ，誰が，いつ，どの水田で，どのような作業を，何時間実施したのかを全て記録している。これは正確な生産履歴になり，無農薬・無化学肥料生産の裏付けとなる。さらに生産された米は全て食味値を測定し，品質をチェックしている。業務用として販売するには客観的な数値が有効であり，これが品質保証にもなる。ひいては付加価値をつけた販売につながっている。前述のように，一見高コストに映る自社配達サービスもそれに見合う価値を見いだしている。こうした対応も，地域密着というコンセプトと関連している。

⑧全般管理

人事や会計など営農の管理的業務も，可能な限り本業の機能を活用している。このため，50ha という大規模経営かつ自社販売という事業内容でも大きな管理コストがかからずにすんでいる。愛亀の農業部門の責任者は，建設業本体では原価計算の担当課長である。農業の未経験者が建設業の感覚で原価計算・原価管理を行うため，従来の農業の常識にはない厳密なコスト管理と経営改善につながっている。

6. 考察

前節ではビジネスモデルの中でも顧客にどのように価値を提供するか，そのための経営資源をどう集めているかを中心にバリューチェーン・モデルを用いて分析した。両社ともに各価値活動においてさまざまな工夫を凝らし，差別化や低コストという競争優位を築いている。

田中建材工業は，農業部門の競争優位を主に内部資源を活用した低コスト戦略により実現している。これは，北海道での酪農ということで販売先が農協に限定されるとともに，価格面での差別化が困難という背景も影響している。一方で愛亀は，内部資源の活用や外部資源の獲得や連携，自ら創造など

様々な手法を用いて，最終的には顧客に付加価値をつけた農産物を食味保証付きで提供している。

　こうしたバリューチェーン分析を行うことで，経営上の競争優位点が全体の中でどこに位置づけられているのかが明確になる。しかし，それ以上に価値があるのは，経営の改善点の発見につながることである。それを進めることで，経営計画策定のツールとして利用できるようになる。参入企業はやみくもな努力によらずに，バリューチェーン分析からより良いビジネスモデルの設計を行うことで戦略的な事業展開が可能となり，事業の成功・継続が期待できる。これがひいては，地域農業の維持発展にもつながると思われる。

7. おわりに

　企業の農業参入は基幹的農業従事者減少，あるいは耕作放棄地増大，食料自給率低迷など我が国農業の差し迫った危機に対する対症療法的に進んできた面がある。しかし，経営の中身を分析すると，農外企業ならではの戦略的な対応を行いつつ，競争優位を形成していることがわかった。このバリューチェーン分析の手法は参入企業の経営改善・経営計画に適用が期待されるとともに，既存の専業的農業経営や農業法人にも適用可能なものである。農業を従来型の産業分類を超えて捉え直すことの必要性は，6次産業化や農商工連携等に現われているが，バリューチェーン分析によってビジネスモデルとして体系化され，従来型の農業の姿を変えつつ発展する可能性を秘めている。

　対症療法として始まった企業参入は，結果として体質改善にも寄与する可能性を持つといえる。閉塞感のある我が国農業において，こうした可能性を伸ばすことの意義は大きい。

　とはいえ，本論文は多分に提案的であり，今後の課題として，バリューチェーン分析における分析基準の曖昧さの低減，より客観性の高い分析方法の検討，実際の経営計画や経営改善への適用を通じた手法改善などを進めることで，実務面での活用につなげていくことが必要と思われる。

注：1）82法人が回答したもの。2008年8月発表。
注：2）かつては砂利は川原から採取していたが，河川保護のために現在は禁止され，農地などから掘り出して採取している。

[参考・引用文献]

[1]伊丹敬之・加護野忠男(1989):「競争優位とビジネスシステム」,『ゼミナール経営学入門第3版』,日本経済新聞社,p. 71.
[2]市川 治(2003):「期待される土建会社などのコントラ参入の意義と課題」,『酪農ジャーナル』,2003.7,酪農学園大学エクステンションセンター,pp. 12-14.
[3]國領二郎(2004):『オープン・ソリューション社会の構想』,日本経済新聞社,pp. 223-227.
[4]澁谷往男(2007):「地域中小建設業の農業参入にあたっての企業意識と課題」,『農業経営研究』,45(2),pp. 23-57.
[5]渋谷往男(2009):「地域中小建設業の農業参入における業種特性と営農形態についての考察-経営資源活用と耕作放棄地解消の視点から-」,『農業経営研究』,47(1),pp. 88-93.
[6]渋谷往男(2010):「農業における企業参入のビジネスモデル」,『農業経営研究』,47(4),pp. 29-38.
[7]渋谷往男(2011):「農業における企業参入の分類と特徴」,『農業および園芸』,86(1),pp. 122-130.
[8]農林水産省(2009):「特定法人貸付事業(農地リース方式)を活用した企業等の農業参入について(2009/9/1 現在・速報)」.http://www.maff.go.jp/j/keiei/koukai/sannyu/pdf/h210901.pdf.
[9]M. E. ポーター(土岐 坤ら訳)(1985):『競争優位の戦略』,ダイヤモンド社.

第Ⅲ部　「企業経営」の現状と地域農業における役割

第Ⅲ部解題　「企業経営」の現状と地域農業における役割

南石晃明・土田志郎

1. 背景および目的

　自然条件に左右されやすい土地利用型農業では，単収の不安定性や農地集積の困難性ゆえに「企業経営」が成立する余地は小さく，しかも農外からの企業参入には，利益追求を重視する企業の論理によって地域農業の発展が阻害されるおそれもあるといった指摘がこれまでしばしばなされてきた。

　しかし，近年，農地流動化の進展や高性能大型機械の導入によって規模拡大が以前よりも容易になるとともに，企業の有する資金力，技術力，経営管理力の活用効果に対する期待が高まるなど，土地利用型農業においても「企業経営」の成立を促進する環境が徐々に整いつつあるように思われる。実際，萌芽的ではあるものの，土地利用型農業を行う「企業経営」が出現しつつある。さらに，現代の「企業経営」では自然環境やステークホルダー等を含む様々な外部環境との関係を重視する傾向が見られ，農外からの参入企業であっても地域との良好な関係の構築に期待がもてるケースもある。

　こうしたことから，既に存在している土地利用型農業の「企業経営」に焦点を当て，現段階における「企業経営」の実態を正しく把握・評価しておくことが肝要であると考える。

　第Ⅲ部では，点在する先進事例を取り上げ，上述した観点から土地利用型農業における「企業経営」の現状と地域農業に果たす役割を検討する。具体的には，①「企業経営」の現状と課題，②継続性のある「企業経営」の成立可能性，③地域農業における「企業経営」の役割について分析を行い，「企業経営」の担い手としての可能性を明らかにする。その際，誌幅の関係もあり十分とは言えない部分もあるが，次の諸点に着目した考察を試みる。第一は，企業農業経営の全体的な動向と個々の事例の具体的展開過程である。第二は，農業内部（いわゆる農家）から発展した企業経営と農業外部から参入した企業経営の共通性と差異性である。第三は，土地利用型農業を代表する水田作農業（水稲栽培など）と畑作農業（野菜栽培など）における共通性と

差異性である。

2．各章の内容と位置づけ

　第9章および第10章では，企業農業経営の動向や特徴，また企業経営が地域農業に及ぼしている影響などについて，俯瞰的な検討を行っている。第9章「企業農業経営の現状と特徴―文献レビューによる分析―」（竹内重吉・南石晃明）では，農業経営の従事者数と販売額によって企業農業経営と家族農業経営を区分し，主に文献情報から収集された企業農業経営45社の現状と特徴を分析している。その際，農業内部（いわゆる農家）から発展した経営と農業外部から参入した経営に区分して，事業の多角化の状況なども含めて企業経営の特徴を明らかにしている。第10章「企業経営と地域農業発展―地域資源の活用と経営間連携―」（津田　渉・長濱健一郎）では，企業経営者の考える地域農業との関係，それぞれの事例の経営展開が地域農業に及ぼす影響などを，主に秋田県における複数の事例に基づいて考察している。

　第11章～第13章においては，土地利用型農業を水田作農業と畑作農業に区分し，それぞれの農業経営の実態と現状を，具体的な事例に基づいて明らかにしている。第11章「水田作における企業農業経営の現状と課題―従業員の能力養成に向けた取り組み―」（藤井吉隆）では，滋賀県における大規模水田作経営を事例として，従業員の能力養成が大きな経営課題になっており，その解決に向けて実施している情報通信技術を駆使した実験的な取り組みも含めて，対象経営の最大の強みである農業技術力強化方策について考察を行っている。第12章「水田作業受託による企業農業経営の展開と課題―条件不利圃場の受託と地域での信頼形成―」（鬼頭　功・淡路和則）では，愛知県における大規模作業受託経営を事例として，畦畔管理という水田作に特徴的な作業に着目して，企業経営と地域農業の関わり方について考察している。第13章「畑作における企業農業経営の現状と課題―契約生産と人的資源管理への取り組み―」（金岡正樹）では，南九州を対象として，企業農業経営の動向と特徴を概観すると共に，複数の企業農業経営を取り上げ，その展開過程と今後の課題について契約生産と人材育成を含む人的資源管理の取り組みに着目した考察を行っている。

以上の第 10 章〜第 13 章で取り上げた主な経営事例はいずれも農業内部（いわゆる農家）から発展した経営である。これに対して，第 14 章と第 15 章では，農業参入企業に焦点をあて，具体的な事例の分析を通して，その現状と地域農業における役割について明らかにしている。第 14 章「建設企業の農業参入事例と地域農業における役割—生産管理革新に着目して—」（河野靖・南石晃明）では，愛媛県における建設企業の水田作農業参入（水稲栽培など）を取り上げ，建設企業における生産管理方式や情報通信技術を活用した生産管理革新の特徴，さらには地域農業との関係に焦点をあてて考察している。第 15 章「食品企業参入の現状と地域農業における役割—参入企業経営の持続性に焦点をあてて—」（山本善久・青戸貞夫・竹山孝治・津森保孝）では，島根県における食品企業の畑作農業参入（ケール栽培など）を取り上げ，参入企業経営の持続性の検討，食品企業の経営管理の要点，地域農業における役割に焦点をあてた考察を行っている。

3. 主な論点

第Ⅲ部における主な論点は，以下の点である。第一の論点は，「企業経営」の現状と特徴に対する理解である。また，第二の論点は，「企業経営」が地域農業において果たしている役割についての理解である。

(1)「企業経営」の現状と特徴

「企業経営」はどのような課題に直面しており，それを具体的にどのように解決しようとしているであろうか。「企業経営」の課題や取り組みは，家族労働力を主体とする「家族経営」と比較して，どのように特徴付けられるのであろうか。さらに，農業内部から発展した企業経営と農業外部から参入した企業経営の共通性と差異性には，どのような特徴がみられるであろうか。水田作と畑作における企業経営の共通性と差異性はどうであろうか。これらが第一の論点の具体的内容である。以下では，この点について，情報マネジメント（南石（2011）[1]），人材育成，イノベーションの面から若干の整理を行う。

「企業経営」では，その事業規模の拡大に伴い，一般に従業員数が増加する傾向が見られる。このため，事業規模の拡大を継続的・安定的に行うには，

圃場や農作業の情報を収集・整理し，農作業の進捗状況を把握すると共に，従業員に作業計画の指示を行うといった精緻な農業生産管理を行う必要が生じる。また，農作業を標準化したり，作業マニュアルを作成して，農作業の精度や効率を維持・向上させる工夫も必要となる。このため，第Ⅲ部で取り上げた経営事例の多くでは，圃場情報や農作業情報の収集・蓄積・分析が当然のこととして，実施されている。こうした情報マネジメントの実施は，農業内部からの発展か，農業外部からの参入かといった出自による差異はみられず，共通する傾向である。また，水田作や畑作といった作目による違いも見られないようである。

　事業規模の拡大を継続する場合には，従業員自らが自律的に農作業や生産管理ができるようになるための人材の育成が，経営上の大きな課題となる。こうした人材育成は，将来の経営戦略の策定や新規事業への進出準備など圃場以外の業務に，経営者が専念することも可能にする。一般産業においても，人材育成は企業経営の重要な課題であるが，これは事業規模の拡大を続ける企業農業経営においても共通して見られる課題である。

　また，幾つかの経営事例においては，既存の農業者の常識にとらわれない発想と行動力で，企業間連携，ビジネスモデル構築，情報通信技術の活用などの新しい取り組みを積極的に行っている。こうしたイノベーションを実現するには，幅広い知識や人脈，資金力が必要であり，企業経営の特徴の一つといえよう。

　一方，家族経営においても事業規模の拡大に伴い，雇用労働力の導入が行われる。しかし，多くの場合，雇用労働力はあくまで，農作業を行う「労働力」であって，経営管理を担う人材として位置づけられることは少ない。このため，経営主および中核的な家族構成員（多くの場合，息子）が，収益に直結する重要な農作業を担当し，その他の作業を雇用労働力で賄うことになる。このため，経営主および中核的な家族構成員の家族労働力によって事業規模が制限され，その限界を超えて発展することは困難であり，また，そのような発展を望まない家族経営も多い。家族経営は，その持続的な維持が経営目的となる場合が多く，イノベーションに積極的に取り組む必要性が小さいとも言える。

(2) 地域農業における役割

　「企業経営」は地域農業とどのような関係性をもち，地域農業においてどのような役割を担っているのであろうか。これらが第二の論点の具体的内容である。以下では，この点について，各章の事例を参考に若干の整理を行う。

　第Ⅲ部で取り上げた経営事例においては，「企業経営」と地域農業との関係は概ね良好であり，地域農業においても重要な役割を果していると言える。このことは，「企業経営」といえども，経営発展を持続的に行い一定の成功を収めるためには，地域社会との良好な信頼関係構築が重要であることを示唆している。また，こうした信頼関係を構築した「企業経営」は，雇用創出，農地保全，家族経営との経営間連携といった面で，地域農業において一定の役割を果たしていると思われる。この点も，農業内部から発展か，農業外部からの参入かといった出自による差異はみられず，共通する傾向である。また，水田作や畑作といった作目による違いも見られないようである。

　一般産業においても，地域に密着した事業を行っている企業では，地域社会との良好な信頼関係構築が重要なことに変わりはない。地場の建設業や小売業はその典型であろう。このため，地元の市町村に本拠地を置く企業の農業参入の場合には，比較的短期間で地域農業との良好な関係構築が可能となると思われる。

　なお，参入企業経営と地域農業の関係を考える際に，参入企業に対して受入地域がどのような評価を行っているのかも重要な論点である。第Ⅲ部には収録していないが，重要な点なので，以下では西水（2011）[2]による関連研究成果を要約的に紹介する。結論的に言えば，調査地域においては，参入企業経営は受入地域（農協・農家・市町）の期待に概ね応えており，地域農業において一定の役割を果たしていることを示唆している。また，参入企業の親会社が建設業と食品業の場合とで，受入地域の期待内容と参入企業の実際の行動に差異がみられる。この点は，建設業と食品業とで，農業参入前の地域社会との関係性や参入の目的が異なっていることから生じた結果である。

　具体的には，西水（2011）[2]は，大分県における参入企業（34 社回答），県（普及員 36 人回答），受入地域（農協・農家・市町，33 人回答）の 3 者を対象にしたアンケート調査を実施している。この調査結果によれば，県や

受入地域は，地域農業活性化への参入企業に対する期待が強く，悪影響を懸念する回答は相対的に少数であった。具体的には，県や受入地域の 50～83％が，「地域の雇用」や「新たな担い手」の視点から参入企業に期待を表明している。また，「耕作放棄地の発生防止などの農地保全」については，市町の 80％，農協の 73％，県の 50％が期待しているが，農家の側からは 25％しか期待されていない。なお，農協の 64％は「企業の共販参加でのブランド力の向上」を期待している。

これに対して，企業参入の悪影響を懸念する回答として最も多かったのは，農協の 45％が「価格の安さで地域の農家の経営を圧迫する可能性」を指摘したことである。他方，「地域の農家と農地の取得で競合する可能性」など，その他の項目の回答率は，全て 1/3 以下である。その一方で，農家の 80％，県の 44％，市長の 40％，農協の 36％は，企業参入の悪影響は「特にない」と回答している点が注目される。

受入地域が参入企業に期待する項目について，参入企業の実際の行動を親会社の業種別にみると，建設業と食品業で違いが見られる。受入地域が参入企業に対して期待する項目は，第一に「地域から雇用」（回答者の 59％），第二に「JA 利用」（50％），第三に「産地化作目栽培」（41％）である。しかし，これらの項目は，参入企業自体が，実際に実施している項目とは，必ずしも一致しない。例えば，建設業からの参入企業が実際に実施している割合は，「地域から雇用」は 35％であり，受入地域の期待との乖離が大きい。その一方で，「JA 利用」は 47％，「産地化作目栽培」は 41％が実施しており，受入地域の期待と概ね一致する傾向がある。これに対して，食品業からの参入企業が実際実施している割合は，「地域から雇用」は 70％であり，受入地域の期待割合を超える水準である。その一方で，「JA 利用」は 30％，「産地化作目栽培」は 30％の水準に留まっており，受入地域の期待との乖離が見られる。

こうした業種間での違いは，基本的には親会社の特性に由来するものである。中小規模の建設業は元々地域密着の地場企業であり，農業参入には建設業における雇用維持といった面がある。このため，農業参入に伴う新規雇用の必要性は小さい傾向がある。また，建設業は地場企業であり役員・従業員の実家・親戚・知人が農家であることも多く，また，特定の作目にこだわる

理由がないため,「JA 利用」や「産地化作目栽培」が進む一因になっていると考えられる。これに対して,食品業の農業参入は,親会社で必要とする食材調達の面があり,参入地域での農業生産や食材加工のための新規雇用が必要になるが,「産地化作目栽培」に馴染まない傾向がある。また,建設業と異なり他地域からの参入となるため,地場の農協や農家との事前の付き合いがなく,また,自社仕様にあう食材調達のため,「JA 利用」の実施割合が低くなる傾向があると考えられる。

4. 今後の課題

　第Ⅲ部の各章の内容から,土地利用型農業における「企業経営」の現状と地域農業における役割について,ある程度理解を深めることができる。しかし,日本農業全体からみれば,「企業経営」の存在は,まだ,萌芽的な段階であるのも事実である。今後,「企業経営」が,その数の上でも,また,それが生み出す付加価値の面でも,我が国農業においてどのような役割を担うのか,分析対象を拡充した継続的な研究が今後の課題である。これらの点の研究を通じて,「企業経営」が,家族農業経営との関係・連携も含めて,次世代の日本農業においてどのような意味と役割をもつのか,あるいは,持つべきなのかが解明されることが期待されている。

[引用文献]

[1] 南石晃明（2011）『農業におけるリスクと情報のマネジメント』,農林統計出版,pp. 1-448.
[2] 西水良太（2011）:「農業参入企業の課題と支援の方向性―大分県における参入企業,行政,受入地域の相互評価より」,―平成 22 年度九州大学大学院生物資源環境科学府農業資源経済学専攻農業経営学研究室修士論文,pp. 1-123.

第9章　企業農業経営の現状と特徴
—文献レビューによる分析—

竹内重吉・南石晃明

1. はじめに

　近年，我が国の農業経営は社会情勢や経営環境の変化を受けて多様化している。いわゆる「家族経営」を主として発展してきた経営形態にも変化がみられ，「企業農業経営」と呼ばれる経営も多く存在する。これら企業農業経営の中には，販売額が1億円を超える経営や情報通信技術等を駆使して高度な経営管理を行う先進的な経営も多数みられる。また，これらの企業農業経営は耕作放棄地の活用や新たな雇用の創出など，地域農業においても重要な役割を果たしている。

　このように，我が国の農業経営は急速な変貌を遂げているが，企業農業経営に着目した研究は十分とは言えない。そこで本章では，既存文献に取り上げられている企業農業経営を対象として，全国的な企業農業経営の動向や特徴を把握する。次に，対象とした企業農業経営を，農業内部から発展した企業農業経営および農業外部から参入した企業農業経営に区分した分析を行う。最後に，農業経営の販売額や従事者数といった経営規模に着目し企業農業経営の特徴を明らかにする。以上の分析をもとに，我が国の農業経営における企業農業経営の現状を明らかにし，考察を行う[注1]。

2. 分析方法—定義と対象—

(1) 本章における「企業農業経営」とは

　「農業経営」は，その経営理念や目的，規模など様々である。農業経営の全国的な動向を整理するためには，それらの特徴を踏まえて農業経営のタイプを分類し，整理する必要がある。木村（2008）[13]は，農業経営のタイプをその経営特徴と経営目的に着目し，企業農業経営，企業的家族農業経営，生業的家族農業経営，副業的家族農業経営の四つに区分している（**第9-1表**）。そして，経営タイプの分類条件として農産物等の「販売額」と「農業

第Ⅲ部 「企業経営」の現状と地域農業における役割

第 9-1 表　農業経営における経営タイプの類別

経営タイプ		企業形態分類基準		経営特徴	経営目的
		農業専従者数	農産物販売額		
企業農業経営	企業Ⅰ農業経営	6人以上	5,000万～3億円未満	・周年雇用，就業条件等を完備 ・雇用が家族従事者数を大きく上回る ・経営の管理体制および財務システムを整備 ・資本計算にもとづいて経営管理を行う	・利潤（当期利益）の追求 ・利潤率の向上が目的ではなく，利潤の絶対額の拡大を求める
	企業Ⅱ農業経営	10人以上	3億円以上		
企業的家族農業経営		2～5人	2,500万～5,000万円	・経営主体は，経営主と家族労働従事者 ・雇用は家族労働を補足するために導入 ・企業としての経済計算は確立 ・家計と経営が分離し，家族労働も有償化	・他産業並みの所得（給与）の実現 ・利潤（当期利益）の実現
生業的家族農業経営		2～4人	1,000万～2,500万円	・経営主と家族従事者が経営の主体 ・経営主は，経営者よりも生産者としての性格が強い ・雇用はほとんど行われていない ・家計と経営は未分化 ・農業を家業として専業的に営む	・家産の維持 ・次世代への継承 ・家族の繁栄，および，そのための農業所得の確保
副業的家族農業経営		2人以下	400万～1,000万円	・農業センサスにおける準主業的農家（農外所得が主で65歳未満の農業従事60日以上の者がいる農家）	・家族の食料自給と家計の補助 ・家産の維持 ・次世代への継承

資料：木村（2008）[13]にもとづいて，筆者が作成した。

専従者数」から分類を行っている。

　まず，企業農業経営は，周年雇用，就業条件等を完備し，雇用が経営者の家族従事者数を大きく上回るものを指す。経営の管理体制及び財務システムを整備しており，これにもとづいて経営管理を行う。一般的には，経営の目的は利潤（当期利益）の追求である。ただ，利潤率の向上が目的ではなく，利潤の絶対額の拡大を求めるものが多い。分類条件は，販売額が5,000万円以上，農業専従者数が6人以上である。

　さらに木村（2008）[13]は，企業農業経営を二つに分類している。販売額が5,000万円以上3億円未満，農業専従者数が6人以上を企業Ⅰ農業経営とし，販売額が3億円以上，農業専従者数が10人以上を企業Ⅱ農業経営としている[注2]。

　次に，企業的家族農業経営においては，経営主体は経営主と家族労働従事者であり，雇用は家族労働を補足するために導入されている。企業としての経済計算は確立しており，家計と経営が分離し，家族労働も有償化している。その経営目的としては，他産業並みの所得（給与）の実現，利潤（当期利益）の実現となる。分類条件は，販売額が2,500万円以上5,000万円未満，農業専従者数が2人以上5人以下である。

　生業的家族農業経営は，農業を家業・生業として専業的に行っている経営

を指す．経営主と家族従事者が経営の主体であり，経営主は経営者よりも生産者としての性格が強い．また，雇用はほとんど行われておらず，家計と経営は未分化であることが特徴としてあげられる．その経営目的は，農業を家業として専業的に営む，家産の維持，次世代への継承，家族の繁栄，および，そのための農業所得の確保などがあげられる．分類条件は，販売額が 1,000 万円以上 2,500 万円未満，農業専従者数が 2 人以上 4 人以下である．

最後に，副業的家族農業経営とは，農業を副業的に行っている経営を指し，農業センサスにおける準主業的農家（農外所得が主で 65 歳未満の農業従事 60 日以上の者がいる農家）にあたる．その経営目的は，家族の食料自給と家計の補助，家産の維持，次世代への継承などがあげられる．分類条件は，販売額が 400 万円以上 1,000 万円未満，農業専従者数が 2 人以下である．

本章では以上の分類基準を参考に，農業経営の販売額と従事者数に着目して農業経営を類型化し，「企業農業経営」に焦点をあてた分析を行う．なお，木村（2008）[13]で用いている「農業専従者数」は，家族経営を想定した用語であり，本章で対象とする企業農業経営においては農業経営の従事者数（役員数＋従業員数）を用いることが妥当と考えられる[注3]．また，本章の「販売額」は，損益計算書等の「売上高」とは必ずしも一致するものではなく，大まかな販売収入を意味している場合がある．

以上を踏まえて，既存文献に記載されている農業経営の中から「企業農業経営」としてリストアップする際には，販売額：5,000 万円以上と従事者数：6 人以上の両基準を満たすことを条件とした．また，販売額が 3 億円以上，従事者数が 10 人以上の両基準を満たす経営を企業Ⅱ農業経営とし，それ以外の企業農業経営は企業Ⅰ農業経営とした．

(2) 調査・分類方法

まず，以下の既存文献に取り上げられている農業経営の中から，企業農業経営に該当する農業経営をリストアップする．本章で扱った既存文献は『バイオビジネス』全 8 巻，『日本農業経営年報』全 7 巻，『農業経営者』(2007 年 4 月号から 2011 年 3 月号），『農業および園芸』第 86 巻第 1 号である．各経営概要の調査はこれらの既存文献と，必要に応じて農業経営のホームページ（以下，HP とする）を閲覧して行った．よって本章で記載する

項目や分析結果は，すべてこれらの調査から得られた情報に基づいている。例えば，会社法改正等に伴い「株式会社」に社名変更したような場合でも，本章では，参照した文献等の記載に従っているので，留意されたい。

本章で対象とする「企業農業経営」に関して，南石（2011）[19]は，農業の主要な特質が農作物，家畜，微生物などの生命現象を生産過程での活用であるとし，農業経営を「経営資源を活用して，生命現象に関わる技術的変換を行い，付加価値を生み出す存在（組織）」と定義している。本章ではこの定義に従い，種苗などの農業生産資材の生産，販売を行う経営も農業経営に含めた。よって，本章で対象とした企業農業経営は，①既存文献や農業経営のHPで販売額と従事者数が把握できた経営，かつ②農産物の生産および種苗など農業生産資材関連の事業を行っている経営，を対象とした[注4]。

取り上げた農業経営における経営状況の項目は，以下のとおりである[注5]。①企業形態（株式会社や有限会社など），設立年次，設立経緯，関連会社の概要，②従事者数（＝役員数＋従業員数），役員数（うち親族の人数），季節雇用者・研修生数，③販売額，主な事業内容（事業別販売額，生産高・面積構成，販売形態など），④資金調達先（自己資金，融資，投資など），出資者数（うち親族の人数），⑤経営戦略およびビジネスモデルの概要，⑥文書化された経営理念・経営方針，⑦文書化された経営目標・経営計画（計画種類・年次など），⑧役員および従業員への採用・異動辞令，⑨従業員人材育成（技術習得・継承，能力向上，経営継承対策等）への取組みの概要，⑩農業経営・農場管理におけるリスク管理の意識・取組みの概要，⑪情報通信機器（コンピュータ，携帯電話，デジカメ，各種センサーなど）の活用の概要，⑫「企業Ⅰ農業経営」と「企業Ⅱ農業経営」の分類，⑬これまでの発展過程，⑭主に活動の拠点としている地域，である。

項目の⑬「これまでの発展過程」に関しては，ⅰ）農業内部から発展した経営と，ⅱ）農業外部から参入した経営に分けることができる。ⅰ）農業内部から発展した経営には「1戸の家族経営（農家）から発展したもの」，「複数の家族経営（農家）で新たに組織を設立し発展したもの」などがある。一方，ⅱ）農業外部から参入した経営には，「他産業の企業が農業参入したもの」や，「非農家出身の経営主が新たに設立したもの」などがあげられる。

以上の項目から，企業農業経営の動向と特徴を分析する。次に，リストア

ップした企業農業経営の中から，既存文献や農業経営の HP より「農業内部から発展した企業農業経営」および「農業外部から参入した企業農業経営」と把握できる経営を整理し，その動向や特徴に関して考察を行う。最後に，販売額や従事者数といった各経営の規模に着目し，クロス集計から経営規模と経営状況の項目（発展過程など，事業内容）との関係性を明らかにし，その特徴を明らかにする。

3．分析結果—属性別の動向と特徴—

(1) 企業農業経営の動向

対象とする既存文献から把握できた企業農業経営は全部で 45 経営体であった。その概要を**第 9-2 表**に整理した。これら経営体の企業形態としては，有限会社が 20 社（約 44%），株式会社が 19 社（約 42%），農事組合法人が 4 法人（約 9%），個人経営が 2 社（約 4%）であり，96% の農業経営が法人化を行っている。なお，対象経営体のうち約 87% が会社法人であるため，以下では便宜的に，これら経営体数の表記に「社」を用いる。

まず販売額を見ると，約 5,000 万円から約 465 億円まで大きな幅があるが，全体の平均は約 34 億円であった。販売額を規模別にみると，5,000 万円以上 1 億円未満が 10 社（約 22%），1 億円以上 3 億円未満が 14 社（約 31%），3 億円以上 10 億円未満が 9 社（約 20%），10 億円以上が 12 社（約 27%）であり，販売額 3 億円未満の経営が約 53% を占める（**第 9-1 図**）。

従事者数をみると，一経営当たり 6 人から 962 人まで大きな幅があるが，平均約 74 人であった。規模別では，6 人以上 10 人未満が 16 社（約 36%），10 人以上 50 人未満が 19 社（約 42%），50 人以上 100 人未満が 5 社（約 11%），100 人以上が 5 社（約 11%）であり，従事者数 50 人未満の経営が約 78% を占める（**第 9-2 図**）。そのうち役員の平均は約 5 人，季節雇用者・研修生の平均は約 60 人で，最も多い経営は約 400 人であった[注6]。

販売額が 5,000 万以上，従事者数が 6 人以上の企業 I 農業経営は 28 社（約 62%），販売額が 3 億円以上，従事者数が 10 人以上の企業 II 農業経営は 17 社（約 38%）であった。

設立年次をみると，1950 年代もしくはそれ以前に法人化を行った経営が

(166)　第Ⅲ部　「企業経営」の現状と地域農業における役割

表 9-2　企業農

事例	文献等の記載年次	従事者数（=役員数+従業員数）	役員（うち親族数）	季節雇用・研修生など	企業形態	設立年次	設立経緯	関連会社の概要	販売額	主な事業（事業別の販売額・生産高・面積・販売形態）
株式会社サカタのタネ	2003年（HP情報：2010年）	約606人			株式会社	1942年	企業合同のため	株式会社山形セルトップ，株式会社長野セルトップ，株式会社飛騨セルトップ，株式会社福岡セルトップ，株式会社福岡セルトップ，株式会社サカタロジスティクス，日本ジフィーポット・プロダクツ株式会社，サカタ興産株式会社，有限会社サカタテクノサービス，西尾植物株式会社，株式会社ブロリード，その他海外法人多数	約465億円	・種子，苗木，球根，農園芸用品の生産販売，書籍の出版，販売・育種，研究，委託採取技術指導・造園緑化工事，温室工事，農業施設工事の設計，など
カネコ種苗株式会社	2007年	約535人			株式会社				約458億円	・農産種苗の生産と販売，球根，種，苗，花卉園芸資材の生産と販売，など
株式会社雪国まいたけ	2007年（HP情報：2010年）	約962人	11人	358人	株式会社			株式会社雪国商事，有限会社今町興産，株式会社雪国バイオフーズ，株式会社トータク，上海雪国高格生物技術有限公司，青島東冷食品有限公司，ユキグニマイタケコーポレーションオブアメリカ，ユキグニマイタケマニュファクチャリングコーポレーションオブアメリカ	約260億円	・まいたけ，えりんぎ，ぶなしめじ，きのこ加工食品の製造と販売，もやし，カット野菜等の生産と販売，など
農事組合法人伊賀の里モクモク手づくりファーム	2008年	約130人		400人	農事組合法人	1992年（前身組織1987年）	新たな事業（加工）を展開するため	有限会社モクモク，株式会社伊賀の里，株式会社モクモクネイチャーエコンシステムズ	約47億円	・食肉加工，地ビールづくり・生産（水稲：10ha，畑：10ha，果樹園（ぶどう，くり，なし，かき）：2ha，ハウス（いちご，野菜）：1ha）・事業別販売額（96年）：ファーム12億円，直販10億円，直営店1億5,000万円，スーパー・百貨店，生協2億円・宿泊施設の運営，など
株式会社ホープ	2007年	約53人	9人		株式会社			株式会社エス・ロジスティクス	約43億円	・イチゴの新品種の育種・四季成性イチゴの栽培と販売・イチゴ栽培技術の改良と指導，など
株式会社大潟あきたこまち生産者協会	2010年	約96人	6人	36人	株式会社	1987年	「生産，加工，販売」を一体化した自立的な農業モデルを目指したため	株式会社大潟村管理センター	約40億円	・米の個人産直・米加工食品の製造，販売
株式会社みかど育種農場（現：みかど協和株式会社）	2002年	約99人	11人	18人	株式会社	1949年			約37億円	・野菜，花種子の育種，研究，試験，生産販売，など

第9章　企業農業経営の現状と特徴

業経営の概況（1）

農産物加工	独自の販売	農業生産資材関連	直売所等の運営	その他	資金調達先（自己資金・融資・投資）	出資者数（うち親族数）	経営戦略・ビジネスモデルの概要	文書化された経営理念・経営方針	文書化された経営目標・経営計画（計画種類・年次）	役員・従業員への採用・異動辞令の概要	従業員人材育成の取組み（技術習得・継承、能力向上、経営継承対策）	農業経営・農場管理におけるリスク管理の意識・取組	情報通信機器の活用状況（コンピューター、携帯電話、デジカメ、各種センサー）	分類	発展過程	所在地	地域	文献
		○		○				三者共栄（顧客, 取引先, 当社の共栄）, 三位一体（社員, 経営者, 株主の相互繁栄）						II	☆	神奈川県	関東	新部昭夫ら (2003)
	○													II	☆	群馬県	関東	「農業経営者」編集部 (2007c)
○	○													II	☆	新潟県	東北	「農業経営者」編集部 (2007c)
○	○		○		国庫補助・借入	株主25人（うち従業員6割）		①農業振興を通じて地域の活性化につながる事業を行う②地域の自然と農村文化を育てる担い手となる③自然環境を守るため環境問題を積極的に取り組む④おいしさと安心の両立をテーマにモノづくりを行う⑤「知る」「考える」ことを消費者とともに学び, 感動を共感する事業を行う⑥心の豊かさを大切にし, 笑顔が絶えない活気ある職場環境をつくる⑦協同精神を最優先し, 民主的なルールにもとづいた事業運営を行う					II	○	三重県	中部	新山陽子 (2001),「農業経営者」編集部 (2008a)
	○	○												II	△	北海道	北海道	「農業経営者」編集部 (2007b)
○	○							経営理念：全てのお客様の満足のために・経営目標：創業以来の主食用米中心の事業にプラスして, 第二創業期として米粉食品事業の開発に取り組み,「米のオンリーワン企業」の創造						II	☆	秋田県	東北	涌井徹 (2010)
		○												II	○	東京都	関東	井形雅代ら (2002)

第Ⅲ部 「企業経営」の現状と地域農業における役割

表 9-2 企業農

事例	文献等の記載年次	従事者数(=役員数+従業員数)	役員(うち親族数)	季節雇用・研修生など	企業形態	設立年次	設立経緯	関連会社の概要	販売額	主な事業(事業別の販売額・生産高・面積・販売形態)
株式会社あいや	2003年(HP情報:2008~2009年)	約70人			株式会社	1950年:合資会社 1964年:株式会社			約34億円	・抹茶をはじめとする茶類の製造,卸販売
ベルグアース株式会社	2010年	約194人		160人	株式会社	1996年:山口園芸を法人化 2001年:有限会社山口園芸から分社化	・銀行からの融資を得やすくするため・社会からの信用を得て優秀な人材を確保するため従業員への社会的責任(つまり,社員全員の生活を保障する)を果たすため	株式会社山口園芸	約26億8,600万円	・野菜苗の生産,販売・種苗,農作物の仕入販売・バイオテクノロジーによる研究開発,など
株式会社上原園	2007年	約61人	5人	39人	株式会社				約19億円	・もやし,かいわれ等の生産
有限会社本葡萄園	2009年	6人			有限会社	1989年	経営管理を明確化するため	株式会社ぶどうの木 有限会社コンフィチュール・エ・ブロヴァンス	約4,000万円(グループ全体:約13億円)	・生産(ぶどう:2ha)・農産物加工(ぶどうジュース,ジャムなど)・ハーブ関連商品の製造と販売
有限会社トップリバー	2010年	約30人		50人	有限会社			佐久青果出荷組合	約10億6,000万円	・農家の育成,支援・野菜の生産,販売
株式会社キューサイファーム島根	2010年	約29人	2人	196人	株式会社			キューサイ株式会社	約8億円	・清涼飲料水の原料(ケール)の生産,加工,販売
有限会社船方総合農場	2001年(HP情報:2003年)	26人	5人(?)		有限会社	1969年	農業で生計を立てるため	株式会社みるくたうん(農業専従者数:28人,事業内容:乳製品・肉製品の加工販売) 株式会社グリーンヒルアトー(農業専従者数:5人,事業内容:都市農村交流・外食)	約7億5,500万円(グループ3社合計)	・生産(乳牛:約300頭,肉牛:約160頭,堆肥生産:約13万袋/年,水稲:約23ha,果樹:約1.7ha,鉢花:約66万鉢,花苗:約42万ポット,耕種作業受託:約12ha)
有限会社農マル園芸 有限会社アグリ元気岡山	2008年	約26人		80人	有限会社	1998年			約7億円	・生産(花,いちご,ぶどう,など),加工,販売・直売店や観光農園の運営,など
農事組合法人アグリコ	2008年	約8人		83人	農事組合法人				約5億6,600万円	・生産(きのこ,花苗,有機タマネギ)
有限会社六星生産組合(現:株式会社六星)	2001年(HP情報:2009年)	34人(HP情報)			株式会社	1977年	規模拡大と産地化,共同化を目的として		約5億円(1998年)	・生産(水稲,野菜)・農産物加工(もち,漬物),販売(直販,通販,スーパーなど)・直売店の経営,など
農事組合法人日進温室組合	2002年	約12人		22人	農事組合法人			農事組合法人日進温室組合ハーブセンタースマイルmama	約4億3,200万円	・生産(トマト,メロン,花苗),販売・ハーブ加工品の販売

3社存在し,最も早くに法人化を行った経営は 1942 年であった。その後 1960 年代に 3 社,70 年代に 3 社,80 年代に 8 社が設立されており,設立後 20 年以上経過している経営が全体の 57%(17 社)を占めている。その後 90 年代は 11 社,2000 年代は 2 社が設立されている。法人化の経緯としては,「後継者や従業員の雇用環境を整え,質の高い人材を確保するため」といった理由が多くみられた。また,「農産物の生産のみを行う従来の農家から,

第9章　企業農業経営の現状と特徴

業経営の概況 (2)

農産物加工	独自販売	農業生産資材関連	直売所等の運営	その他	資金調達先（自己資金・融資・投資）	出資者数（うち親族数）	経営戦略・ビジネスモデルの概要	文書化された経営理念・経営方針	文書化された経営目標・経営計画（計画種類・年次）	役員・従業員への採用・継承、能力向上、経営継承対策）	従業員人材育成の取組み（技術習得・継承、能力向上、経営継承対策）	農業経営におけるリスク管理の意識・取組み	情報通信機器の活用状況（コンピューター、携帯電話、デジカメ、各種センサー）	分類	発展過程	所在地	地域	文献
○	○							「お客様へ安心・安全・信頼をお届けする」「社業を通じて地元と茶産業の発展に寄与する」「適正利潤の基に社員の生活の安定と心の豊かさを目指す」						II	☆	愛知県	中部	新井 肇(2003)
		○					経営が成り立つ農業の実現							II	☆	愛媛県	四国	河野 靖ら(2010)
														II	△	栃木県	関東	『農業経営者』編集部
○	○													I	○	石川県	中部	小林雅裕(2009)
	○		○											II	△	長野県	中部	『農業経営者』編集部
○	○													II	◇	島根県	中国	山本善久ら(2010)
			○											II	○	山口県	中国	坂本多旦(2001)
○	○		○					農業のノーマライゼーション化（一般化）を目指す						II	○	岡山県	中国	『農業経営者』編集部(2008e)
														I	△	長野県	中部	門間敏幸ら(2008)
	○		○		JA, 銀行,公庫資金から調達			コメコミュニケーション精神：農業から生まれる安心で美味しい食の提供と、真の情報交換によって共感と信頼の絆を築き多くの人々の心豊かな生活に貢献する			外部の各種研修制度を活用	経営のリスク軽減のための複合化	パソコンの導入による情報収集等	II	○	石川県	中部	北村 歩ら(2001)
○	○							「稲は稲から学び,世の中のことは世の中から学べ」「自分が変われば,世の中が変わる」「人並みならば人並み、人並み外れにゃ外れぬ」						II	○	熊本県	九州・沖縄	後藤一寿ら(2002)

　新たなビジネス展開や経営の革新を目指すため」といったことも一因としてあげられる。その他には、「銀行からの融資を得やすくするため」や「社会的な信用獲得のため」、「先代の病気」などが契機となっていた。

　主な事業内容としては、農産物の生産、加工、販売はもとより、新品種の開発や苗の生産、種苗の輸入などの農業生産資材関連事業、直売所や宿泊施設、観光農園など関連施設の運営、農業者の育成・支援、経営情報システム

第Ⅲ部 「企業経営」の現状と地域農業における役割

表 9-2　企業農

事例	文献等の記載年次	従事者数(=役員数+従業員数)	役員(うち親族数)	季節雇用・研修生など	企業形態	設立年次	設立経緯	関連会社の概要	販売額	主な事業(事業別の販売額・生産高・面積、販売形態)
有限会社ホーティカルチャー神島	2008年(HP情報：2009年)	約9人		22人	有限会社	1987年			約3億1,000万円	・生産(バラ：年間約150万本、販売額の10%未満が市場出荷、90%超5市場外出荷)・バラの育種(品質改良)・商品企画、花束加工、販促品・カタログ販売など
有限会社カクタス長田	2010年	約8人	4人		有限会社	1987年	本格的なビジネス展開を目指した経営転換のため		約3億円	・サボテン、エアプランツ等の生産販売、輸出・種苗の輸入、海外委託生産、など
農業生産法人株式会社谷口農場	2009年	約16人	4人	38人	株式会社	1968年	従来の家族農業から脱却し、家族内の給料制を確立するため	株式会社旭川食品、株式会社アグリスクラム北海道、情熱ファーム北海道株式会社	約2億9,000万円	・生産販売(米、大豆、小豆、小麦、野菜など)・野菜、大豆関連製品の加工販売・レストラン、直売所、直営店の運営、など
農業生産法人有限会社アクト農場	2008年	約11人	2人	38人	有限会社				約2億5,000万円	・施設栽培野菜の周年生産、販売
有限会社オノマスカイサービス	2004年	13人	3人	60人	有限会社	1996年(前身：小島農業生産組合1986年)	前身組織を解散し経営展開の自由度を拡大するため		約2億4,000万円	・農作業の受託(約7,200ha)、請負耕作・特別栽培(はちみつ米・ほうれん草等)・農産物加工(えそ・もち)、無人ヘリによる業務(いもち防除・肥料・追肥の散布など)・直売所の運営、など
有限会社フクハラファーム	2010年	約19人	2人(2人)		有限会社	1994年	従業員の雇用を始めたため		約2億2,000万円	・米の生産(無農薬栽培、有機栽培など)、販売・小麦、大豆の生産・果樹(ナシ、ブルーベリー、ブドウなど)の生産、など
株式会社さかうえ	2010年	約34人	7人(5人)	3〜5人	株式会社	1995年	雇用環境(社会保険、労災保険、雇用保険など)を整え、従業員を確保するため		約2億500万円	・生産(ケール、ジャガイモ、サツマイモ等の契約栽培)、販売・牧草飼料(デントコーン)の生産、サイレージ加工・経営IT化システムの提供
農業生産法人株式会社みかん職人武田屋	2007年(HP情報：2010年)	約21人	6人		株式会社	1996年			約2億200万円	・みかんの生産、販売
農事組合法人和泉菅農組合	2006年	13人		13人	農事組合法人	1977年			約1億9,300万円	・生産(水稲：38ha・4,000万円、支：60ha、大豆：50ha・約2,500万円(支大豆合計)、キャベツ：5ha・約1,300万円(その他露地野菜含む)、電照菊：施設1ha・露地0.2ha、約7,200万円)

第9章　企業農業経営の現状と特徴

業経営の概況（3）

農産物加工	独自販売	農業生産資材関連	直売所等の運営	その他	資金調達先（自己資金・融資・投資）	出資者数（うち親族）	経営戦略・ビジネスモデルの概要	文書化された経営理念・経営方針	文書化された経営計画・経営計画書（計画種類・年次）	役員・従業員の採用・異動辞令の概要	従業員人材育成の取組み（技術習得、継承、職業能力開発大学校を活用した研修の実施・経営継承対策）	農業経営・農場管理における リスク管理の意識・取組み	情報通信機器の活用状況（コンピューター、携帯電話、デジカメ、各種センサー）	分類	発展過程	所在地	地域	文献
○	○	○								・正社員の募集方法（就職情報誌を用いた全国募集、ハローワークへの登録、新聞広告）	・正社員（長期雇用）に対する直接指導（施設建設から栽培技術まで）・職業能力開発大学校を活用した研修の実施	・取引先を一社に限定しない		I	△	岡山県	中国	横溝 功（2008）
	○													I	☆	静岡県	中部	菅野雅之ら（2010）
○	○		○					・経営理念：大地の健康を守り、作物の健康を養い、人の健康を育む農業の実践（三健農業の確立）・経営目標：経営多角化の相乗効果の発揮						I	☆	北海道	北海道	「農業経営者」編集部（2009c）
	○													I	☆	茨城県	関東	「農業経営者」編集部（2008b）
○												単一作目の規模拡大にこだわらず多様な事業を組み合わせる		I	○	宮城県	東北	工藤昭彦（2004）
								経営理念：地域農業の発展こそが社の繁栄と心得、「和・誠実・積極性・責任感」を持って、世に感動を与える仕事を実践する 経営方針：米を中心とする農畜産物作りのプロフェッショナルとして消費者や実需者が求める農産物をより良い品質で、安定的に生産販売する		従業員の増加に対応した社内体制の整備を実施	従業員の能力養成に向けた実験プロジェクトを研究機関と実施	研究機関との実験プロジェクトを通じて、GPS・センサー・カメラなどの情報技術の活用方策を検討		I	☆	滋賀県	中部	藤井吉隆ら（2010）
				○	農林漁業金融公庫、鹿児島銀行、宮崎銀行	5人（5人）		「大自然の恵みに感謝し、自己の成長を志し、全ての幸福を追求する」「旬をつかみ、幸せをプランし、自然の豊かさをお客様に届ける」「新しい農業価値を、創造し、地域・社会に貢献する」	「経営理念・目指す姿・行動指針・環境分析・経営基本戦略・3か年の事業ステージ・組織と役割・今年度の実行計画要約・今年度の重点テーマ・今年度の実行計画の10項目からなる経営指針書を2008年から作成	直接常時雇用による従業員の社員化を実施	独自に開発した工程管理支援システムを活用し人材育成を実施	気象条件に対するリスク管理として、ネット・硬質プラスチックハウスなどを導入	農業工程の管理システムを独自に開発、提供	I	☆	鹿児島県	九州・沖縄	坂上 陽（2010）
	○													I	☆	愛知県	中部	「農業経営者」編集部（2007g）
										規模拡大にあわせて常勤従業員を増加				I	○	愛知県	中部	神田多喜男（2006）

表 9-2　企業農

事例	文献等の記載年次	従事者数(=役員数+従業員数)	役員(うち親族)	季節雇用・研修生など	企業形態	設立年次	設立経緯	関連会社の概要	販売額	主な事業(事業別の販売額・生産高・面積・販売形態)
有限会社志木フラワー	2001年	6人	3人(3人)	4人	有限会社	1980年(就農：1970年)	雇用労働力の安定的な確保、企業としての信用を得ること		約1億8,175万円	・花卉生産(施設面積：約22,000m²)
有限会社グリーンちゅうず(現:株式会社グリーンちゅうず)	2001年	6人	4人(0人)	4人	株式会社	1991年	JAが組合員から預かった農地を速やかに再委託できる受け手を創出するため		約1億5,000万円	・生産(水稲約53ha、小麦：約6.1ha、販売額の約65%)・農作業全般の請負(販売額の約24%)、農地の管理、など
有限会社育葉産業	2008年(HP情報:2008年)	約37人			有限会社				約1億3,550万円	・みつばの水耕栽培
株式会社ぶった農産	2003年(HP情報:2005年)	約8人	5人(4人)	約38人	株式会社	1988年	後継者(現社長)の経営才能力を発揮するため	有限会社ブラウ：生産委託農家への生産資材供給、米の業者への販売	約1億3,000万円	・生産(水稲(特別栽培米)：約24ha、かぶ：0.7ha、大根0.5ha、大豆：0.1ha、ハウス(育苗)：0.3ha等)、農作業請負(水稲)、農産加工(漬物他)、販売(すべて直売、内訳：個人約70%、業者約30%)など
ジェイ・ウィングファーム	2008年	約8人	3人	7人	有限会社				約1億2,000万円	・作業受託(米、麦、雑穀、野菜)、農産物加工販売
飯塚農場	2003年	約10人		4人	個人経営	(先代入植：1948年、経営主就農：1960年)			約1億1,500万円	・生産(水稲：9.4ha・約2,100万円、スイカ：7.3ha・約6,000万円、ニンジン：5.4ha・約1,300万円、タラの芽：1.7ha・約210万円)・生協などの安定取引による販売

の提供など，幅広く事業を展開している。農産物生産以外の事業に着目すると，独自の販売（28社：約62%），農産物の加工（16社：約36%），直売所やレストラン等の運営（7社：約15%），農業生産資材関連事業（9社：約20%），その他研究開発や経営情報システムの提供，人材育成支援など多様な事業（4社：約9%）があげられ，多くの経営が事業の多角化を行っていることがわかる。

　次に，文書化された「経営理念・経営方針」を確認できた経営は18社（約40%）であった。内容に関しては様々であるが，「顧客重視」や「地域社会への貢献」といった内容が複数みられた。「役員および従業員への採用」に関して把握できた経営は9社（約20%）と少ないが，求人広告への掲載やHPの活用，合同説明会への参加等によって従業員の募集を行ってい

業経営の概況 (4)

農産物加工	独自販売	農業生産資材関連	直売所等の運営	その他	資金調達先(自己資金・融資・投資)	出資者数(うち親族数)	経営戦略・ビジネスモデルの概要	文書化された経営理念・経営方針	文書化された経営目標・経営計画(計画種別・年次)	役員・従業員への採用・異動評合の概要	従業員人材育成の取組み(技術習得・継承、能力向上、経営継承対策)	農業経営・農場管理におけるリスク管理の意識・取組み	情報通信機器の活用状況(コンピューター、携帯電話、デジカメ、各種センサー)	分類	発展過程	所在地	地域	文献
										68%が雇用労働力、新聞の折り込み広告で募集	研修生の受け入れ(実績:1978年から25人受入れ、そのうち15人が花農家として就農)、青年農業者の育成・埼玉県地域指導農家に認定(1993年)			I	☆	埼玉県	関東	富樫正起(2001)
								たのしく・ためになる・たまる	300ha以上の耕作		社員研修の実施(年1回、東南アジア諸国へ視察)			I	○	滋賀県	中部	須田俊治(2001)
														I	☆	大分県	九州・沖縄	「農業経営者」編集部(2008c)
○	○				自己資金	4人(4人)	・私たちの取り組みはお客様はもとより、生産者の皆様のためであること、・会社はその取り組みのための組織でありその取り組みを行う場である。・その取り組みを行うスタッフは、品質とサービスを高めるために価値ある行動を行う。			・正規社員の募集方法(求人広告への掲載、自社HP、合同説明会への参加など)		・自社HPの作成		I	☆	石川県	中部	酒井富夫(2003)
○	○													I	☆	愛媛県	四国	「農業経営者」編集部
	○													I	―	新潟県	東北	伊藤忠雄(2003)

た。同様に,「従業員人材育成（技術習得・継承,能力向上,経営継承対策等）への取組みの概要」に関して把握できた経営は8社（約18%）であるが,研修生の受け入れや社員研修,コンピュータを活用した育成システム等によって担い手の育成を図っていた。

　これまでの発展過程を見ると,農業内部から発展した農業経営は36社（約80%）であり,そのうち,1戸の家族経営（農家）から発展した経営が27社（約60%）,複数の家族経営（農家）で新たに設立した経営が9社（約20%）であった。一方,農業外部から参入した農業経営は8社（約18%）で,そのうち,他産業の企業が農業参入した経営が3社（約7%）,非農家出身の経営主が新たに設立した経営は5社（約11%）であった。

　最後に地域別に見ると,中部地方が16社（約36%）と最も多く,次いで

第Ⅲ部 「企業経営」の現状と地域農業における役割

表 9-2 企業農

事例	文献等の記載年次	従事者数(=役員数+従業員数)	役員(うち親族数)	季節雇用・研修生など	企業形態	設立年次	設立経緯	関連会社の概要	販売額	主な事業(事業別の販売額・生産高・面積、販売形態)
三浦農場	2003年	6人		12人	個人経営	(就農:1978年)		いきいき農場:生産者14戸のグループ、1980年発足、共同出荷	約9,000万円	・生産(キャベツ:10ha、レタス:6ha、スイートコーン:6ha、大根:6ha、生イモ:2ha、ハクサイ:2ha) ・独自ブランドで出荷
株式会社にいみ農園	2009年	7人	5人(5人)	15人	株式会社	2005年	・働く人のイメージ戦略・自身のモチベーションをあげるため		約8,300万円	・生産(ミニトマトの水耕栽培:ハウス面積1.5ha、露地野菜:0.35ha)、農産物加工 ・直販(販売額の約60%)、直売所の運営
有限会社ドリームファーム	2008年	7人	約6人		有限会社	2002年	家族や従業員の社会保障を考えて		約8,000万円	・生産(水稲:26ha、大豆:40ha、野菜・減:50.3ha、チューリップ:23万本) ・ショッピングセンター内の直売コーナーの運営、など
有限会社柑香園	2010年	約9人			有限会社	1952年	農業経営の近代化を目指したため		約7,000万円	・果物(みかん、レモンなど)の生産、加工、販売
有限会社ソメグリーンファーム	2010年	約7人			有限会社				約7,000万円	・生産(米・麦・雑穀・そば・ジャガイモなど)、販売
有限会社フラワーうき	2009年	約6人		1人	有限会社				約7,000万円	・生産(大豆、麦、パレイショ、コメ、試料イネ、花など)
梶谷農園	2007年	約6人		2人	有限会社	1998年	農業経営を家計と独立するため		約6,000万円	・生産(ハーブ、野菜)、販売
有限会社安曇野ファミリー農産	2009年(HP情報:2010年~)	約10人	4人		有限会社	1996年		ルーマニアに「KAMA LAND FRUCT S.R.L社」を設立	約5,200万円	・生産(リンゴ、西洋なし、ブルーベリーなど:約12ha) ・消費者への直接販売
株式会社二豊ファゾン	2008年	9人	3人	8人	株式会社	1994年	こだわって生産したものを独自に販売するため		約5,000万円	・生産(レタス、タマネギ、グリーンリーフ、ネギ、スイートコーン、コメなど)

注:1) 地域区分には、国内の地域を、北海道、東北、関東、中部、近畿、中国、四国、九州・沖縄に分ける「八地方区分」を用いた。
2) 数ヵ所に事業所や農場がある経営の所在地は、本社がある地域とした。
3) 「主な事業」項目の「販売」とは、JA等に出荷する以外に独自の販売ルートや市場等で販売しているものを意味する。
4) 「分類」項目の I は企業 I 農業経営(販売額:5,000万円以上、従業者数:6人以上)、II は企業 II 農業経営(販売額:3億円以上、従業者数:10人以上)を意味する。
5) 「発展過程」項目は、現在に至るまでの発展過程において、1つの家族経営(農家)から発展したものを○、複数の家族経営(農家)で新たに設立したものを◎、他産業の企業が農業参入したものを●とした。
6) 「株式会社あいべ」は、現在、茶の生産は行っておらず、原料は契約農家から仕入れている。ただし、創業から長年にわたり自社での茶の生産に取り組み、栽培ノウハウを確立し、契約農家

関東地方が 7 社(約 16%)であった。その他,東北地方が 6 社(約 13%),中国地方が 5 社(約 11%),北海道地方が 4 社(約 9%),九州・沖縄地方が 4 社(約 9%),四国地方が 3 社(約 7%),近畿地方は 0 社であった。最も企業農業経営が多く存在した都道府県は北海道と愛知県の 4 社であった。

第 9-3 図は,販売額と従事者数の関係性を表したものである。従事者数が多い経営ほど販売額が多い傾向がうかがえる。特に図中の A(株式会社雪国

第9章 企業農業経営の現状と特徴

業経営の概況（5）

農産物加工	独自の販売	農業生産資材関連	直売所等の運営	その他	資金調達先（自己資金・融資・投資）	出資者数（うち親族数）	経営戦略・ビジネスモデルの概要	文書化されたこだわった経営理念・経営方針	文書化された経営目標・経営計画（計画種類・年次）	役員・従業員への採用・異動辞令の概要	従業員人材育成の取組（技術習得・継承，能力向上，経営継承対策）	農業経営・農場管理におけるリスク管理の意識・取組	情報通信機器の活用状況（コンピューター，携帯電話，デジカメ，各種センサー）	分類	発展過程	所在地	地域	文献
										非農家主婦を集めて教育訓練しパートとして採用する				I	☆	岩手県	東北	金岡正樹(2003)
○	○		○		自己資金	3人(3人)		お客様の食卓に夢をお届けします					コンピューターの活用による購買履歴の管理やDMの作成，労務管理	I	☆	愛知県	中部	原 珠里(2009)
			○											I	☆	富山県	中部	金子いづみ(2008)
○	○													I	☆	和歌山県	中部	『農業経営者』編集部(2010c)
	○													I	☆	茨城県	関東	『農業経営者』編集部(2010d)
														I	◇	大分県	九州・沖縄	『農業経営者』編集部(2009d)
	○						有機農法思想							I	☆	広島県	中国	山田泰裕ら(2007)
			○							・研修希望者は口コミ，インターネットを通じた希望が多い	・非農家出身の研究生を受け入れ，独立就農させている(2007年までに7人，研修期間は4年間)			I	☆	長野県	中部	澤田 守(2009)
							・環境への負荷を軽減できる方法を追求する・安心，安全の付加価値にこだわった商品を提供する・生産者が生産物を知ることができる販売を心がける			・地域外部からの常勤労働力を求めて，リクルート社の転職情報誌で求人・東京での合同説明会でブースを設置・インターネットを活用した求人・2年目からは最低1品目の栽培作業責任者として配置，出荷販売管理責任者などすべての品目を担当した後に役員となる	・外国人研究生，実習生の受け入れ(インドネシアな)		・自社HPの作成・インターネットを活用した求人，求人サイトへの登録	I	○	香川県	四国	仙田徹志(2008)

したものを○，非農家出身の経営主が新たに設立したものを△。既存文献やHPには記載されていなかったものを一で示している。
へ営農指導を行っている。そのため，本章の分析対象とした。

まいたけ)，B（株式会社サカタのタネ)，C（カネコ種苗株式会社）は他の経営と比較して規模が大きい。これにD（ベルグアース株式会社）を加えた従事者数150人以上の4社を除いたものが**第9-4図**である。

第9-4図では，販売額と従事者数との間に強い正の相関があることが確認できる（相関係数=0.903）。従事者数を説明変数，販売額を被説明変数とする線形単回帰式の計測を行うと（決定係数=0.81），回帰係数の値から従

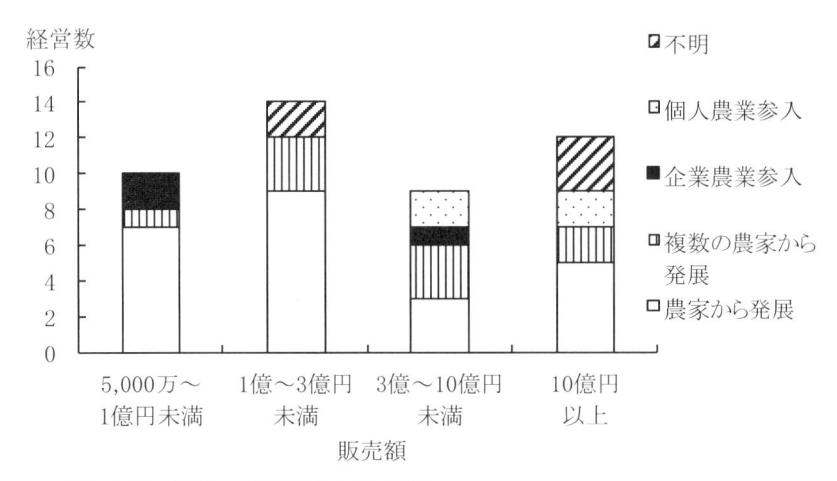

(176)　第Ⅲ部　「企業経営」の現状と地域農業における役割

第 9-1 図　経営の発展過程と販売額

注：1) 企業農業参入とは他産業の企業が農業参入した経営，個人農業参入とは非農家出身の経営主が新たに設立した経営である。

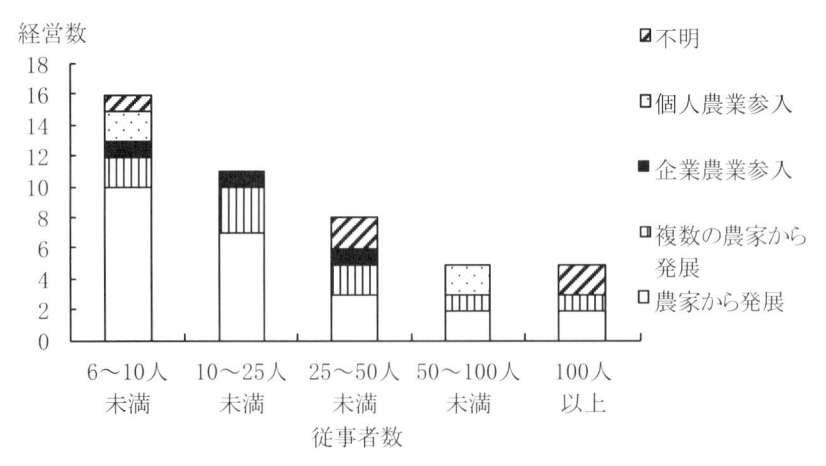

第 9-2 図　経営の発展過程と従事者数

注：1) 企業農業参入とは他産業の企業が農業参入した経営，個人農業参入とは非農家出身の経営主が新たに設立した経営である。

事者数が 1 人増えると販売額が 0.4 億円増加する傾向が確認できる。**第 9-4 図**において，特に規模が大きい経営は E（農事組合法人伊賀の里モクモク手づくりファーム），F（株式会社みかど育種農場，現：みかど協和株式会

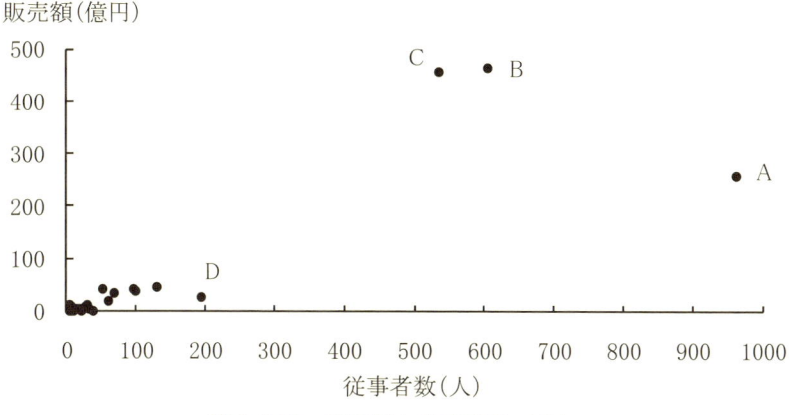

第 9 章　企業農業経営の現状と特徴　(177)

販売額(億円)

第 9-3 図　販売額と従事者数（Ⅰ）

販売額(億円)

$y = 0.4073x - 2.3012$
$R^2 = 0.8149$

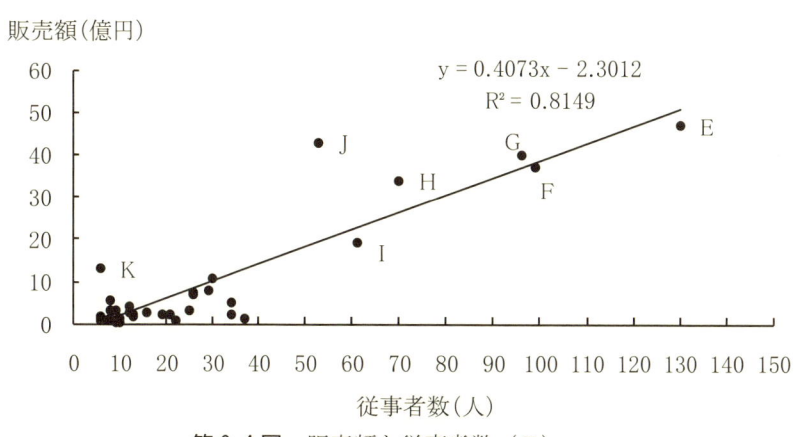

第 9-4 図　販売額と従事者数（Ⅱ）

社），G（株式会社大潟村あきたこまち生産者協会），H（株式会社あいや），I（株式会社上原園），J（株式会社ホーブ）である。なお，K（有限会社本葡萄園）の販売額約 13 億円はグループ全体の販売額であり，そのため従事者数に対して販売額が大きくなっている。

　これらの企業農業経営の共通点としては，B（株式会社サカタのタネ），C（カネコ種苗株式会社），D（ベルグアース株式会社），F（株式会社みかど育種農場，現：みかど協和株式会社），J（株式会社ホーブ）は農業生産資材関連事業を行っており，A（株式会社雪国まいたけ），E（農事組合法

人伊賀の里モクモク手づくりファーム），G（株式会社大潟村あきたこまち生産者協会），経営 H（株式会社あいや）は農産物生産以外に独自の販売，農産物の加工を行っている特徴がある。

(2) 農業内部から発展した企業農業経営の動向

上記で整理した企業農業経営の中から，「農業内部から発展した企業農業経営」と把握できる経営に焦点をあて，その動向を整理した。既存文献や農業経営の HP から把握できた「農業内部から発展した企業農業経営」は 36 社であった。これは，本章で対象とした企業農業経営の 8 割にあたる。これまでの発展過程で分類すると，1 戸の家族経営（農家）から発展した経営が 27 社（全体の約 60%），複数の家族経営（農家）で新たに設立した経営が 9 社（全体の約 20%）である。

まず販売額を見ると，約 5,000 万円から約 465 億円まで大きな幅があるが，全体の平均は約 40 億円であった。販売額の規模別にみると，5,000 万円以上 1 億円未満が 8 社（約 22%），1 億円以上 3 億円未満が 13 社（約 36%），3 億円以上 10 億円未満が 6 社（約 17%），10 億円以上が 9 社（約 25%）であり，販売額 3 億円未満の経営が約 58% を占める。

従事者数についてみると，一経営当たり 6 人から 962 人まで大きな幅があるが，平均約 86 人であった。規模別にみると，6 人以上 10 人未満が 12 社（約 33%），10 人以上 50 人未満が 16 社（約 44%），50 人以上 100 人未満が 3 社（約 8%），100 人以上が 5 社（約 14%）であり，従事者数 50 人未満の経営が約 78% であった。そのうち役員の平均は約 5 人，季節雇用者・研修生の平均は約 58 人で最も多い経営は 400 人であった。

販売額が 5,000 万円以上，従事者数が 6 人以上の企業Ⅰ農業経営は 23 社（約 64%），販売額が 3 億円以上，従事者数が 10 人以上の企業Ⅱ農業経営は 13 社（約 36%）であった。

企業形態としては，有限会社が 16 社（約 44%）と最も多く，次いで株式会社が 15 社（約 42%），農事組合法人が 3 法人（約 8%），個人経営が 2 社（約 6%）であった。設立年次をみると，1950 年代もしくはそれ以前に法人化を行った経営が 3 社（約 10%），最も早くに法人化を行った経営は 1942 年であった。その後 1960 年代が 3 社，70 年代が 3 社，80 年代が 7 社，

90年代は10社，2000年代は2社であった。

　主な事業として農産物の生産はもとより，加工，販売，農業生産資材関連事業，直売所や宿泊施設等の運営など様々である。農産物生産以外の事業を行っている経営を見ると，独自の販売（23社：約64%），農産物の加工（13社：約36%），直売所やレストランの運営（7社：約19%），農業生産資材関連事業（7社：約19%）その他研究開発や経営システムの提供，人材育成支援など多様な事業（3社：約8%）を行っている特徴があった。

　最後に地域別に見ると，中部地方が14社と最も多く，次いで関東地方，東北地方が共に6社であった。その他，中国地方，九州・沖縄地方は共に3社，北海道地方と四国地方は共に2社であった。

(3) 農業外部から参入した企業農業経営の動向

　次に，「農業外部から参入した企業農業経営」と把握できる経営に焦点をあて，その動向を整理した。既存文献や農業経営のHPから把握できた「農業外部から参入した企業農業経営」は8社であった。これは，本章で対象とした企業農業経営の約2割にあたる。これまでの発展過程で分類すると，他産業の企業が農業参入した経営が3社（全体の約7%），非農家出身の経営主が新たに設立した経営は5社（全体の約11%）である。

　まず販売額を見ると，約7,000万円から約430億円まで大きな幅があるが，全体の平均は約11億4,000万円であった。販売額の規模別にみると，5,000万円以上1億円未満が2社，1億円以上3億円未満が0社，3億円以上10億円未満が3社，10億円以上が3社であり，販売額3億円以上の経営が約75%を占める。

　従事者数は，一経営当たり平均約27人であった。規模別にみると，6人以上10人未満が3社，10人以上50人未満が3社，50人以上100人未満が2社，100人以上が0社であり，従事者数50人未満の経営が約75%であった。そのうち役員の平均は約5人，季節雇用者・研修生の平均は一経営当たり1人から196人まで大きな幅があるが，約67人であった。

　販売額が5,000万円以上，従事者数が6人以上の企業I農業経営は4社，販売額が3億円以上，従事者数が10人以上の企業II農業経営も4社であった。

企業形態としては，株式会社が4社，次いで有限会社が3社，農事組合法人が1法人であった。主な事業としては，農産物の生産以外に独自の販売を行っている経営が4社，農産物の加工が2社，農業生産資材関連事業が2社，その他農家の育成支援などの事業を行っている経営が1社であった。地域を見ると，北海道地方に2社，関東地方に1社，中部地方2社，中国地方2社，九州・沖縄地方1社存在した。

(4) 農業内部から発展した経営と農業外部から参入した経営の比較

以上を踏まえて，農業内部から発展した企業農業経営と農業外部から参入した企業農業経営の比較を行った（**第9-3表**）。販売額に関して，農業内部から発展した経営は販売額3億円未満の割合が約58%であるのに対し，農業外部から参入した経営は販売額3億円以上の割合が約75%である。従事者数については，いずれの経営も50人未満の経営が多い。また，農業外部から参入した経営に従事者数100人以上の経営は存在しない。そして，農業内部から発展した経営は企業Ⅰ農業経営の割合が約64%であるのに対し，農業外部から参入した経営は，企業Ⅰ農業経営の割合と企業Ⅱ農業経営の割合は共に50%であった。これらのことから，農業外部から参入した経営は，農業内部から発展した経営と比較して，経営全体の販売額および従事者1人当たり販売額の双方が共に大きい傾向であることが分かる。なお，農産物生産以外の事業に関しては，いずれの経営も独自の販売を行っている経営が最

第9-3表　農業内部から発展した経営と外部から参入した経営の比較

		農業内部から発展した企業農業経営：36社	農業外部から参入した企業農業経営：8社
販売額	5,000万円以上1億円未満	8社（約22%）	2社（約25%）
	1億円以上3億円未満	13社（約36%）	0社
	3億円以上10億円未満	6社（約17%）	3社（約37.5%）
	10億円以上	9社（約25%）	3社（約37.5%）
従事者数	6人以上10人未満	12社（約33%）	3社（約37.5%）
	10人以上50人未満	16社（約44%）	3社（約37.5%）
	50人以上100人未満	3社（約8%）	2社（約25%）
	100人以上	5社（14%）	0社
企業Ⅰ・Ⅱ農業経営の数	企業Ⅰ農業経営	23社（約64%）	4社（50%）
	企業Ⅱ農業経営	13社（約36%）	4社（50%）
農産物生産以外の事業	独自の販売	23社（約64%）	4社（約50%）
	農産物の加工	13社（約36%）	2社（約25%）
	直売所やレストランの運営	7社（約19%）	0社
	農業生産資材関連事業	7社（約19%）	2社（約25%）
	その他	3社（約8%）	1社（約12%）

も多く，次いで農産物加工を行っている経営が多かった。

（5）経営規模別に見た企業農業経営の特徴

最後に，販売額や従事者数といった各経営の規模に着目し，クロス集計から経営規模と経営状況の項目（経営の発展過程，事業内容など）との関係性を明らかにする。

まず，経営の発展過程と販売額との関係性を**第 9-5 図**に示した。販売額 5,000 万円以上 3 億円未満，10 億円以上では 1 戸の家族経営（農家）から発展した経営の割合が多く，3 億円以上 10 億円未満では複数の家族経営（農家）で新たに設立した経営の割合が多い。また，非農家出身の経営主が新たに設立した経営は，販売額 3 億円以上の経営が多く存在する。

次に，発展過程と従事者数との関係性を**第 9-6 図**に示す。従事者数 6 人以上 25 人，100 人以上では 1 戸の家族経営（農家）から発展した経営の割合が最も多い。複数の家族経営（農家）で新たに設立した経営に関しては 6 人から 100 人以上の経営まで様々である。一方，他産業の企業が農業参入した経営に関して，従事者数 50 人以上の経営はなかった。

さらに，上記で明らかとなった農産物生産以外の事業内容（独自の販売，農産物加工，農業生産資材関連事業など）と販売額，従事者数との関連性をみた（**第 9-7 図**，**第 9-8 図**）。その結果，いずれの販売額水準においても独自の販売や農産物加工を行っている経営の割合が多く，農業生産資材関連事業に関しては販売額 3 億円以上の層に多く見られた。また，事業内容と従事者数との関連性を見ると，独自の販売や農産物加工は従事者数が 6 人以上 100 人未満の経営で多くみられる。農業生産資材関連事業に関しては従事者数 50 人以上の経営で多くみられた。

最後に，農産物生産以外の事業（独自の販売，農産物加工，直売所やレストラン等の運営，農業生産資材関連事業）の有無や数と，販売額や従事者数との関係性をみた（**第 9-9 図**，**第 9-10 図**）。その結果，販売額 5,000 万円以上 3 億円未満では農産物生産のみを行っている経営や農産物生産＋1 部門の経営の割合が多い。また，販売額が増加するに従い農産物生産以外に販売や加工など農産物生産＋2 部門を複合的に行っている経営の割合が多くなることもわかる。

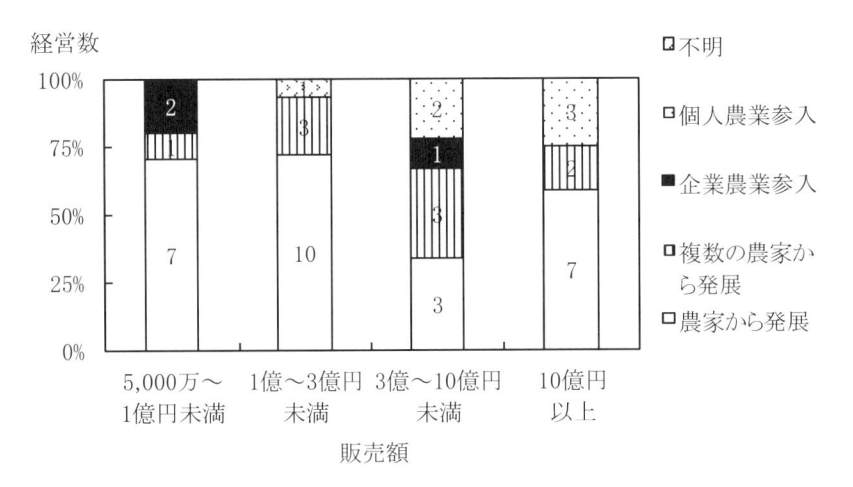

(182)　第Ⅲ部　「企業経営」の現状と地域農業における役割

第 9-5 図　発展過程と販売額との関係性
注：1）企業農業参入とは他産業の企業が農業参入した経営，個人農業参入とは非農家出身の経営主が新たに設立した経営である。

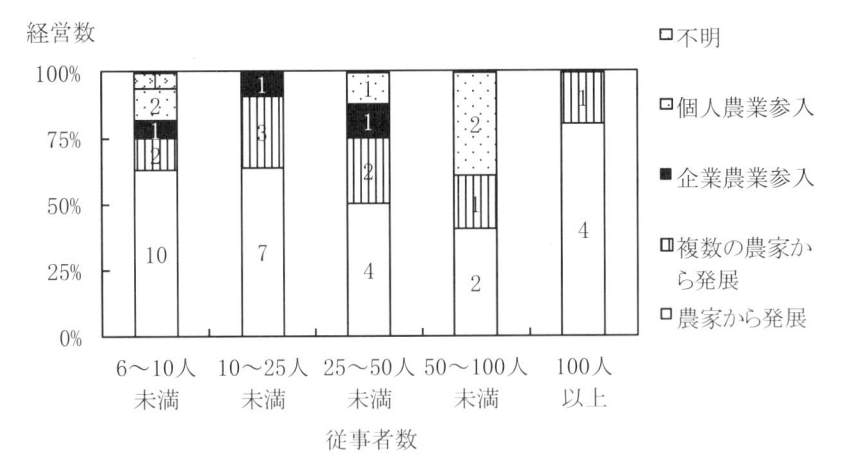

第 9-6 図　発展過程と従事者数との関係性
注：1）企業農業参入とは他産業の企業が農業参入した経営，個人農業参入とは非農家出身の経営主が新たに設立した経営である。

　従事者数との関係性については，従事者数が 6 人以上 10 人未満では農産物生産のみを行っている経営が多く，10 人以上 25 人未満では農産物生産＋1 部門を行っている経営の割合が最も多かった。そして，従事者数 25 人以

第9章 企業農業経営の現状と特徴 (183)

第9-7図 事業内容と販売額との関係性

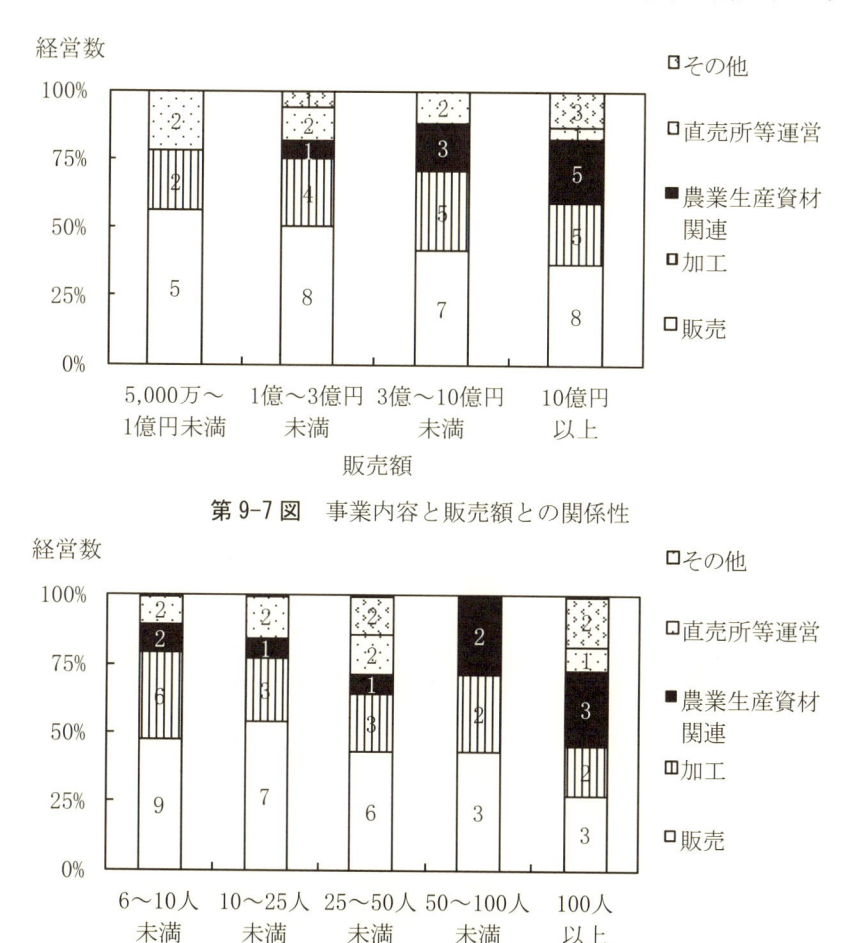

第9-8図 事業内容と従事者数との関係性

上の層では農産物生産＋2部門以上の経営が多く存在することも明らかとなった。

4. おわりに

本章では，既存文献に取り上げられている農業経営を対象に，販売額や従事者数から農業経営の分類を行い，全国的な企業農業経営の動向を把握した。

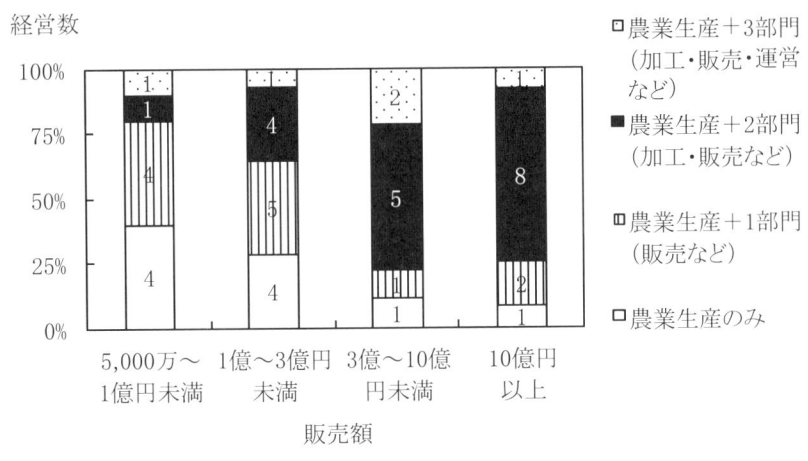

(184)　第Ⅲ部　「企業経営」の現状と地域農業における役割

第 9-9 図　事業多角化と販売額との関係性

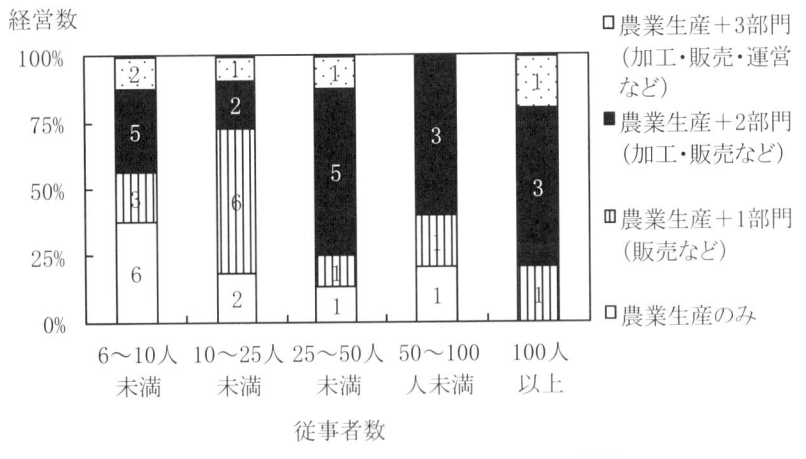

第 9-10 図　事業多角化と従事者数との関係性

そして，農業内部から発展した企業農業経営と農業外部から参入した企業農業経営の動向や経営規模との関係性について考察を行った。その結果，本章の分析対象とした 45 社の企業農業経営においては，販売額 1 億円を超える経営が約 8 割存在することを明らかにした。そして，それらの経営は，単に農産物の生産のみを行うだけではなく，農産物加工や独自の販売，農業生産資材の生産など，多角的で高い技術を要する事業を行っていることが明らか

になった。

　ところで，斉藤（2010）[45]はアメリカ農業における家族農場の企業化実態に関して，農場面積というファームサイズでみた企業化の兆候は明確ではないとしている。このことは，企業農業経営の規模指標としては，ビジネスサイズが妥当であり，農産物販売額がその指標となることを意味している。アメリカにおいては，農産物販売額100万ドル以上の農場を「ミリオンダラー農場（million-dollar farms）」とし，ひとつの社会的ステイタスとしてアメリカ農業のリーディング農場と位置付けている。過去5年間の為替レートは1ドル80〜120円程度であり，この販売額は日本円で約8,000万円〜1億2,000万円に相当し，平均すれば約1億である。

　我が国の農業経営はアメリカやEUと比較して，その規模が零細であることが絶えず指摘されている。農業経営規模を作付面積で見れば，その指摘は妥当なものである。しかし，農業経営規模を作付面積でなく販売額で見た場合，我が国においてもアメリカのミリオンダラー農場に劣らない「大規模農場」が一定の層として形成されつつあるといえるのではないだろうか。また，日本型の「企業農業経営」は，原料生産に特化した「大規模農場」ではなく，農産物生産以外に複数の関連部門（事業）を保有することで，付加価値の高い事業展開を行っている点に，国際的に見た場合の特徴が見出せるのではなかろうか。また，「企業経営」という意味では，事業多角化を行っている日本型の「企業経営」の方が，原料生産に特化した「大規模農場」よりも，高度な経営管理が要求されているのではないのだろうか。こうした仮説の実証的な検証は今後の課題である。

　なお，斉藤（2010）[45]は，アメリカでは，家族によって所有される農場が，「family farm」であることを指摘している。この基準に従えば，本章で取り上げた「企業農業経営」の多くは「family farm」に分類されるかも知れない。これに対して，我が国では農場の所有関係ではなく，農業専従者数の家族関係・雇用関係や農産物等の販売額（あるいは売上高）などに着目して，「家族経営」を定義することが一般的である。このように，我が国の「家族経営」と欧米の「family farm」とは，概念的に別のものである点に留意する必要がある。この点についての国際的な視点からの概念整理や実態解明は，今後に残された課題である。

注：1）本章は竹内・南石（2010）[52]をもとに，分析対象とする既存文献を増やし，大幅に加筆修正を行ったものである。
注：2）その他の基準として，農産物等の販売額1億円以上が基準とされる場合もある。
注：3）農林水産省の定義によると「農業専従者」とは，農業従事者（15歳以上の世帯員で年間1日以上自営農業に従事した者）のうち，自営農業に従事した日数が150日以上の者，を意味する。本章の調査対象とした企業農業経営の多くは法人経営であり，「農業専従者」は実情にそぐわない。そこで，本章では役員数と従業員数の和がこれに代わるものとし，「従事者数」と表記する。ただし，竹内・南石（2010）[52]では木村（2008）[13]との整合性を重視して「農業専従者数」を用いている。
注：4）本章では，畜産農家や農産物加工，直売所・レストランの運営のみを行っている経営は対象外とした。
注：5）季節雇用者や研修生は，従事者数には含まないものとした。また，「企業形態」の項目について，法人化を行っていない農業経営は「個人経営」と表示する。
注：6）「役員」「季節雇用者・研修生」については，把握できた農業経営のみの平均値である。

［参考・引用文献］

[1]新井　肇（2003）：「安全・安心第一の経営理念と品質で勝負する革新的経営」，『バイオビジネス2―起業と伝統革新の挑戦者―』，家の光協会，pp. 51-70.
[2]藤井吉隆・福原昭一（2010）：「米生産・販売による大規模水田作経営の展開と従業員の能力養成」，『農業および園芸』，86（1），pp. 163-168.
[3]原（福與）珠里（2009）：「家族経営に参入する女性のキャリア形成と共同経営者としての役割」，『日本農業経営年報 No. 7　農業におけるキャリア・アプローチ』，農林統計協会，pp. 77-89.
[4]井形雅代・門間敏幸・木原高治・後藤一寿（2002）：「国際化と技術力でバイオ競争に挑む」，『バイオビジネス―トップランナーへの軌跡―』，家の光協会，pp. 145-168.
[5]石岡宏司・宮林茂幸（2003）：「祖父から受け継ぐクリエイティブ精神を生かした林業経営」『バイオビジネス 3―本物技術と顧客満足の追求者―』，家の光協会，pp. 29-59.
[6]市川　治・大場裕子（2010）：「農作業受託による運輸業からの企業参入」，『農業および園芸』，86（1），pp. 209-212.
[7]伊藤忠雄（2003）：「多世帯家族経営の展開論理と経営成長」，『日本農業経営年報 No. 2　家族農業経営の底力』，農林統計協会，pp. 114-122.
[8]後藤一寿・門間敏幸・木原高治・井形雅代（2002）：「経営・作業記帳は企業的農業経営確立の原点」，『バイオビジネス―トップランナーへの軌跡―』，家の光協会，pp. 55-90.
[9]金岡正樹（2003）：「多様な雇用導入で効果的な経営」，『日本農業経営年報 No. 2

家族農業経営の底力』, 農林統計協会, pp. 44-50.
[10] 金子いづみ (2008)：「農業雇用の新たな局面」,『日本農業経営年報 No.6 雇用と農業経営』, 農林統計協会, pp. 150-165.
[11] 菅野雅之・門間敏幸・吉永貴大 (2010)：「趣味の世界からビジネスへ，豊富な知識と経験を元に他の追従を許さない独自のビジネスモデルを確立」,『バイオビジネス 8 —経営者個性がもたらす企業革新—』, 家の光協会, pp. 13-34.
[12] 神田多喜男 (2006)：「園芸導入で水田作経営の新たな展開」,『日本農業経営年報 No.5 新たな方向を目指す水田作経営』, 農林統計協会, pp. 55-67.
[13] 木村伸男 (2008)：『現代農業のマネジメント—農業経営学のフロンティア—』, 日本経済評論社, pp. 1-189.
[14] 北村 歩・種本 博 (2001)：「水田作複合経営」,『日本農業経営年報 No.1 農業経営者の時代』, 農林統計協会, pp. 167-181.
[15] 小林雅裕 (2009)：「農業後継者から企業家へ」,『日本農業経営年報 No.7 農業におけるキャリア・アプローチ』, 農林統計協会, pp. 146-156.
[16] 河野 靖・山口一彦 (2010)：「先端施設による大規模野菜苗生産型経営」,『農業および園芸』, 86 (1), pp. 182-187.
[17] 工藤昭彦 (2004)：「土地利用の組織化と連携した大規模法人経営体の展開論理」,『日本農業経営年報 No.3 地域営農の展開とマネジメント』, 農林統計協会, pp. 203-213.
[18] 門間敏幸・安江紘幸 (2008)：「大胆な経営戦略と緻密な経営管理で, きのこビジネスの最先端経営を実現」,『バイオビジネス 7—常識をくつがえす経営者とは—』, 家の光協会, pp. 127-155.
[19] 南石晃明 (2011)：『農業におけるリスクと情報のマネジメント』, 農林統計出版, pp. 1-448
[20] 新部昭夫・門間敏幸 (2003)：「高い種苗開発技術と徹底した顧客本位の販売戦略で世界のトップ企業に躍進」,『バイオビジネス 3—本物技術と顧客満足の追求者—』, 家の光協会, pp. 93-129.
[21] 新山陽子 (2001)：「農場拠点の総合的多角化経営」,『日本農業経営年報 No.1 農業経営者の時代』, 農林統計協会, pp. 34-47.
[22]「農業経営者」編集部 (2007a)：「新・農業経営者ルポ/第 42 回」,『農業経営者』, 2007 年 12 月号, pp. 8-13.
[23]「農業経営者」編集部 (2007b)：「新・農業経営者ルポ/第 40 回」,『農業経営者』, 2007 年 10 月号, pp. 8-13.
[24]「農業経営者」編集部 (2007c)：「気になる!? 農業関連銘柄」,『農業経営者』, 2007 年 7 月号, p. 26.
[25]「農業経営者」編集部 (2007d)：「あの商品この技術 33」,『農業経営者』, 2007 年 7 月号, pp. 70-73.
[26]「農業経営者」編集部 (2007e)：「農・業界 世界もやし・スプラウト大会開催」,『農業経営者』, 2007 年 6 月号, p. 36.
[27]「農業経営者」編集部 (2007f)：「厳選したトラクタ 5 台で規模拡大の基盤を築く」,

『農業経営者』，2007 年 4 月号，p. 22.
[28]「農業経営者」編集部（2007g）：「「えひめガイヤファンド」から 2000 万円調達」，『農業経営者』，2007 年 4 月号，p. 36.
[29]「農業経営者」編集部（2008a）：「事例紹介　新規顧客を呼び込むエンタメ農場 Case. 2」，『農業経営者』，2008 年 12 月号，pp. 20-22.
[30]「農業経営者」編集部（2008b）：「特別レポート　土地利用型から施設利用型へ」，『農業経営者』，2008 年 10 月号，pp. 48-51.
[31]「農業経営者」編集部（2008c）：「農産物の買い手も加え，日本 GAP 協会の新体制がスタート」，『農業経営者』，2008 年 9 月号，p. 39.
[32]「農業経営者」編集部（2008d）：「価格低迷に何を思い，どのように対応するか」，『農業経営者』，2008 年 8 月号，pp. 16-18.
[33]「農業経営者」編集部（2008e）：「新・農業経営者ルポ/第 49 回」，『農業経営者』，2008 年 7 月号，pp. 8-13.
[34]「農業経営者」編集部（2008f）：「誇りと夢」，『農業経営者』，2008 年 7 月号，pp. 56-58.
[35]「農業経営者」編集部（2008g）：「特集　ニッポン農業の新旗手たち」，『農業経営者』，2008 年 2 月号，p. 17.
[36]「農業経営者」編集部（2009a）：「新・農業経営者ルポ/第 64 回」，『農業経営者』，2009 年 10 月号，pp. 8-13.
[37]「農業経営者」編集部（2009b）：「編集長インタビュー」，『農業経営者』，2009 年 10 月号，pp. 36-38.
[38]「農業経営者」編集部（2009c）：「新・農業経営者ルポ/第 63 回」，『農業経営者』，2009 年 9 月号，pp. 10-15.
[39]「農業経営者」編集部（2009d）：「事例紹介　なぜこの農場には人材が芽生えようとするのか　Case. 3」，『農業経営者』，2009 年 2 月号，pp. 22-24.
[40]「農業経営者」編集部（2010a）：「東北農業を牽引する経営者に成功の秘訣を見る　Case. 2　東北農業の情勢の変化を読み規模拡大に取り組んだ経営者」，『農業経営者』，2010 年 10 月号，p. 29.
[41]「農業経営者」編集部（2010b）：「事例紹介　生産履歴データ活用で経営課題を解決　Case. 1　栽培計画」，『農業経営者』，2010 年 9 月号，pp. 24-25.
[42]「農業経営者」編集部（2010c）：「新・農業経営者ルポ/第 72 回」，『農業経営者』，2010 年 6 月号，pp. 8-13.
[43]「農業経営者」編集部（2010d）：「我が道をゆく農業経営者たち　Case. 2」，『農業経営者』，2010 年 2 月号，p. 22.
[44]大室健治・門間敏幸（2006）：「単なる生業としての茶農家から革新的家業としての茶ビジネスへ」，『バイオビジネス 5―こだわり商品の追求者―』，家の光協会，pp. 25-52.
[45]斉藤　潔（2010）：「アメリカ農業にみる家族農場の変容と企業化実態」，『農業および園芸』，86（1），pp. 151-162.
[46]酒井富夫（2003）：「家族農業経営の株式会社化」，『日本農業経営年報 No. 2　家

族農業経営の底力』,農林統計協会, pp. 132-141.
- [47]坂本多旦(2001):「総合生命産業の創造をめざして」,『日本農業経営年報 No.1 農業経営者の時代』,農林統計協会, pp. 25-33.
- [48]坂上 隆(2010):「契約栽培による大規模畑作経営」,『農業および園芸』, 86(1), pp. 175-181.
- [49]澤田 守(2009):「農業法人への研修によるファースト・キャリア形成」,『日本農業経営年報 No.7 農業におけるキャリア・アプローチ』,農林統計協会, pp. 67-76.
- [50]仙田徹志(2008):「野菜作における季節雇用型経営のマネジメント」,『日本農業経営年報 No.6 雇用と農業経営』,農林統計協会, pp. 100-116.
- [51]須田俊治(2001):「地域農業の最後の砦,地域農業サービス事業体の経営展開」,『日本農業経営年報 No.1 農業経営者の時代』,農林統計協会, pp. 230-241.
- [52]竹内重吉・南石晃明(2010):「家族経営から発展した企業農業経営の現状」,『農業および園芸』, 86(1), pp. 143-150.
- [53]富樫正紀(2001):「高品質オリジナル商品の創出をめざして」,『日本農業経営年報 No.1 農業経営者の時代』,農林統計協会, pp. 65-73.
- [54]涌井 徹(2010):「米の生産・加工・販売による米ビジネス一貫経営」,『農業および園芸』, 86(1), pp. 169-174.
- [55]山本善久・竹山孝治・津森保孝(2010):「食品産業の農業参入における経営発展過程とビジネスモデル」,『農業および園芸』, 86(1), pp. 196-203.
- [56]山田崇裕・井形雅代・津田昌直(2007):「地域を愛する心と世界を飛び回る情熱で新たな需要を創造する」,『バイオビジネス 6―経営哲学が支える企業成長―』,家の光協会, pp. 63-91.
- [57]横溝 功(2008):「施設園芸における周年雇用型経営のマネジメント」,『日本農業経営年報 No.6 雇用と農業経営』,農林統計協会, pp. 90-99.

第10章 企業経営と地域農業発展
―地域資源の活用と経営間連携―

津田　渉・長濱健一郎

1. はじめに―課題の射程と限定

　本章では，家族小農経営（家族による生産手段の所有と家族労働による経営）から資本制的農業経営（資本賃労働関係による経営）への成長，革新が果たされているかという古典的な命題からのアプローチではなく，現に日本農業が直面している経営問題，つまり，農家世帯による日本的な家族経営の継承性の動揺とそのあり方[注1]，フードシステムの変化に対応した経営構造の確立および経営マネジメントの必要性から要請される経営革新という2つの視角から，秋田の企業経営の実情を中心に整理し，特に後者と地域農業発

第10-1表　企業

事例名称		藤岡農産	農事組合法人たねっこ
地域		秋田県北秋田市	秋田県大仙市
企業形態		有限	農事組合法人
経営の性格		個人企業	組織企業
設立年		現法人は1997(平成9)年 自家農業就農1975(昭和50)年	2005(平成17)年
社歴		14年	7年
資本金		2300万円	3500万円
水田経営面積 (経営耕地面積)		42.2ha(水稲35.7, 大豆0.5, 新規需要米(えさ))	約278ha
作業受託面積		25ha(水稲15, 大豆10)	25ha(大豆作業5ha, 大豆乾燥調製のみ20ha)
主な作目・商品・事業		精白米, もち, 味噌など	水稲, 水稲原種, キャベツ, ブロッコリー等野菜, 花, 大豆, 大豆採種等
収入等		約1億円 (交付金等込みで約1億1000万円)	約1億2500万円 (交付金等込みで約2億1000万円)
労働力	常時労働力	7	4～11月期16(12～3月期6)
	うち役員	1	6(12～3月期1)
	うち従業員	6	10(12～3月期5)
	パート	0	91(実人数)
食用米・農産物の 特徴的な栽培方法		無農薬(あいがも)栽培, 低農薬栽培 自社ブランド(あいかわこまち, 商標登録)	イオンとの契約栽培(特別栽培米) (イオンGAP, 飯米相当分以外全量) 米原種, 採種栽培, 大豆採種栽培
米・農産物の販売 チャネルと特徴	主なチャネル	卸売, 直販	契約栽培, 農協出荷
	チャネルからみた 事業システム	自社の精白米を選んでくれる飲食店を中心に業務用販売, 独自のサプライチェーン	広域法人を支えるためにより有利なチャネルを選択, 農協との関係も重視
今後の主な経営重点化方向		業務用の個々の顧客と持続的な取引関係を作る, 販売量拡大ではない。あくまで, 米にこだわる。	地域活性化のための交流事業や農産加工(大豆, カット野菜)も計画。地域内雇用を増やす方向

資料：聞き取り調査により作成

展の連関について，読み解いていく。

「企業」を，本章では「生産手段の所有と労働の分離」を重視した概念として考える注2)。そのような意味で，本稿の対象事例の経営は，農業に関連する企業経営か，企業的経営のいずれかであると考えている。

　生産手段の所有と労働の分離をメルクマール（基準）とすれば，厳密には，本章で取り上げる「（株）秋田ニューバイオファーム」と「（有）イズミ農園」は企業経営（上記の「分離」がほぼ完全）といえる。「（有）藤岡農産」と「農事組合法人たねっこ」は，家族経営ではないが，経営者自らも農作業に携わるという意味では「企業的」な経営である。とくに「たねっこ」は農事組合法人であり，運営や利益配分の構造からいっても，「組合企業」という中間的性格も持つ（**第10-1表**参照）。

　とはいえ，現在の環境下では，いずれの事例も「農家的」ではなく，より「企業」に近い意思決定や経営実践を追求している存在であり，「地域」の

経営の概要

	秋田ニューバイオファーム	イズミ農園
	由利本荘市	山梨県北杜市
	株式会社	有限
	農事組合法人設立時の役員2名による共同企業	個人企業，販売会社，カット企業など関連会社あり
	1987年（前身の農事組合法人）	現法人は1989年設立（新規参入80年）
	現法人（株式会社）は2005年以降，6年目	22年
	8060万円	400万円
	0.3ha（どぶろく用） 畑・樹園地8.5ha（桃野地区菜の花3.5ha，ハーブワールド周辺菜の花4ha，ぶどう園0.5ha，ハウス3棟0.5ha）	49.3ha（所有2.3，うち水田0.3）
	なし	なし
	経営耕地はすべて借地	
	きりたんぽ，比内地鶏スープ，リンゴジュース，ハーブアイスクリーム，菜の花油等，レストラン，岩盤浴温泉施設，ハーブ体験工房，ハーブ苗仕入れ販売，観光農園	レタス類で5～60%，タマネギ，ニンジン等 野菜カット加工（関連会社）
	5.5億円（21年度決算）	2.4億円
	22（東京含む）	18
	6	3
	18	15
	25（実人数）季節ピーク時50人	20人（実人数，6～12月期）
	特になし	諸有機農法や工学の技術を組み合わせ，ボカシ肥料など土作りの面等で特徴がある。
	直販，卸売 観光農園等での直販，加工食品卸売による6次産業タイプ	外食業などへの直販，全農委託 現在は伊藤忠商事系列との取引で70% 本社生産だけでなく，全国各地の契約農家からの出荷，提携農場での生産を合わせ，周年供給。独自のサプライチェーンを作る。
	新しい加工商品の開発とともに地域資源の有効活用（菜の花等）にも力を入れていく。	現路線を継続。食べ物としての農産物をいかに商品化するかという基本視点からの生産，販売戦略。業務用等に求められる新品目発掘。

なかで，あるいは全国的に見ても，注目される経営体である。そのような意味で，本稿の対象事例を企業経営の範疇に含め，分析を行うこととしたい。

　本章では，2010（平成 22）年度日本農業経営学会研究大会　秋田大会地域シンポジウムにおける議論を受けて，それぞれの事例の経営の特徴をふまえながら，企業経営者の考える地域農業との関係，それぞれの事例の経営展開が地域農業に及ぼしている影響などを考察し，秋田県という環境を中心とした視点にはなるが，課題へのアプローチを行いたい。

2．企業経営の展開

　以下，本章で取り上げる企業経営の概要（**第 10-1 表**）も参照しつつ，述べていく。

(1)　（有）藤岡農産

1）農家から会社へ

　（有）藤岡農産の藤岡茂憲社長は 1952（昭和 27）年生まれ。高卒後，地域（旧合川町李岱，現北秋田市）に入るが，家業を継ぐという意志を決めかね，登山家を目指して，長野県の山小屋で働き，その後，人生の出会いを求めて 2 年近く旅を経験，心の整理がつき，1975（昭和 50）年，23 歳で就農。

　地域は，73～74 年に圃場整備がおわり，機械化も進み始めていた。父には経営を譲ってもらい（父は勤めへ），自らの手で複合経営化を進める（水田自己所有は 1ha）。転作で飼料をつくり，最盛期は繁殖和牛 20 頭，子牛 10 頭の規模，育苗あとのハウスに野菜（主にメロン，最盛期は 15 坪が 4 棟），冬場は長野のスキー場に出稼ぎという形態だった。これを昭和年代の間は続けていた。しかし，牛肉輸入自由化の一方で，あきたこまちが登場して米の品質が向上し，特に中山間地に位置する合川は秋田県一本の共計の中でも特 A ランクの良い米という評価が得られていた。地区では，次第に農業リタイアが出始め，それを契機に作業受託で稲作の規模拡大を目指すようになった。

　農協に販売し，規模拡大という路線は長くは続かないと考え，規模拡大が借地でできるようになったのを好機として（昭和年代で 10ha），会社化，

第 10 章　企業経営と地域農業発展　(193)

法人化を考えた（規模拡大して雇用を行なうには社会保障制度，他産業なみの賃金を出せるような仕組みが必要）。また，家族経営は経営が傾くときに家族を犠牲にすると考えた上での，会社化でもあった。

地域では一気に高齢化も進み，専業的な 3 人に 80ha の水田が集まる情勢になっていた。

2）藤岡農産の概要

1997（平成 9）年有限会社設立。稲作付け 16.5ha，大豆 2.5ha，稲作業受託 30ha だった。2003（平成 15）年には水稲作付が 30ha を超えた。現在は稲作付け 35.7ha，大豆 0.5ha，新規需要米（飼料米）6ha，稲作業受託 15ha，大豆作業受託 10ha（所有地 10ha 以外の農地は地域 80ha 水田の約 4 割を集積したもの）になっている。この他，もち加工，味噌（委託）等を合わせ，約 1 億円の売り上げである。

2005（平成 17）年に鷹巣町，森吉町，阿仁町と合併し北秋田市へ。この合併で水田転作が他地区でとも補償に肩代わりしてもらいやすくなったことも，今日の規模で稲作を続けられる要因である。

3）ものづくりから販売までの一貫した戦略づくり

農協販売でのあきたこまちの高価格は続かないと見た藤岡氏は，1991（平成 3）年ころから，販売先の開拓を進めながら自家精米による白米販売に切り替えていった。そして**第 10-1 図**[注 3]に示したように，会社設立後数年にして，米売り上げに占める玄米の農協委託販売はなくなり，東京都内を中心とした飲食店向けの業務用白米と通販などによる一般家庭向けによる販売体制を確立した。玄米販売は産地に付加価値が残らないし，消費者は食べ物としてのご飯を食べているのだから，産地も食べ物を売る意識，製品作りが必要だと考えたからだ。藤岡農産で意識的に取り組まれてきたことは，以下のようにまとめられる。米づくりの基本は土づくりで，収穫後わら，籾殻，米ぬかをすき込み，天地返しを行っている。これにより翌シーズンの稲の生育がよくなり，肥料，農薬は慣行の三分の二程度ですむようになった。また，合鴨農法による無農薬栽培も取り入れている。さらに，元々評価の高かった旧合川町産のあきたこまちの評価の高さを活かすため，自社ブランド「あい

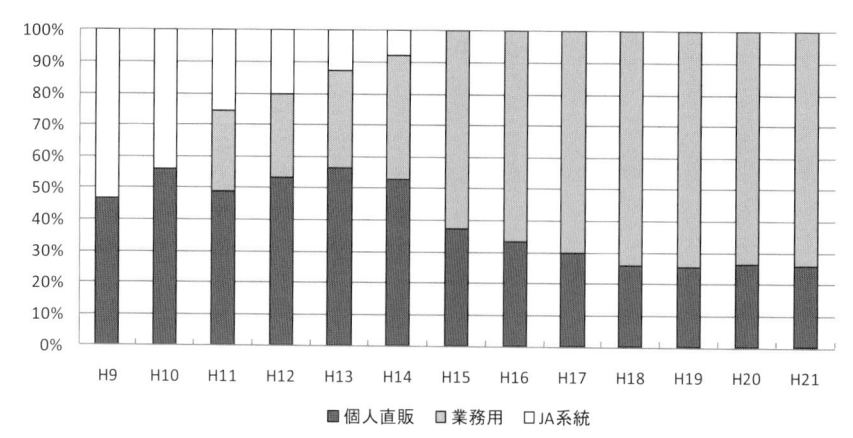

第10-1図　藤岡農産の販売先別売上構成の推移
資料：上田賢悦氏作成，原資料は藤岡農産財務資料

　かわこまち」を商標登録した〈2000（平成 12）年〉。あきたこまちという品種ではなく，「あいかわこまち」という地域限定の自社にしかないブランドを創り上げる戦略である（第 10-1 写真）。

　販売は，スーパー，コンビニ等ではなく，「藤岡農産のお米はおいしい」と評価していただける顧客を探すことにこだわり，飲食店等の業務用販売を軸としていった。2001（平成 13）年にはインターネット販売も開始，ホームページに訪れる顧客のために自社圃場のライブカメラ映像の Web 配信（2003）を開始し，業務用顧客の開拓や迅速な販売対応のために東京在中の営業マンを雇用した。リテールサポートとして注意を払っているのは，栽培方法の明確な説明，希望価格を明示し，試食も行い，商品に納得して購入していただく，欠品を出さない（精米，発送作業はほぼ毎日行っている），顧客の多様な注文に素早く応じること，などであり，これにより顧客との持続的な関係を維持していくことを重視している。

　さらに，毎年 4 月までに販売見込み量を決め，生産予定数量と販売単価を

第 10-1 写真　藤岡農産の水田と「あいかわこまち」

あらかじめ決めてから，播種作業を始めている。会社設立のときから，採算のとれる価格を算出し，その価格で購入してくれる顧客を見つけていくという考え方で経営計画を立てた。そのために米づくりから，販売戦略までを組み立ててきたという。そういう意味で，農業も一般製造業と同じ経営マネジメントをしなければ成り立っていかないと考えている。価格は個人の消費者と業務用の飲食店で幅があるが，10 kg 4,000 円台から 6,000 円で，この間ほとんど変えていない。

最後に，雇用についての方針である。現在の雇用は**第 10-1 表**に見るとおりだが，アルバイトやパートの人員はなく，すべて月給制の正規雇用（社会保険，退職金あり）で，60 歳定年とし，65 歳まで再雇用とできると決めている。必要に応じて小論文による昇給試験も行っている。

以上のように藤岡農産の経営は，商品づくりから顧客とのコミュニケーションまで，一貫した戦略を採用し，特に，自社の食品を確実に収益につなげるためのサプライチェーンを独自に構築しているところに大きな特徴がある。

4）地域農業との関係性

旧合川町地域では農協を中心として，中山間地域の農業発展のために，畜産や園芸に取り組んできた歴史があり，藤岡氏は，それらに積極的に取り組み，複合化を進めてきた地域の貴重な担い手のひとりだったといえる。その藤岡氏が，担い手として新しい道を選択する際に選んだのが，比較優位にある合川の米というブランドに目をつけたことであり，同時に，独自の販売戦略を築くことだった。そこには，上述のように，意思決定した経営判断がすべてマーケティングの基本原則をぴたりと押さえたものだという手腕の確かさがある。

とはいえ，藤岡農産は，地域や農協とは良好な関係を保ち続けている。藤岡農産の規模拡大は全て地域の水田で行われており，地域の信頼なくしては不可能だった。また，農協とは資材購入等を通じて太いパイプがある。

藤岡農産は，これまで築いてきた経営のあり方を今後も継続しながら，個人企業として，地域農業の担い手として確かな地歩を固めている。藤岡氏は，今日の農業・農村がおかれた環境を変革の時代と位置づけ，農業経営者として農業哲学が問われていると認識し，4 つの共生を理念として掲げている。

1つは，農業として「自然と共に生きる」，2つは，消費者である「食べる人と共に生きる」，3つは経営に雇用されている「働く人と共に生きる」（農業を真剣にやりたい者が誰でもやれる環境づくりがその第一歩），そして，「地域と共に生きる」（地域の企業として，地域の人々の理解を得て，地域活性化，地域貢献を進める）である。

(2) 農事組合法人たねっこ

1) 地域農業を背負う広域集落営農

　大仙市（旧協和町）の小種地区（5集落）は平坦な水田286ha（雄物川中流の湾曲部に囲まれ，まとまっている）と台地の畑（110ha）があり，水田については2001（平成13）年から1ha区画の県営圃場整備がほぼ全面積で進められ，1ha区画の団地的利用ができることとなった（2010年本換地終了）。農家1戸あたりの水田面積は2haを超え，県内でも平均規模は大きい（仙北平坦地域では平均的）。ただし，水田の排水は良くなく，転作は保全管理形態が多く，秋田市や大曲市のような都市に近いこともあり，米＋兼業の形態が中心[注4]という状態になっていた。その中で，合意された大区画圃場整備は，農業の新しい未来を拓いたが，高齢化や後継者不足，米価低迷のもとでの投資負担への不安といった問題がのしかかってきていた。圃場整備に伴う地区営農計画では，5集落にそれぞれ生産組合を作り集落営農として活動していく予定だったが，県の普及指導担当者などから団地的な利用を活かした経営形態を提案された。これを受けて，当初の法人への不安，農家個々の事情を乗り越え，現代表をはじめ5集落の代表者たちの決断と説得により，5集落にまたがる農事組合法人「たねっこ」（当時119戸，現在132戸）が2005（平成17）年に設立され，2008（平成20）年にはライスセンターも建設した（**第10-2 写真**）。当時，経営安定対策など政策の後押しがあまりなかったことが，かえって主体的選択を生み出せたと代表の工藤修氏は振り返っている。

2) 経営展開と特徴

　こうした経緯から見ても，「たねっこ」は地域農業再編の切り札的存在で

あり，組合企業として地域農業を背負う。その役割や戦略は明確になっており，①稲作の大規模化と共に，地区の農地利用調整を「たねっこ」が担い，大豆転作の団地化を進める，②新しい作目を導入して構成員の働ける機会を増やし所得を向上させる，③加工への取り組みを含め生産した

第10-2写真　「たねっこ」のライスセンター

商品の付加価値を高め有利な販売活動を目指す，④若い世代の雇用を進め，新たな後継者を獲得する，⑤他地域との交流活動など地区全体の活性化にも取り組む，ことである。

　経営組織や活動の概要は第10-2図に示したとおりである。
　2010（平成22）年現在，水稲178ha（原種圃，採種圃含む），大豆80ha（採種圃含む），野菜3,8ha（ブロッコリー，キャベツ，ねぎ，ニンジン），花0.2ha（小菊，ケイトウ）などのほか，加工施設も完成し，今後は豆腐，味噌，カット野菜等加工にも取り組み，地域の人々を周年雇用できる体制を創造していく予定である。

3）企業経営としての戦略

　「たねっこ」は，集落営農として，地域の問題に取り組むだけではなく，企業経営として一歩踏み込んだ戦略を進めてきた。その1つが，米づくりと販売である。米づくりは減減栽培による特別栽培米を独自の栽培暦により作付け，全量（約750t）をJA秋田おばこの仲介により大手米卸の神明，イオンと連携して販売している。米はイオンのGAP認証を受け，グリーンアイ商品として契約し，独自のブランドとして育ちつつある。さらに，仲卸のベジテックと業務用キャベツ等の契約（全量買い取り）栽培を2010（平成22）年から実施し，大豆は県内の納豆・豆腐製造の中堅企業であるヤマダフーズと取引している。つまり，企業としてのサプライチェーンを築いていく努力を行なっているわけである。この場合，農協との連携（取引仲介や野菜

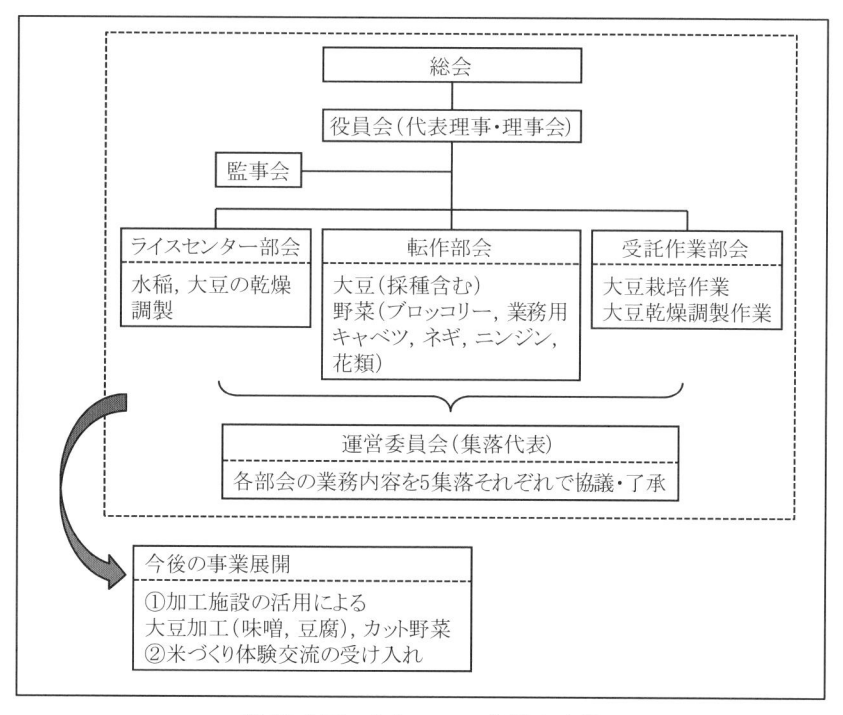

(198)　第Ⅲ部　「企業経営」の現状と地域農業における役割

```
                        ┌──────────┐
                        │   総会    │
                        └────┬─────┘
                   ┌─────────┴──────────┐
                   │役員会(代表理事・理事会)│
                   └────┬──────────────┘
          ┌─────────┐   │
          │ 監事会  │───┤
          └─────────┘   │
    ┌──────────────┬────┴────┬──────────────┐
┌───┴──────────┐┌──┴──────────┐┌─┴──────────┐
│ライスセンター部会││  転作部会    ││受託作業部会 │
│水稲,大豆の乾燥  ││大豆(採種含む)││大豆栽培作業 │
│調製            ││野菜(ブロッコリー,││大豆乾燥調製作業│
│                ││業務用キャベツ,  ││            │
│                ││ネギ,ニンジン,   ││            │
│                ││花類)            ││            │
└───────────────┘└─────────────┘└────────────┘
              └──────────┬──────────────┘
                 ┌───────┴────────────┐
                 │  運営委員会(集落代表) │
                 │各部会の業務内容を5集落│
                 │それぞれで協議・了承   │
                 └─────────────────────┘

         ┌──────────────────────┐
         │ 今後の事業展開         │
         │ ①加工施設の活用による  │
         │  大豆加工(味噌,豆腐),  │
         │  カット野菜           │
         │ ②米づくり体験交流の受け入れ│
         └──────────────────────┘
```

第 10-2 図　たねっこの組織と事業
資料：聞き取り調査により作成

の搬送等）を組み込んでいるところも特徴である。地域の中での共同歩調を重視しているといえる。

「たねっこ」は，地域内の働き手，働く場の確保を重視している。地区の20歳代の青年3名を正規雇用，しかも県の新規就農者研修にも費用を負担して派遣するなど，人材の育成の観点も大切にしている。野菜や花の導入や今後予定している加工商品作りは構成員の周年就業と企業としての品揃えの両面を確実なものとしていく狙いがあることはいうまでもない。

米づくりは構成員の事情に配慮し，栽培委託している部分もあるが，「たねっこ」は，地域発農業企業としての道を歩み始めている。

(3) （株）秋田ニューバイオファーム

1) 経営概要と展開過程

　（株）秋田ニューバイオファームは，1987（昭和 62）年，秋田県由利本荘市（旧西目町）に農事組合法人として 6 人の出資により設立された。オランダ視察で感銘を受けた養液栽培により，担い手不足を補う組織化，雇用機会の拡充，高収益性を目指すため，水耕栽培のハウスを建設しミニトマト栽培から始めた。ハウスは 1 年に 1 棟ずつ増え，3 棟となり，大葉や菌床シイタケも導入されている。構成員 6 名のうち 2 名が専従者で，稲作は個人対応とし，年間通して農業に従事できる体制を作っていくことが目標だった。

　1989 年には，日照不足や高い燃料コスト，冬期の育苗期間の有効活用等，様々な課題の解決方法として農産加工の導入を選択した。製造した「きりたんぽ」を『元祖秋田屋』の名前で東京に売り出したのである。この農産加工導入を契機に，秋田ニューバイオファームでは 6 次産業による経営多角化がスタートする（第 10-3 写真）。

　1994 年には，リンゴジュースやアイスクリームをつくる「夢づくり味工房」を設立。翌 95 年には，かねてより構想していたハーブを活用する観光農園「ハーブワールド AKITA」を立ち上げ，ここに秋田ニューバイオファームの経営の方向性は確立したという。それは「食・農・健康」をキーワードとした経営多角化であり，雇用拡大と誘客による地域活性化の場としての交流型観光農園を目指すということである。2005 年には岩盤浴温泉「さ・らら」を導入したことにより農事組合法人から株式会社（資本金 8,060 万円）に転換している。

第 10-3 写真　ニューバイオファーム全景

(200)　第Ⅲ部　「企業経営」の現状と地域農業における役割

　その後も，道の駅「にしめ」やイオンにインショップを設置したほか，JHS（ジャパン・ハーブ・ソサエティ）認定のインストラクター養成や，2010（平成 22）年 3 月からは東京都品川の秋田県アンテナショップ『美菜館』の経営を受託し，秋田の情報発信を担っている。事業概要については第 10-3 図に示したようになっているが，現在では正社員 22 名，臨時 25 名，

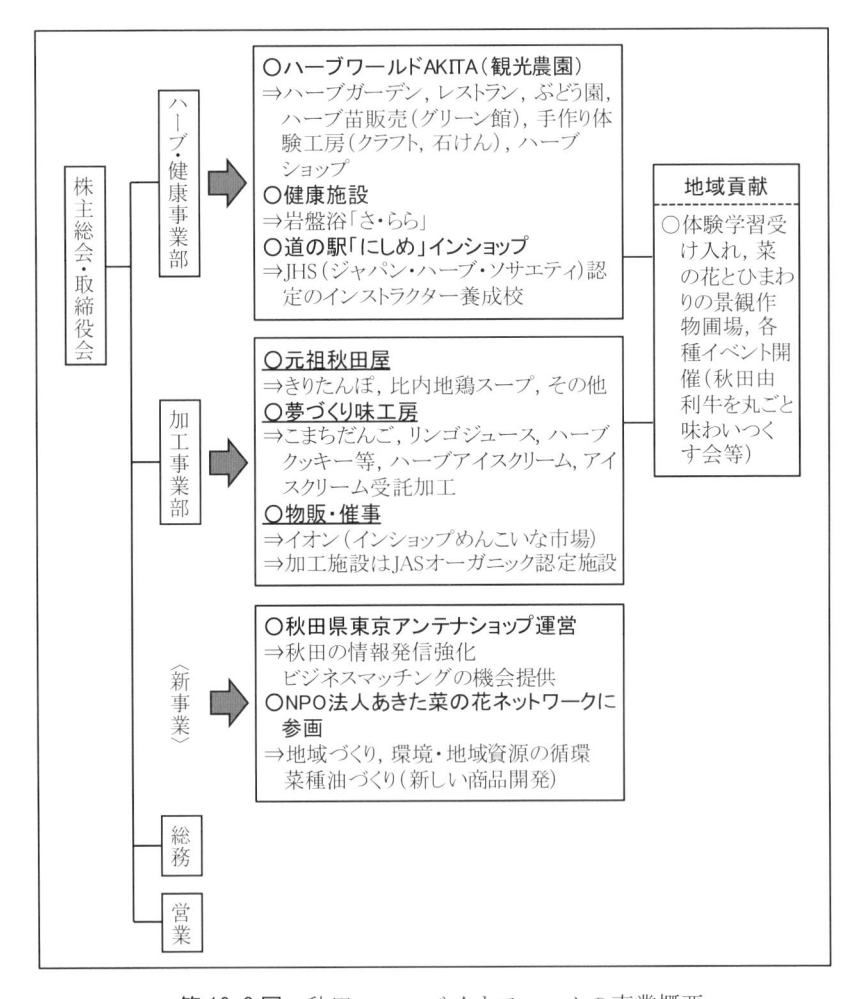

第 10-3 図　秋田ニューバイオファームの事業概要
資料：ニューバイオファームパンフレット及び聞き取り調査により作成

株主総会・取締役会
- ハーブ・健康事業部
  - ○ハーブワールドAKITA（観光農園）
    ⇒ハーブガーデン，レストラン，ぶどう園，ハーブ苗販売（グリーン館），手作り体験工房（クラフト，石けん），ハーブショップ
  - ○健康施設
    ⇒岩盤浴「さ・らら」
  - ○道の駅「にしめ」インショップ
    ⇒JHS（ジャパン・ハーブ・ソサエティ）認定のインストラクター養成校
- 加工事業部
  - ○元祖秋田屋
    ⇒きりたんぽ，比内地鶏スープ，その他
  - ○夢づくり味工房
    ⇒こまちだんご，リンゴジュース，ハーブクッキー等，ハーブアイスクリーム，アイスクリーム受託加工
  - ○物販・催事
    ⇒イオン（インショップめんこいな市場）
    ⇒加工施設はJASオーガニック認定施設
- 〈新事業〉
  - ○秋田県東京アンテナショップ運営
    ⇒秋田の情報発信強化
    　ビジネスマッチングの機会提供
  - ○NPO法人あきた菜の花ネットワークに参画
    ⇒地域づくり，環境・地域資源の循環
    　菜種油づくり（新しい商品開発）
- 総務
- 営業

地域貢献
○体験学習受け入れ，菜の花とひまわりの景観作物圃場，各種イベント開催（秋田由利牛を丸ごと味わいつくす会等）

過去4年間の年平均売上高6億円の企業に成長している。

2) 地域とともに展開する経営方向

① 食材確保

　食品製造では，健康で安全，安心の商品づくりをめざし，JAS法のオーガニック認定を受けた加工施設での「きりたんぽ」とその関連商品，比内地鶏スープとその関連商品，リンゴジュース，ハーブ関連商品を行い，アイスクリーム等は県内の観光施設の相手先ブランド向け商品としても製造し提供している。食品素材はできる限り地元産（西目地区）を利用するという方針により，りんごは30戸の農家，きりたんぽ用あきたこまちは地区内ライスセンター3カ所，アイスクリーム用牛乳は島田牧場から提供を受ける。この他，比内地鶏スープ原料となるガラ，正肉，モツなどは地区の障害者施設が1,000羽飼育しているので，丸ごと鳥を購入することで，正肉も安く調達できるという。その他の食材も西目地区をはじめ，近隣地域の経営者と連携して地場産を中心に調達している。

② 遊休農地の活用

　秋田ニューバイオファームは，積極的に体験学習の受け入れ，地域の食材に関するイベントを開催してきた。また2000（平成12）年から道の駅とハーブワールドのエントランス4haの田を借地して，景観作物としてコスモスを植えてきた。しかし，コスモスは雑草対策がうまくいかず，菜の花に変えて連作している。本暗渠がない排水不良田で，海に近いため地下水位も高いが，輪作する作物がない状況の中，ゴールデンウィークに咲く「菜の花」―お盆の頃に咲く「ひまわり」で景観を楽しむスペースを提供している。

　さらに，地域の耕作放棄対策や新たな加工素材の模索の視点から，「資源の有効活用」を新たな戦略として打ち出し，07年よりNPO法人「菜の花ネットワーク」の活動にも参加している。08年には，県内企業が製作した搾油システムをハーブワールド内に導入し，秋田県産菜種が中心に搾油事業を開始した。

　2010年には，耕作放棄対策を地域活性化につなげたいとの思いから，由利本荘市旧矢島町桃野地区（畑総事業の牧草地，畑地で作付け可能地が40～50haあり，その一部分7haを借地し，菜の花を播種）で「鳥海高原桃野

菜の花まつり」を開催した。このイベントは NPO 法人「菜の花ネットワーク」が主催する事業の一環で，40 の企業団体，秋田県立大学，県振興局，JA が協力し，地域全体を巻き込んだ新しい取り組みである。

　菜の花は連作に弱いので，輪作作物を選定する必要があるが，その作物は，需要創造できる新商品を開発して，作付の安定を図ることを検討している。例えば，秋田産の食べるラー油としてヒットしている「秋田菜々らーゆ（ベジ＆フルあきた製造）」には，小坂町産の菜種油を活用しているが，にんにくやゴマなど，その他の素材も菜の花の輪作作物として導入したものを使ってもらえないか検討している。現在，鳥海山が見える場所を選んで農業参入を希望する地元建設業など（3 社，1 個人，菜の花ネットワーク，ニューバイオファーム）で菜の花 11ha，そば 3ha を作付けた。新たな素材確保も視野に入れながら，ニューバイオファームが中心となって輪作のあり方を考えていくこととなっている。

3）経営多角化から地域との連携による経営展開へ

　水稲依存度の高い秋田県農業にとって，経営安定の視点から複合化への展開は重要な課題である。秋田ニューバイオファームは，水稲作は個人で行いながら複合部門としての施設園芸（水耕栽培）を仲間 6 人で導入し，個々の経営安定化を図ることを目的として設立された法人である。その後も，農産加工（きりたんぽ）を導入し，臨時の雇用を入れたりするが，この時点においても個々の経営安定化のための対応であるといえる。

　秋田ニューバイオファームが大きな転換点を迎えたのは，観光農園「ハーブワールド AKITA」の立ち上げであった。「食・農・健康」をキーワードとする事業の展開は，これまで流通を通しての関係であった消費者を，直接地域に呼び込むこととなったため，観光拠点としての地域が果たす役割が大きくなったことを意味する。このことを直視した秋田ニューバイオファームは，地域に根ざし，地域とともに展開する法人として事業展開を図ることとなったのである。

　鳥海山麓におけるイベントへの参加のみならず，地元企業を巻き込んだ耕作放棄地における新たな食材生産は，農業分野のみならず地域密着型企業の経営展開に可能性を与えるものである。さらに秋田県のアンテナショップの

経営は，情報発信のみならず，秋田県と首都圏の企業を結ぶビジネスマッチングの機会拡大を図ることになろう。

秋田ニューバイオファームは，地元旧西目町から出発して，今日では秋田県全体の食・農のマネジメントを担う組織と展開しつつある。「6 次産業化」「農商工連携」を展開するには，商品開発と食材生産，ターゲットとなる顧客の想定と対応等々を含む，総合的な視野とマネジメント能力が必要となる。そしてその中心に農業を配置できるかどうかが鍵となるのではないだろうか。秋田ニューバイオファームの事業展開は，「商品生産」を行うには，地域の魅力を引き上げる取り組みが必要であることを教えてくれる。

(4) （有）イズミ農園

梅津鐵市氏（1949（昭和 24）年生まれ）は，著名な農業経営者であり，食と農の新たな結びつきを追求してきたパイオニアの一人である。その活動は，本章の地域の農業発展と企業経営の関連の視点からはみ出すところも多い。しかし，氏の活動は，企業農業経営の展開にとって，特に秋田農業にとって大きな示唆に富む。ここではクロニクル（年代記）風に氏の活動の足取りを追いながら，氏の独自の先駆的な活動を整理しよう[注5]。

1）新規参入からパイオニアへ

1980（昭和 55）年に，企業を退職して，山梨県大泉村（母の出身地，現北杜市）で 30a の農地を借りレタスとトマトの栽培を開始。当初 2 年間は地元の農協への出荷。野菜の相場変動の激しさを知り，また，農協は委託された農産物を卸売市場に分荷はするが，産地に有利な販売戦略は十分ではないと認識。外食産業への販売ルートの開拓を始める（初年度の粗収入約 150 万円，労働力は主に 2 人）。

2 年後，経営耕地（借地）を 10 倍の 3ha に拡大（季節雇用女性 4 人）。3 年後の 1983（昭和 58）年には，農地（借地）をさらに 6ha に広げ，周年出荷を目指し，リスク分散のため県内の標高差を活用した栽培（高原から盆地まで）を始める（大泉村のほか甲府市郊外にも借地）。

さらに 1984 年には，8ha（パート 10 人）へ。レタス，トマトなど栽培技術の新しい工夫。特に肥料作りで様々な方法の試行錯誤を始める。これが後

の氏のオリジナルな有機栽培法につながる。

同時期，販売戦略として，有名な 3:3:3:1 を考案。それは，「3」（産直と直販），「3」（市場との予約相対），「3」（中央卸売市場への出荷），「1」（実験試作した野菜〈サニーレタスやブロッコリー〉の販売）というものである。また，販売先として受け入れてくれた「すかいらーく」

第 10-4 写真　高原に広がるレタス圃場

や「モスバーガー」とのコミュニケーションの中から，氏の経営戦略，活動の理念の根幹をなす食と農の結びつきのあり方，商品づくりの基本を身につけた，と氏は述べる。1985（昭和 60）年には，レタス，トマト，ブロッコリーなどの新品種導入（**第 10-4 写真**），より多くの野菜供給体制づくりを図る（栽培失敗もあり試行錯誤は続いている）。86 年，経営耕地 12ha（パート 14 人）。

2）戦略確定と事業拡張

大泉村に加工部門のひとつとして「野菜カット工場」を設立（1987 年）。同年，法人化への準備として泉農事組合を設立。翌年頃から，北海道から沖縄まで契約農家と出荷契約農協を訪ね，栽培技術の指導も行う。「すかいらーく」等へ出荷（契約農家 1800 戸）。1989（平成元）年 5 月，有限会社イズミ農園発足（社員 6 名，パート 10 名）。

1990（平成 02）年には，契約農家の埼玉県玉川村に配送センターを建設（外食対応，現在休止中，これに代わり伊藤忠商事との物流センターがある）。この頃には，自社だけではなく，食（外食・中食）と農を結びつける周年供給体制を全国契約農家に広げ，独自のサプライチェーンの構築に取り組む戦略が確定した。

次は，技術面である。1991（平成 3）年，食品加工部門に冷凍技術を生かした惣菜弁当の生産販売が加わる。1992 年には生産品目も 10 種類に増える。

1993年からボカシ肥の体系化を試み始める。

　現在の最も有力な事業相手である伊藤忠商事と，埼玉県嵐山町に 2000m^2 の物流センター設置（社員 30 名，パート 60 名，94 年）。さらに「すかいらーく」と，（株）いずみを設立（95 年，特別栽培農産物の販売会社。出資比率は，すかいらーく 49%，イズミ 51%）。

　96 年（有）イズミ農園は技術指導を行い，（株）いずみに売り渡す業務，イズミ直営農場は完全に試験農園へ（15ha），という事業の分担となる（イズミ農園出来高 30 億）。

　しかし，97 年，（株）いずみ解散は解散し，翌年に伊藤忠商事と業務契約締結，新（株）いずみ設立（イズミ農園出来高（半期）15.5 億，社員 40 名，パート 108 名，梅津氏は現在伊藤忠商事技術顧問となっている）。

3）全国の農業企業との水平的提携，有機農産物販売指導や流通事業に取り組む

　1999（平成 11）年に，（株）中部いずみ設立—名古屋地区の営業販売を開始。大泉村のネットワークの中で，新たな会社（有）イズミフーズ（社長は村内の方）を設立（業務用のカットからはじめ，現在はコンビニ向けのカップサラダ，業務用カット野菜などへ広がる）。

　2003（平成 15）年には，日本ブランド農業事業協同組合（JBAC）を東京に発足（現在組合員は 37 の法人）。これにより，全国のパイオニア農業企業との共同販売や事業の連携を強化していく。2005（平成 17）年に，青森県黄金崎農場に出資（梅津氏が社長に就任）。梅津氏の指導を受けた有機野菜の生産販売に取り組む事業が作られていく（「グリーン・らぼ」など）。2008（平成 20）年には，黄金崎農場とイズミ農園が提携し，黄金崎農場農地 10ha で，野菜生産販売開始。さらに，伊藤忠商事（95%出資）とイズミ農園，（有）ジェイ・ウイングファーム（愛媛県・牧　秀宣代表）とで，外食用生鮮野菜・果実の販売，ロジスティクスを担う卸売事業会社（株）アイスクウェア（東京，資本金 2 億円）設立へと続く。こうした取り組みの中で，2010（平成 22）年，愛媛県（有）ジェイ・ウイングファーム（前述）と提携し，10ha の野菜生産販売を進めている。

4）パイオニアとしての役割

　梅津氏は新規参入して，経営が確立するまでの間，地域とのつきあいの中で，地域の役割をこなし，その間に，資源の扱い方を学んだという。ただし，必ずしも地域に定着することではなく，地域の資源を活かし有効に活用し，いかに地域に活力をもたらすかという視点で，いわば，全国の「地域」と組んできた。食べ物と農業を結びつけるという発想で産地を作り変えるのが，基本コンセプト，戦略である。

　氏は，外食や直販を導入，野菜カット加工工場も建設。全国規模のリレー出荷をめざし，契約農家を増やすとともに，商社や外食企業と提携して配送拠点，物流センター，販売会社等を設立し，他方で，全国のパイオニア農業企業と組んで流通事業を進めながら，今日に至る。氏の活動の特徴は，日本の食生活，フードシステムの変化と共に，主にサラダ素材の野菜経営から出発して，外食企業等との提携関係を結びながら，いち早く独自のサプライチェーンをつくり，さらにそれを全国のパイオニア企業や契約農家等とのネットワークに広げてきたことにある。しかもそこには，おいしく消費者ニーズに合う品質の者を創り上げるというものづくりの追求も明確に位置づけられている。

　それは一言で言えば，「地域によって立ち，地域を越えて，地域を結びつける」ということであろうか。

3．企業経営と地域農業の発展をめぐって

　本章では，2010（平成22）年度日本農業経営学会研究大会　秋田大会地域シンポジウムで検討の糸口を与えられた，「革新的な農業経営が地域農業の発展にどのように関わっていくのか，関われるのか」，という課題に焦点を当てて，事例の分析を進めてきた。

（1）到達点

　本章で取り上げた秋田県の3つの企業経営は，全てが企業マネジメントの高いレベルに到達しているとは必ずしもいえない[注6]。例えば，組合企業の性格を持つ「たねっこ」では，水稲の栽培管理などで個々の構成員に再委託

するなど，作業実施・統制のマネジメント面で今後さらに力量を高める必要があるといえる。

　イズミ農園は，新規参入企業という出自にも起因して，秋田の3つの経営とは地域との関係は異なるものの，マーケティングの視点から見て，創業者梅津氏のパイオニア的な経営戦略は，今日求められる1つのあり方を先取りしたものだといえる。藤岡農産でも，米の栽培技術から販路開拓までトータルなマネジメントを創り上げてきている。「たねっこ」も，米や野菜で関連企業や農協と連携しながらも独自のものづくり，販売戦略を進めようとしている。そして，自らが食品として売れる商品を持てることが重要と鈴木社長が指摘するとおり，秋田ニューバイオファームは6次産業型の企業として成長してきた。

　ただし，社員，構成員の給与体系，キャリア設計，さらに，企業としての経営の権限構造の構築などについては，秋田の場合，その確立および明確化は今後の課題といえる。

(2) 地域農業発展における役割

　しかし，秋田県の各企業が地域農業発展に果たしてきた，あるいは果たそうとする役割は大きい。

　まず何よりも，3つの経営は，藤岡農産の藤岡氏がいうように，経営資源が地域に賦存し，地域と共生しながら成り立っていくのが農業の特色であることを明確に理解した経営展開，経営マネジメントを進めていることで共通している。

　藤岡農産が地域（大字）の貴重な担い手経営として確固たる地位を築き，「たねっこ」は地域農業の再編そのものを背負う存在であり，秋田ニューバイオファームは6次産業経営として，地域内の農業経営や関連企業と連携して地域の活性化を推進する主体となっている。その際，明記しなければならないのは，本章で繰り返し述べてきたように，フードシステムの変化に対応した経営戦略を築き，あるいは築こうとしていることである[注7]。

　そこで，考えておかねばならないのは農協との関係である。秋田県の場合，米をはじめ，農協系統の経済主体としての存在は大きい。したがって，秋田の3つの事例は農協との共同歩調や連携関係を重視している。むしろ，農協

系統の側が，こうした企業経営の戦略をどう受け止めるかが問題となっているのが，秋田県の実情だといえる。例えば，「たねっこ」は地域の JA 秋田おばこと良好な連携関係を作っている。単なる大口需要者としてだけではなく，農協の側が，企業経営の戦略を理解し，協力，補完し合える部分を重視するとともに，先駆的な取り組みを地域全体の戦略としても取り入れるなど，企業経営と農協は共に地域農業発展の主体として連帯する関係の構築が必要だといえる。

注：1) 例えば津田[4]を参照。
注：2) 占部都美[1]を参照，また，本書序章で整理した企業経営の概念も参照した。
注：3) 第 10-1 図をはじめ，藤岡農産の経営データの詳細は秋田県主査・普及指導員の上田賢悦氏の整理と分析に負うところが大きい。記して感謝申し上げる。
注：4) たねっこの分析については，工藤昭彦[3]を参照した。
注：5) ここでの記述は梅津氏からの聞き取りおよびイズミ農園ホームページの記事により構成した。また，イズミ農園のような農業企業と外食企業の連携については，例えば小田勝巳[2]に詳しい。
注：6) 南石晃明[5]を参照。
注：7) こうした企業経営の展開に関わる重大な事柄が生じつつある。いわゆる TPP 問題である。そこで，対象事例の経営者の皆さんのこの問題に関する意見，意向を追記しておきたい。いずれの経営でも共通しているのは，基本的には自社，自法人の経営戦略を貫いていく，むしろ強化していくという意向である。各企業とも，そうすることが，万一農産物等の輸入が増える事態になったときに最も有効な対応だ，という見通しを持っているといえる。

　その上で，TPP 問題に対しては，「反対のための反対ではなく，国民生活全般への影響を明らかにすること，食料や農業への影響をきちんと示すことを望む」，「経営の規模や形態別に農業サイドがどう対応するか政策できちんと明らかにしていく」（農事組合法人たねっこ・工藤代表，秋田ニューバイオファーム鈴木社長）ことが必要である。「経営の実情に応じて，食べものを提供するという基本から考え戦略を立てる，例えば，大規模経営は安全という基準を明確に示しながら輸入に対抗できるコスト・レベルを目指す，小規模経営は有機農産物生産など付加価値のある商品作りを行うというような，農家・農業サイドがやれること・やりたいことを明確に示していくことが基本」（イズミ農園梅津社長），「参加もやむを得ないとなったら，政府の方針決定を引き延ばすのではなく，対応策も含めより早い決断をすることも必要」など，的確な指摘があった。

[引用文献]

[1] 占部都美（1980）：「経営学辞典」，中央経済社.

[2]小田勝巳（2001）：「外食産業の食材調達をめぐる統合化」，高橋正郎［監修］，土井時久・斎藤　修［編集］『フードシステムの構造変化と農漁業』，フードシステム学全集第6巻，pp. 143-165.
[3]工藤昭彦（2009）：「農地保有合理化事業による農地利用改革と担い手形成の方向」，（社）全国農地保有合理化協会『土地と農業』, 39号, pp. 1-33.
[4]津田　渉（1993）「稲作生産組織の展開と日本型家族経営」，磯辺俊彦［編］『危機における家族農業経営』，Ⅱ・4, pp122-149.
[5]南石晃明（2011）：『農業におけるリスクと情報のマネジメント』，農林統計出版

第11章 水田作における企業農業経営の現状と課題
—従業員の能力養成に向けた取り組み—

藤井吉隆

1. はじめに

　近年，滋賀県の平坦水田地帯では，農地の流動化の進展に伴い経営面積が100haを越える大規模な水田作経営の形成が進展している。20年前には，約40haが県内最大の経営面積であったことを踏まえると，その規模拡大は，急速なテンポで進んでおり，法人経営を中心に非農家出身者などの雇用労働力を活用しながら経営規模の拡大を図っている[注1]。

　しかし，これらの経営では，従来，表面化してこなかった従業員の能力養成などの新たな経営課題に直面している。農業生産において安定した収量，品質を確保するためには，「臨機応変」という言葉に象徴されるとおり，圃場条件や気象条件，生育状況に応じた適時的確な判断や作業の実施が求められる。そして，そのためには，多種多様な技能・知識を習得することが要求される。しかし，雇用型法人経営では，経営者層ら熟練生産者が有する技能・知識を非農家出身者などの従業員に継承することは容易ではない。筆者らが県内の大規模水田作経営の経営者を対象に実施した意向調査結果においても，今後の経営課題として，「技術ノウハウ継承」を取り上げる経営体が全体の61％で確認され，その具体的内容として，①作業手順書・マニュアル作成，作業履歴の蓄積などの「形式知化・データの記録」，②役割分担の明確化などによる「権限委譲」，③OJTや農場内OFF-JTによる「教育指導」，④意見交換，情報共有などの「場の設定」による対応を検討していることが明らかとなっている（藤井ら[6]）。

　本書のテーマである「農業における企業経営」を論ずる上では，経営戦略やビジョンといった戦略的マネジメントの観点からの取り組みがクローズアップされることが多い。しかし，農業経営の基軸となる「技術力の強化」は経営として欠くことができない重要な要素であり，家族経営から成長した法人経営が，「企業経営」として発展するプロセスの中で実現すべき重要な課題といえる。例えば，第11-1図は，県内の大規模水田作経営における水稲

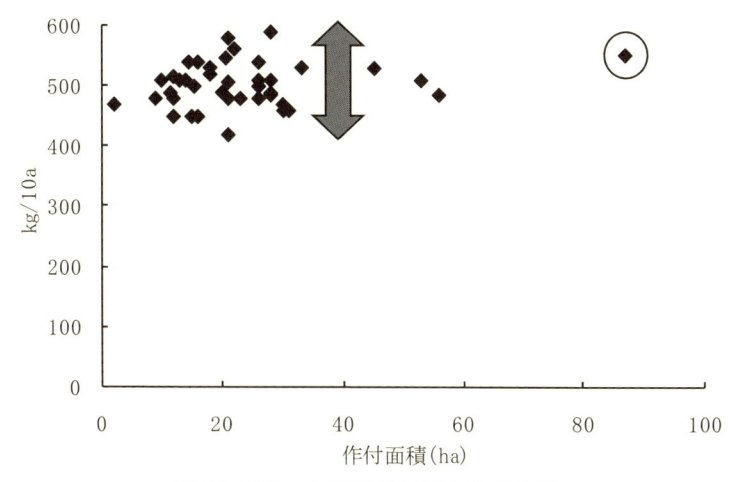

第 11-1 図　水稲作付面積と収量水準

資料：平成 20 年度経営革新モデル経営体実績報告書（滋賀県担い手育成総合支援協議会，2009）

の作付面積と収量水準の関係を示す。調査事例における水稲の平均反収は 489kg であるが，実態は，80ha を超える大規模な作付面積にもかかわらず 540kg の高い反収を実現する経営がある一方，20ha の作付面積でも反収が低い事例が散見されるなど経営体間の格差がかなり大きい。もちろん，これらは経営体間で土壌，品種構成等が異なるため，一概に比較できないが，同一地域内でも経営体間の収量格差が大きいことを確認している。このことは，各経営体において「技術力の強化」に取り組むことの重要性を示唆している。

以上の問題意識から，本章では，家族経営から成長し，雇用型法人経営としての成長・発展を図る（有）フクハラファーム（以下，フクハラファームという）の事例を素材に，これまでの経営展開について紹介するとともに，経営理念・経営方針との密接な関わりの中で，特に重要な経営課題となっている従業員の能力養成などの人材育成への取り組み方策について検討する。

2. フクハラファームの経営概況と経営展開

(1) フクハラファームの経営概況

フクハラファームが位置する滋賀県彦根市は，滋賀県東北部に広がる湖東

平野の北部に位置している。フクハラファームは，現社長福原昭一氏により1994年3月に設立された米の生産販売を基幹とする農業法人である。福原氏は，もともと約2haの水田を耕作する兼業農家であり，大学卒業後は，地元の土地改良区に勤めていた。しかし，農業者の高齢化など地域農業が衰退する現状に直面する中で「地域農業を牽引する存在となり，地域農業を次代に引き継ぐ」ことを自らの社会的使命と決意して，1990年に10haの農地で専業農家としての一歩を踏み出した。その後，農地も順調に集まり，経営面積が30haを越え，従業員の雇用を始めたことを契機に，法人を設立した。

　法人設立後の経営面積の拡大は著しく，2010年現在の経営面積は146haとなっており，設立後15年あまりで，約5倍の規模に拡大している。作付面積は，水稲130ha（アイガモ農法による無農薬栽培5ha，有機栽培4ha，湛水直播栽培10ha），麦16ha，大豆16ha，果樹約1ha（なし，ブルーベリー，ぶどう，いちじく，かき）で助成金を含めた総収入は約2億2千万円となっている。組織体制は，従業員17名が，米麦大豆部門（12.5人），果樹部門（2人），営業販売部門（1.5人），事務部門（1名）の4部門でそれぞれの業務を担当している（**第11-1表**）。

第11-1表　フクハラファームの経営概況

項目		内容
役員		2名（経営者および配偶者）
従業員および組織体制		従業員17名（年齢構成：50歳代2名，40歳代1名，30歳代4名，20歳代10名）
		組織体制：米麦大豆部門（12.5人），果樹部門（2人），営業販売部門（1.5人），事務部門（1名）
経営理念		『地域農業の発展こそわが社の繁栄と心得，「和・誠実・積極性・責任感」を持って，世に感動を与える仕事を実践します』
作付面積	水稲	130ha（アイガモ農法による無農薬栽培5ha・有機栽培4ha，湛水直播栽培10ha）
	小麦	16ha
	大豆	16ha
	果樹	1ha（露地栽培：なし，ハウス栽培：ブルーベリー，ぶどう，かき，いちじく）
収量	水稲	540kg/10a
	小麦	350kg/10a
	大豆	215kg/10a

資料：経営者への聞き取り調査をもとに作成。

第11-2表　フクハラファームの経営展開

年度	水田面積	主な取り組み内容
1990年	約10ha	専業農家としての経営をスタート
1993年	約30ha	特別栽培米への取り組み・消費者への直売開始
1994年	約30ha	(有)フクハラファーム設立，従業員1名を雇用
1998年	約70ha	従業員3名，アイガモ農法導入，農地の面的集積に向けた調整の開始
2002年	約100ha	従業員5名，圃場の大型化に向けた改良に本格着手
2004年	約110ha	営業担当者の配置
2006年	約115ha	果樹部門の本格展開(なし，ブルーベリー，ぶどう，いちじく等)
2007年	約120ha	湛水直播栽培の本格導入(導入面積5ha)
2009年	約140ha	従業員17名，人材育成のための実験プロジェクト開始
2010年	約146ha	果樹の収穫本格化，目標管理体制の強化に着手，生育情報・気象観測情報の収集開始

資料：経営者への聞き取り調査をもとに作成。

(2) これまでの経営展開

　フクハラファームの経営展開を第11-2表に示す。フクハラファームでは，第一に平坦地域の立地条件を活かして，生産効率の追求に取り組んできた。ここでは，福原氏自らがリーダーシップを発揮して，地域の認定農業者と農地の面的集積を進めるための話し合いを重ね，地権者に協力を求めて畦畔の除去とレーザー均平機などを活用した圃場の大型化に取り組んできた。こうした取り組みにより，約800筆の圃場を約320筆に集約するなど，平坦地域の立地条件を活かして生産効率の高い農業を営む基盤が整備されつつある。

　次に，生産された農産物を，独自のルートで販売するなど販売面での対応を強化してきた。具体的には，会社設立当初から，特別栽培米への取り組みを始め，消費者への直接販売に取り組むとともに，2004年からは，営業販売担当職員1名を配置して，百貨店，飲食業者，量販店，食品加工業者などの販路拡大に取り組んできた。フクハラファームでは「いのち育む自然にやさしいコメ作り」をコンセプトに，作付けの大半を減農薬・減化学肥料栽培で実施するとともに，安全・安心な米作りを追求するためのアイガモ農法，有機栽培などへの取り組みも進めてきた。現在では，アイガモ農法による無農薬栽培やJAS有機認証による栽培を約9haの面積で実施し，これらのお米は，「アイガモ君が育てたお米」や「いのちいっぱい」の商品名で販売し，

自社ブランドの人気商品となっている。

　また，近年では，ナシ，ブルーベリー，ブドウなどの果樹栽培への取り組みを本格化させるなど，米との販売面での相乗効果を発揮しながら，加工部門の展開も視野に入れながら，米以外の生産物も含めた「農業の総合化」を目指している。

　この他にも，近年の従業員の増加に対応するための社内体制の整備を進めており，次節で紹介する従業員の能力養成への取り組みと併せて経営目標の実現をマネジメントするための仕組み作りにも着手している。フクハラファームでは，これまでから，決算書などによる経営データを基に，部門別に年間の売り上げ目標などを設定してきたが，2010年からは，より具体的な目標設定とその目標の実現を図るために，作業時間や資材使用量，コストなどのデータの収集と分析の強化に取り組んでいる。そのために，情報管理を担当する従業員を配置して必要なデータの記録と蓄積を行うとともに，各作業毎に主任，副主任を配置した作業管理体制を構築している。具体的には，各作業単位で作業毎の責任者を中心にチームミーティングを開催し，情報管理担当が整理した作業時間や使用資材などの具体的なデータに基づき，作業の問題点を把握するとともに，今後の改善方策を検討している。

(3) 経営理念と経営方針

　フクハラファームでは，『地域農業の発展こそわが社の繁栄と心得，「和・誠実・積極性・責任感」を持って，世に感動を与える仕事を実践します』を経営理念に，地域との協調・共生を基本に，プロとして地域の手本となる仕事の実践を目指している。経営理念は，ミーティングの際に社長の想いとともに従業員に繰り返し説明されるとともに，経営理念を基に策定した行動指針を活用して，その浸透を図っている。具体的には，各従業員の行動指針の実践状況について，社長・従業員間の評価と話し合いを定期的に実施している。

　また，経営方針は，米を中心とする農産物作りのプロフェッショナルとして，消費者や実需者が求める農産物をよりよい品質で，安定的に生産販売することである。このため，フクハラファームでは，生産現場に軸足を置いた経営を基本に，技術力を会社の最大の経営資産と位置づけ，技術を重視した

経営を行っている。

例えば，米作りの基本となる水管理作業では，大規模化に伴い粗放化する経営が多い中，フクハラファームでは，福原氏がこれまでに蓄積した知識やノウハウに基づき，日々の見回りと観察に基づくきめ細やかな水管理を実践している。その他の作業でも，こうした取り組みを積み重ねることで，大規模な経営面積にもかかわらず安定した収量・品質を確保するなど，非常に高いレベルでの栽培管理を実践していることが大きな特徴である。このように，米の生産販売を基軸とするフクハラファームの最大の強みは，福原氏がこれまでの経験を通して身につけた知識やノウハウに基づき，消費者や実需者のニーズに合わせた米作りを実践できる技術力である。今後，TPP参加による農産物自由化の影響が懸念されるが，フクハラファームにおける基本的な経営方針は変わらない。こうした状況に対処するために，生産面では圃場の大型化や従業員の能力養成による作業の効率化や作業精度の向上への取り組みを強化するとともに，販売面では顧客とのつながりを深めながら消費者や実需者のニーズに合わせた米作りのより一層の強化を図ろうとしている。

4）従業員の能力養成の重要性

フクハラファームの従業員の多くは，非農家出身の20歳代，30歳代の若者であり（**第11-1写真**），入社時点では，農業の知識や経験がほとんどない場合が多い。したがって，昨今の厳しさが増す米の販売情勢などの外部環境および雇用労働力の導入という内部環境の変化に対応するためには，技術力の強化を図ることが重要な経営課題となっている。そして，そのためには，まず第一に福原氏がこれまでの経験をとおして培った技能や知識（暗黙知）を形式知化して，従業員に継承していくことが重要である。筆者らは，これまで，フクハラファームなどにおいて農作業における技能，知識の内容と特質について分析を行ってきた。

例えば，代かき作業の調査結果

第11-1写真 フクハラファームの事務所

表11-3表　代かき作業における技能・知識の比較

事例	区分	定型的知識 一般的知識	定型的知識 経営固有知識	感覚運動系技能 感覚系技能	感覚運動系技能 運動系技能	知的管理系技能	合計
A法人	熟練者	3 (3.5)	50 (58.1)	10 (11.6)	12 (14.0)	11 (12.8)	86 (100)
A法人	非熟練者	2 (4.8)	33 (78.6)	5 (11.9)	2 (4.8)	0 (0.0)	42 (100)
B法人	熟練者	9 (8.1)	71 (64.0)	14 (12.6)	6 (5.4)	11 (9.9)	111 (100)
B法人	非熟練者	4 (12.9)	23 (74.2)	3 (9.7)	1 (3.2)	0 (0.0)	31 (100)

注1）：表中の数値は技能知識数であり，下欄（　）内は構成比を示す。

では，作業に関わる技能・知識数はかなり多く，非熟練者が習得している技能・知識数は，熟練者の半分にも満たないことが明らかになるなど，従来のOJTによる教育指導だけでは，技能・知識の継承への取り組みが不十分であることが明らかとなった（第11-3表）。

また，その内容は，知識では機械作業の解説書に記されている教科書的な知識（一般的知識）は少なく，圃場条件などの経営条件や経営者の考え方などにより蓄積された知識（経営固有知識）がかなり多かった。技能では手足を繊細に操り機械を意図したように操作する技能（運動系技能）や視覚などを働かせて感覚的に作業の状況を判断する技能（感覚系技能），田んぼの状況を観察して作業の手順や方法を計画し修正する技能（知的管理系技能）など多種多様な内容で構成されていることが明らかとなった。例えば，熟練者は，「トラクタの水平方向の動きを機体の振動から察知する」とともに，「トラクタの振動の程度に併せて反射的にポジションレバーをきめ細やかに操作する」などの高度な技能を駆使して作業を実施している。このことは，雇用型法人経営においてこれらの技能・知識の継承に主体的に取り組むことの重要性を示唆している（藤井ら[5]）。

3．従業員の能力養成に向けた実験プロジェクト

フクハラファームでは，こうした課題の解決のため，2009年から滋賀県農業技術振興センター，富士通（株）らとの実験プロジェクトへの取り組み

を開始した。また，2010年からは，九州大学が中核機関として実施している「農匠ナビ・プロジェクト」（南石[3]）の現地実証にも取り組んでいる。

実験プロジェクトや現地実証への取り組みの目的は，従業員の能力養成に向けた社内体制の整備を図るとともに，IT技術などを活用して経営管理や人材育成強化のための仕組みを作ることである。これらの取り組みは，現在，実証実験段階であり実用化に向けた課題を抱えているのが現状であるが，これまでに実施した主な取り組み内容について紹介する。

(1) 作業技術資料の整備

代かき作業の調査結果が示すとおり，代かき作業一つにおいても技能・知識の数は多く，その内容も多種多様である。フクハラファームでは，これまでOJT主体の教育指導を行ってきたが，これらの対応だけでは，その継承は，不十分である。そこで，フクハラファームでは，福原氏が有する技能・知識を収集・整理した独自の技術資料の作成に着手している。

例えば，水管理作業は，安定した収量・品質を確保する上で欠かすことができない作業であり，作業に際しては適切な水位を保つために給水バルブを開け閉めするだけでなく，稲の生育状態，雑草・病害虫の発生，水漏れなどの状況をきめ細やかに観察することが求められる。当然のことながら水位や注意すべき観察項目は生育ステージや圃場条件に応じて変化する。このため，経験の浅い従業員にはこれら全てを理解することは困難である。そこで，フクハラファームでは，生育ステージ毎の要点を整理した技術資料を作成し，従業員に提供している。技術資料では，生育ステージ毎に作業の基本となる水位や，観察項目，作業実施上の注意点などが記されており，各従業員が適切な水管理作業を実施できるように支援している。なお，これらの技術資料は，代かきなどの難易度の高い作業でも作成している。これらの取り組みも将来的には，ITを活用して必要なときに必要な情報を参照できる仕組みの構築を検討している。

この他にも，2010年からは，九州大学が開発したICタグ，GPS，カメラなどを用いて農作業情報収集を行う営農可視化システムFVSを活用して，福原氏の作業時の作業軌跡や視野映像およびポジション操作映像，作業中に考えていることなどの発話データなどを記録して，従業員の技能習得に活用

する試みを実施している。さらに，2011年度春作業からは，従業員のうち8名が営農可視化システムFVS（普及タイプ）を用いて，育苗ハウス別および圃場別の詳細な農作業情報の収集を実施しており，今後は画像・映像等を活用した作業時の判断基準リストの作成にも着手する予定である。

(2) 圃場情報の蓄積と共有

　圃場条件を把握することは，大型の水田作経営において的確に農作業を実施する上で欠かすことができない重要なポイントである。例えば，水管理作業における中干しの干し加減は，田面のクラックの大きさや固さにより判断するが，その程度は，土質などの圃場条件に応じてその干し加減をきめ細やかに調整している。こうした対応を的確に実施するためには，圃場条件を熟知していることが前提となる。しかし，経験の浅い従業員がこれらの知識を短期間で取得することは困難である。また，農作業は，オペレータ，補助作業者などの役割分担により実施するため，従業員の担当業務により圃場条件に関わる知識の習得状況が異なるなどの格差も生じやすい。例えば，除草剤散布を担当する従業員は，除草剤散布に際して圃場の水モチや高低差などを注意して観察する必要があるため，必然的にこれらの知識が豊富になる。さらに，大規模化に伴い，圃場枚数が増加するため，把握すべき情報数は，膨大な数になる。筆者らがフクハラファームにおいて圃場特性として把握すべき内容を圃場毎に調査したところ，その数は，323筆で合計1003になった。

　こうした問題に対処するために，フクハラファームでは，全従業員が参加して圃場特性をテーマにした社内ミーティングを実施している。ここでは，圃場特性（土質，水持ち，水漏れ，雑草の発生，隣接田など）について社内全体で皆が知っていることを出し合い，各圃場毎，各要因毎にその実態や程度を評価するとともに，結果を圃場管理特性表に記録して社内全体で共有化するなどの取り組みを実施している（第11-4表）。

　圃場管理特性表は従業員に配布され，各従業員は必要に応じて圃場管理特性表を参照，確認しながら作業を行う。こうした取り組みを実施することで，各従業員の圃場条件に関わる知識の習得を支援している。なお，これらの取り組みも将来的には，データベースを活用して情報の蓄積と共有を図りながら，必要なときに必要な情報を参照できる仕組みを構築する予定である。

第 11 章　水田作における企業農業経営の現状と課題

第 11-4 表　圃場特性管理表

圃場 No.	小字	面積	用水口	排水口	畦畔	隣地	地力	水持ち	土質	雑草	高低	備考
1	蔵海堂	1,177	1								1	奥の土手部分に土をもって高くする必要があり
2	蔵海堂	8,752										排水側の土の堤防の水漏れを要チェック
3	町ノ越	1,686	2		1	2		1	2			要チェックだらけ　用水路からの水漏れが激しい　道路下の水路口にゴミがよく詰まる　作業前に一声かける
												コンビニ端にバルブあり　湿田　代かきクローラーで入る　家の方から3.5mでポールを立てて一発で植える
4	後堂	752	2	1	2	3	3	3	3		3	要チェック　排水の管こらあふれていることがある　作業
5	後堂	1,850	1	1	2	3	3	3	3		3	要チェックだらけ　作業にかかる前に一声かける
												周りで意味なく水が出ていたら止める
6	上白田	5,380		2	1		1					排水路側の水漏れ
7	上白田	4,191		1		1						排水路側の水漏れ

注1）：表中の数値は，各項目に対する圃場の状況を表す（3：要注意，2：注意，1：少し注意，無記入：問題なし）．

(3) 生育状況の蓄積と共有

　稲の生育は，圃場条件やその年の気象条件の影響により差異が生じる。また，経営面積が増加するにつれ，品種・作型も多様化する。例えば，フクハラファームでは，4月20日頃から6月20日頃までの間に，10品種以上の田植えを行う。このため，農作業を的確に実施する上では，全従業員がそれぞれの田んぼの生育ステージの状況を的確に理解しておくことが求められる。

　そこで，フクハラファームでは，品種・作型毎に稲の生育状況に関わる情報を蓄積して，全従業員が稲の生育状況を共有するための仕組みの構築に取り組んでいる。

　具体的には，作型・品種区分に基づき選定した10圃場を生育調査田とし，担当従業員による定期的な生育調査（草丈，茎数，SPAD値，生育ステージ）を実施するとともに，映像・画像などによる視覚的な情報を蓄積している。これらのデータを蓄積することで社内での稲の生育に関わる共通認識と意識統一を図るとともに，全従業員が稲の生育状況を正確に理解して振り返ることが可能となる。さらに，気温，地温，日射などを測定する気象観測測定装置や，生育量測定装置，カメラなどを活用したデータ収集を実験的に実施しており，今後，これらの情報を統合する仕組みを確立することで，より効率的・効果的なデータの活用を図る予定である（**第11-2写真**）。

(4) GPS を活用した作業管理システム

　実験プロジェクトおよび現地実証の中では，GPS，ICタグリーダ，各種センサー，カメラなどの情報技術の活用方策を多角的に検討するとともに，

一部で実証実験に着手している。そこで，これまでの取り組みの中から，2009年度から取り組んでいる GPS 機能付携帯電話を活用した作業管理システムについて紹介する。

作業管理システムの仕組みは，以下のとおりである。従業員が GPS 機能付携帯電話を装着して作業することで，各従業員の圃場間および圃場内での移動経路，作業能率などのデータを自動的に取得できる。得られたデータは，ネットワークを介して富士通（株）のデータセンター

第11-2写真　気象情報測定装置によるデータ収集

に送られ，データベースに蓄積される。そしてこれらの GPS データを解析することで，作業の効率化を図る上で重要な作業能率，移動時間などを分析することが可能となる。フクハラファームでは，これまでに代かき作業における各オペレータの作業時間や作業軌跡を比較分析して，オペレータの癖を把握することで，OJT など従業員への教育指導に役立ててきた。他にも，農地の面的集積が作業時の移動時間に与える影響を把握するなど，経営に有用なデータを収集している。

また，各従業員が GPS 機能付携帯電話で撮影した画像を活用した社内ミーティングを実施している。ここでは，各従業員が日々の仕事の中で気づいたことや問題点，疑問点などを GPS 機能付携帯電話を活用して撮影する（第11-3写真）。従業員が携帯電話で撮影した画像は，GPS の位置情報と併せてネットワークを介して（株）富士通のデータセンターに送られ，データベースに蓄積される。そして，ミーティング時にインターネットに接続した PC からそれらの画像

第11-3写真　カメラ付携帯電話による水稲の生育状況の撮影

を表示させて，従業員が具体的な状況を説明するというものである。画像をとおして説明することで，それぞれが説明する状況が一目瞭然となり，社内ミーティングにおける従業員の理解度が飛躍的に向上するとともに，話し合いがより具体的になるなど社内での知識，ノウハウの共有に役立つなどの効果を確認している。

4. おわりに

　以上のとおり，本章では，大規模水田作経営としての成長・発展を続けるフクハラファームの経営概況や経営展開について，特に，その最大の強みである技術力を強化するために実施している従業員の能力養成の取り組みを中心に紹介した。

　しかし，フクハラファームにおけるこれらの取り組みは，まだまだ入り口の途についたところであり，その最終目的を達成するためには，より広範な領域を対象に総合的な対策を検討していくことが求められる。例えば，品種・作型・栽培方法の選択や圃場配置の決定などの作付計画，圃場条件や気象条件，生育状況などにより日々の修正と変更が繰り返される作業の実施判断など，福原氏ら熟練者が担当する領域も含めていく必要がある。こうした取り組みは，近い将来，フクハラファームで直面するであろう経営継承を円滑に進める上でも，重要な役割を果たすことが期待される。

　日本における農業経営の歴史の中で，法人経営などの組織を単位とした農業経営の展開が本格化したのはごく最近のことである。このため，農業経営における人材育成や技能・知識継承に関わる知見やノウハウの蓄積は極めて少なく，筆者が知る経営者らも，これらの課題解決に，試行錯誤しながら取り組んでいるのが現状である。こうした生産現場の現状を踏まえると，今後，「農業における企業経営」を育成する上では，農業経営における技能・知識の具体的内容を把握するとともに，他産業の成果や先進的な農業経営の取り組みなどを参考にしながら，これらの知見やノウハウを早急に蓄積していくことが求められる。そして，日々進歩する情報技術などを活用して，地域農業を牽引する経営体が実践的に活用できる情報システム等の開発が望まれる。

注：1）県内の大規模水田作経営を対象にした経営規模の拡大に関わる意向調査結果（滋

賀県担い手育成総合支援協議会，2008 年実施）では，家族経営が大半を占める 20～30ha の経営規模階層では，現状維持を志向する経営がほとんどであるのに対し，雇用型経営が多い 40ha 以上の経営規模階層では，約 40％の経営において積極的な規模拡大意向を有することが確認された。

［参考・引用文献］

[1] 梅本　雅・山本淳子（2010）：「農作業ナレッジの継承に向けた課題と方法」，『農業経営研究』，48（1），pp. 37-42.
[2] 迫田登稔（2010）：「農業における企業経営の経営展開と人的資源管理」，日本農業経営学会研究大会報告要旨，pp. 25-34.
[3] 南石晃明［編著］（2011）「農林水産省委託研究『農家の作業技術の数値化及びデータマイニング手法の開発』の概要と成果（Ⅰ）」（2010 年度版 PDF），http://www.agr.kyushu-u.ac.jp/keiei/NoshoNavi/NoshoNavi-seika2010.pdf
[4] 福原昭一（2010）：「GPS 機能付き携帯電話の活用，技術資料整備による大型水田作経営における農業経営・人材育成強化に向けた取り組み」，『農業技術大系・作物編（精農家の技術）』，第 3 巻（2010 年版・追録第 32 号），農文協，http://lib.ruralnet.or.jp/cgi-bin/ruraldetail.php?KID=s323004z.
[5] 藤井吉隆・梅本雅・光岡円（2010）：「雇用型法人経営における熟練者と非熟練者の作業ナレッジの比較分析」，『農業経営研究』，48（1），pp. 49-54.
[6] 藤井吉隆・峯憲一郎（2009）：「平成 20 年度経営革新モデル経営体実績報告書」，『平成 21 年度担い手経営革新促進事業・モデル経営体説明会資料』，pp1-40.
[7] 山本淳子・梅本雅（2010）：「土地利用型経営における農作業ナレッジの特徴」，『農業経営研究』48（1），pp. 43-48.

第12章　水田作業受託による企業農業経営の展開と課題
—条件不利圃場の受託と地域での信頼形成—

鬼頭　功・淡路和則

1. はじめに

　農業経営の「企業化」は農業経営研究の歴史的課題であり，農業経営が利潤を追求する企業に純化できるかどうかは今なお問われ続けているテーマといえる。農業における企業化あるいは企業参入は，経営内部の組織論理だけで完結するものではなく，常に地域との関係が意識される。とりわけ土地利用型の農業では，借地や作業受託という形で規模拡大がなされることが多く，地域の農家と無縁の状態で経営発展は考えられない。そうした経営体に地域農業の担い手としての期待が寄せられるほど地域との結びつきは強くなる。

　しかしながら，地域の期待や要望と利潤を追求する企業の論理が合致するとは限らない。農地という経営要素を，他者との調整を経て利用し生産活動を行う農業では，自己の利潤追求と地域農業における役割との間に矛盾を生じることも起こり得る。地域農業の担い手と目される経営ともなれば，条件不利な農地の借地や作業委託を依頼されることも少なくない。条件のよくない農地の受け手が求められている現実が地域内に広がっていても，純粋に自己利潤のみを追求する企業であれば，条件のよい農地を選択して，条件のよくない農地はできる限り排除する行動をとることは合理的といえる。農地の維持という地域のニーズと企業の論理が必ずしも整合的であるとはいえないのである。

　そこで本章では，企業経営と地域農業における役割を考えるために，東海地域で水田の大規模受託経営が中山間地域の収益性の低い水田を受託し，地域の水田の持続的利用に貢献しつつ経営発展を遂げている事例をみることにしたい。その際の重要なポイントとなっているのは，傾斜地における畦畔管理負担である。畦畔管理は直接収益を生む作業ではないが，水稲作には不可欠な作業である。法面を含めた傾斜地水田の管理コストは大きく，そうした地域での水田を借地ないし経営受託することは経営的に有利とはいえない。純粋に利潤を求める経営であれば，できるだけ収益性の高い地域の水田の借

地や受託を求めることになり，敢えて条件不利の水田の受け手になることはしないといえる。条件不利地域の農家の要望に応え，そこでの経営の不利益性をどのように克服しているのかをポイントにみていきたい。

以下具体的には，愛知県の平地地域と中山間地域の双方を含む岡崎市における大規模受託経営であるA経営を事例としてとりあげる。A経営は，平地地域から中山間地域にかけての営農エリアを抱え，地域農業を支える役割を果たしながら規模拡大を実現し，大規模な水田作受託経営体となった。A経営は，直接収益を生まない畦畔管理の良し悪しが地域からの信頼に直結し，その信頼が規模拡大につながるという意識をもって経営発展を実現してきた。本章では，このA経営の現状と経営展開を分析し，企業経営と地域農業の関わり方について考察する。

2. 愛知県の水田作の発展と現状

(1) 集落を基盤とした水田作の発展

愛知県では，平地地域を中心に，各地で集落を基盤とした水田農業が展開されており，担い手への農地の利用集積や作付けの団地化が進んでいる[1]。集落の農用地利用改善組合が農地の貸借の仲介と調整を行い，地域の担い手農家に農地集積を進めている安城市の地域営農システム，農用地利用組合を通して営農組合に集約された作業受託を，農協等から担い手に分配する十四山村の地域営農システムは，これまでにもしばしば紹介されており，よく知られている。

ここでは山田[5]の整理に依拠して，愛知県の水田作の歴史的経緯を概観しておきたい。

愛知県では昭和30年代前半ごろから，安城市において，栽培技術の平準化や作業の共同化を内容とする「集団栽培」が始まり，次第に近隣の西三河地域，尾張地域に普及した。この集団栽培の普及によって，集落における水田の利用調整に関わる活動のノウハウが県内に広く浸透していた。集団栽培の発展とともに担い手の協業経営が出現し，兼業化の進展と大型機械の導入を背景に，集団栽培は水田作の専作農家と兼業農家の役割分担へと変化した。兼業農家から担い手への作業委託は，担い手の経営安定につながるとともに，

兼業農家の集団栽培への参画も軽減し，以後，担い手と兼業農家の機能分担が定着していく。その後，担い手の経営が拡大し，兼業農家の作業委託をとりまとめるための調整組織が生まれ，現在に続く作業受委託による水田農業の構造が形成された。さらに，生産調整における麦・大豆の集団転作，圃場整備事業が地域営農システムの強化と担い手の経営確立に大きな影響を与えた。

このようにして，地域営農システムが構築され，担い手を核とした地域的な水田農業が展開されるに至った。

(2) 担い手への水田の集積と課題

愛知県における担い手への水田の集積状況を最近10年についてみたものが，第12-1表である。

水稲の作付面積5.0ha以上の経営体は，2000年の516戸に対して，2009年では544戸と増加している。これらの経営体の水稲の作付面積は13,734haであり，2000年の10,492haに比べてと1.3倍となっている。県全体に占める作付面積のシェアは32.4%から44.2%に増加し，1戸当たりの作付面積も20.3haから25.2haへと増加している。これらのことから，愛知県では担い手への農地の集積が進んでいる状況が理解できる。

このように担い手への集積が進む一方で，都市近郊地域や中山間地域などでは，集落機能が発揮されず，担い手への集積が進展しないケースも存在している。この要因として，都市化や農家の高齢化の進展が挙げられるが，このような地域は，そもそも核となるような担い手が不在の場合もあるが，受託経営が存在しても生産性や作業性の低さなどにより経営的に不利であることから，受託を避けようとする傾向がある。

第12-1表　愛知県における担い手の状況

項目	単位	2000年	2005年	2009年
経営体数	戸	516	537	544
水稲作付面積	ha	10,492	12,200	13,734
シェア	%	32.4	38.1	44.2
平均作付面積	ha	20.3	22.7	25.2

注：1) 水稲の作付面積5.0ha以上の経営体の状況である。
　　2) 愛知県農業経営課調べ

そのような中でも不利な条件の地域への対応を経営戦略の中に位置づけ，経営発展に結びつけている大規模な経営が見受けられるようになった。その代表事例が以下でとりあげるA経営である。

3. 大規模な水田作経営の現状～愛知県岡崎市東部地区A経営の事例～

(1) A経営の発展過程

　事例としてとりあげるA経営は，愛知県岡崎市の東部地区に位置している。同地区は，三河山間部の西の端に位置し，平地地域と中山間地域が接する地域である。水田は，三河山間部から矢作川に注ぎ込む乙川，山綱川などの流域に広がっており，平坦地から急傾斜地まで様々な地形条件にある。山間部の急傾斜地を除いては，圃場整備はほぼ完了している。

　A経営は，もともと養豚を営んでいたが1989年に水田作に転換し，2003年に法人化し，規模拡大を続けて地域で最大規模の経営となっている。法人の構成員は6名（経営主・配偶者・後継者3人・経営主の父），従業員は正社員6名，パートタイム16名である。経営転換当初から次第に規模拡大をすすめ，現在の経営規模は借地86ha及び作業単位で受託をしている水田延べ65haである。これらの水田は半径6kmに分布しているが，80％以上が3km以内に集積している。借地86haのうち，平地地域は約78％，中山間地域は約22％である。年間の収入は，1億7千万円を超える。

　A経営では養豚を行っていた1983年ごろから，豚舎の敷料を確保するために，数ヘクタールの水稲の収穫作業を請け負っていた。多くの稲ワラを確保するために，地際にごく近い高さで稲刈り作業を行った。この作業方法が「丁寧な管理作業」と評価され，徐々に作業委託や経営委託が寄せられるようになった。A経営では，水田作の受託経営に対して農家の高齢化が進み今後も委託が増加するとの見通しを持つ一方で，GATTウルグアイラウンド交渉等による畜産物の輸入自由化の流れの中で養豚経営の先行き不安を抱き，1989年に養豚経営を中止して水田作経営に転換した。このようにA経営はもともと家族で営む養豚経営であったが，水田作については新規参入者といえる。1995年以降の規模拡大の推移は**第12-1図**のとおりである。

　A経営は水田作では後発であるため，1998年頃までは，他の担い手が引

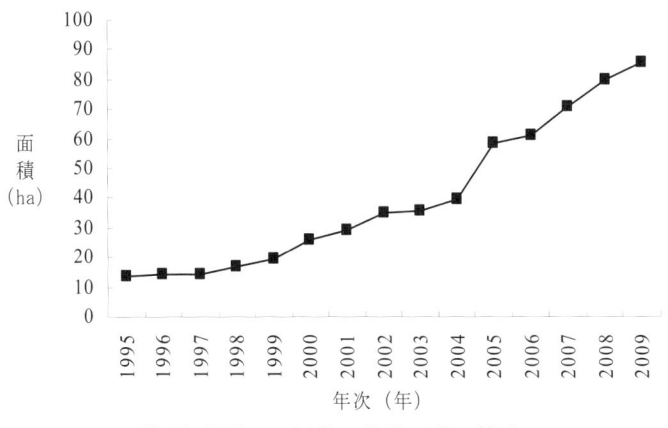

第 12-1 図　A 経営の借地面積の推移

き受けない中山間地域や，担い手がいないやや離れた地域へ進出した（第 12-2 図の①，②）。養豚から水田作へ経営形態の転換をした当時の受託面積は 5ha ほどであったが，徐々に面積を拡大し，水稲作面積が 10ha を超え，経営主夫婦二人の労働力にパートタイムの臨時労働力を加えるようになり，水田作専業経営の基盤を築いた。

　1999～2003 年は，次第に実績が評価され，A 経営への経営委託や作業委託が増加し，地元及びその周辺の平坦な地域，中山間地域でも比較的傾斜が緩い地域など，生産条件の良好な水田の借地が増加した（第 12-2 図の③，④，⑤）。労働力面では長男が就農し，常勤の労働力の導入が始まった時期である。A 経営では，養豚経営で培った技術で製造した堆肥をほ場に投入して土作りを行い，付加価値の高い米づくりに取り組んでいる。口コミでその評判が広がり，この米を直接購入する消費者が増加したため，ライスセンターや精米機を導入して，米の直売を本格的に開始した。この時期は，労働力の増加と販路の確保ができつつあり，家族経営から企業的経営へのステップアップの時期であったといえる。

　経営主は 2001 年に認定農業者となり，その後，名実ともに地域の担い手としての評価が定着し，借地面積も順調に増加していった。さらなる規模拡大に備えて，農薬散布用のラジコンヘリを導入したのもこの時期である。2002 年には三男，翌年の法人化を挟んで 2004 年には次男が就農した。また，

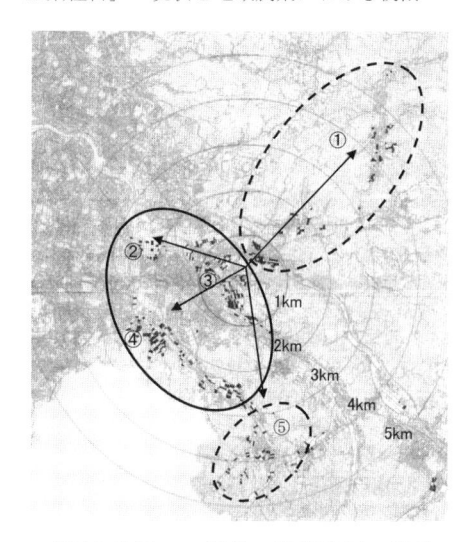

第12-2図　A経営の経営発展の経緯

注：1) 点線で囲んだ範囲は中山間地域，実践で囲んだ範囲は平地地域である。①～⑤はA経営が進出したおおむねの順を示している。

作業を計画どおり確実に実施するためには機械の入念な整備と迅速な修理が欠かせないことから，後継者に機械整備の技術を習得させるとともに専門の技術者を雇うなど，機械類のメンテナンスに力を入れるようになっている。

　2004年には，経営を法人化し，有限会社となった。法人化により，経営主，就農した3人の後継者，経営主及び後継者の配偶者の役割が明確になった。また，米の直売を本格化するための冷蔵倉庫の導入と，転作作物の大豆の味噌加工の委託を始めるなど，農産物の高付加価値化を進め販売事業を拡大するなかで消費者との繋がりを強化する取り組みが強化された。2005年以降，さらに経営規模が拡大しているが，これは，A経営の実績の蓄積により農家から地域の担い手として明確に認識されたとともに，大規模化に向けた経営体制の確立や農産物の販路の開拓ができたことが要因であるといえる。

4．A経営の特徴と経営戦略

(1) 経営管理の体制

　A経営の構成員，正社員，パートの役割分担を第12-3図に示した。

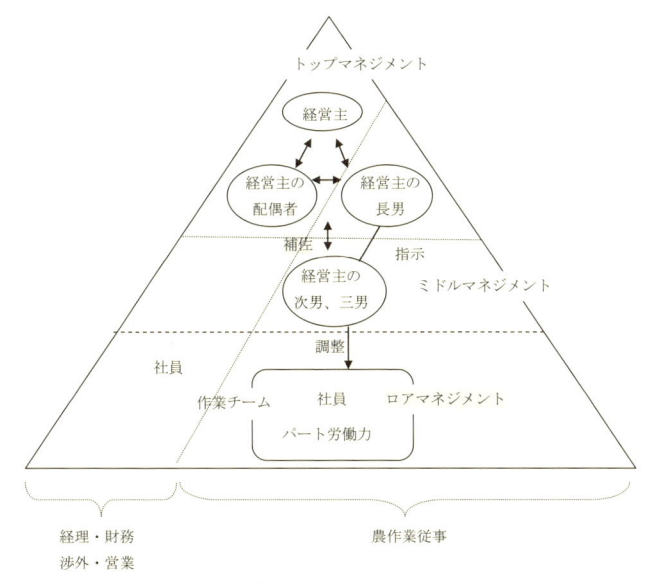

第12章 水田作業受託による企業農業経営の展開と課題 (229)

第12-3図 A経営の組織体制

　経営主（代表取締役）は全体の統括と渉外活動を行う。経営主の長男（取締役）は，経営主の意志決定を補佐するとともに，主に生産管理に係る全体的な指揮を行う。経営主の配偶者（取締役）は，財務管理と販売管理を担当する。この3人がトップマネジメントを司っている。

　経営主の次男と三男（いずれも取締役）は，長男の指示を受け，主に現場作業，機械整備に従事しながら生産過程の工程管理を行う。そして，経営主および長男と従業員のパイプ役として，トップの意向が現場の作業に的確に反映されるよう調整するとともに，現場の状況や従業員の意向を把握してトップに伝え，適切な経営対応がなされるように補佐する。

　正社員は，農作業については全般的に従事し，作業のリーダーとなり，パート労働力を統率して作業を遂行する。また，直販の拡大に対応して経理と営業の専任社員を雇い入れている。

2) 雇用労働力への依存

　A経営の労働時間を**第12-2表**に示した。平成20年の全労働時間は26,950時間であり，この内訳は構成員（家族）10,400時間，雇用労力

16,550 時間であり，雇用労働力への依存度は 6 割を超えている。部門別に見ると，畦畔管理作業に稲作生産とほぼ同等の労働を投入しており全労働時間の 30％を占めている。また，畦畔管理作業における雇用労働力への依存度は高く，8 割を超えている。次いで労働時間が多いのは機械整備作業であり，小麦，大豆以上の労働を投入し，全労働時間の 13％を充てているが，ここでは雇用労働への依存は低く，法人構成員が主に担当している。このように，畦畔管理作業と機械整備に多くの労働を配分していることが特徴となっており，特に高度な技術は求められない畦畔管理作業に雇用労力を投入し，収益に直結し高度な技術を要する栽培管理や機械整備作業は専門技能を有する構成員が主として担当している。

3）水田管理にみる経営の理念と戦略

A 経営では「顧客満足を満たすこと」を経営理念として，水田管理の委託者に対して「丁寧で確実な水田管理作業」を実践している。そもそも水稲作の委託を受けるようになったきっかけが先に述べたように丁寧な管理作業であり，地域の農家からの信頼が広がるに従って規模拡大を実現してきた。

A 経営の水田管理は，農家から家産を預かる意識で水田管理作業を入念に行っており，中でも畦畔管理が地域において高く評価されている。その評価を得るために第 12-2 表でみたように多くの労働を畦畔管理に投下している。岡崎市東部地区は受託経営が比較的多く，特に条件の良い平坦地では競争的構造になっている。丁寧かつ的確な畦畔管理を印象づけることで，地権者や地域の農家の信頼を得て，周辺の農地集積を有利にする効果を意図している。このため A 経営では，中山間地域での受託を進めつつ，丁寧な草刈り作業で他経営と差別化を行いながら，平地地域でも受託面積を増やしてきている。

この畦畔管理は直接収益を生まない作業工程であり，とくに傾斜地となる中山間地域の水田では法面が広くなりコスト負担が増大する。こうした畦

第 12-2 表　A 経営の労働時間の内訳（平成 20 年）

区分		米	小麦	大豆	畦畔管理	機械整備	その他	合計
労働時間		8,200	2,200	2,400	8,000	3,500	2,660	26,960
内訳	構成員	3,000	800	800	1,300	2,800	1,700	10,400
	雇用	5,200	1,400	1,600	6,700	700	960	16,560

畔管理を経営のポイントとする経営行動について次節でみることにしたい。

5. 畦畔管理への対応

(1) 畦畔管理作業の方法

　岡崎市東部地域では，経営受託の水田の畦畔管理は受託者が行うのが通例となっている。A経営では作業単位の受託をしている水田のうち11haで草刈り作業を受託しているので，畦畔管理の対象となる水田の面積は経営受託の86haとあわせて97haである。

　A経営の畦畔管理作業の工程は**第12-3表**のとおりであり，トラクタとブームモアによる大型機械工程と，自走式草刈機及び肩掛け刈払機（以下「刈払機」）による小型機械工程の2作業工程により行う。基本的な作業方法は，まず大型機械工程で農道に接した畦畔などトラクタが進入可能な範囲の草刈りを行い，次に小型機械工程で大型機械では対応できない場所の草刈りや，大型機械工程の仕上げとして地肌が見える程度まで更に短く刈る。

　A経営の草刈り作業の時期と回数は**第12-4図**のとおりである。水稲を作付ける水田では，①田植え前，②田植え後〜早生品種の出穂前，③中生品種の出穂前，④稲刈り前，⑤麦の作付け前の5回，麦・大豆を作付ける。転作田では，伸長した雑草への対応として4回程度の草刈り作業を行う。これは地域の標準的な作業回数より，1回程度多い。

第12-3表　A経営の畦畔管理作業の工程

作業工程	大型機械工程	小型機械工程
機械装備	トラクタ＋ブームモア	肩掛け刈払機 自走式草刈機
セット数	2	10
作業者	経営主の次男，三男	正社員，パート等

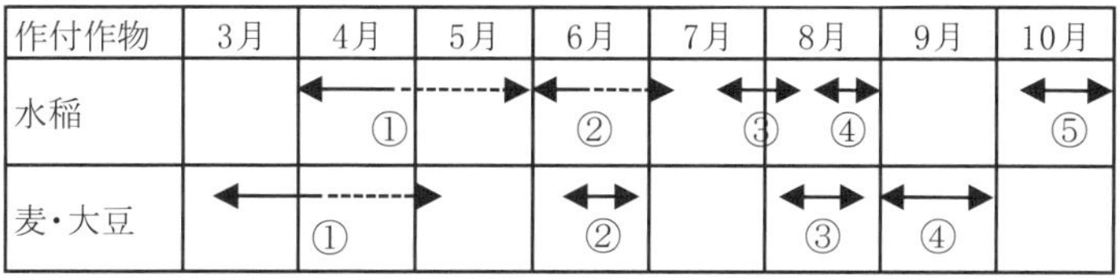

作付作物	3月	4月	5月	6月	7月	8月	9月	10月
水稲		←―①―→		←②→		←③→←④→		←⑤→
麦・大豆	←―①―→			←②→		←③→	←④→	

第12-4図　A経営の草刈り作業の時期と回数

A経営の畦畔管理作業の特徴は，作業回数が1回程度多いことの他に，的確に作業を行うために，担当者の明確化と作業管理の徹底があげられる。担当者の明確化は，大型機械工程は経営主の次男と三男が2人組で，小型機械工程は正社員1名をリーダーとしてパート等と3名程度のチームを編成し作業にあたっている。

作業の進行状況の把握や作業の指示は，地図と作業記録簿を用いて経営主の長男が行う（**第12-4表**）。地図には経営受託の水田の位置が明示されている。作業者は，この地図で作業の対象となる水田を確認し，作業終了後には作業日と作業者名を記録する。作業記録簿には地区ごとに作業の実施日を記入し，その地区全ての水田で草刈り作業が完了したらその日付を記録する。草刈り作業の管理担当者は地図と作業記録簿から作業の実施状況を判断し，雑草の伸長状況，従業員の出勤計画などを勘案して作業の指示を出す。このような作業記録の記帳と整備によって情報の共有化を図り，確実で適切な草刈り作業を実現している。

(2) 中山間地域の畦畔管理作業の負担への対応

1) 畦畔管理作業の負担の把握

中山間地域の稲作は一般的に単収が低いだけでなく，平地地域と比べて法面が大きいため水田の管理コストが大きくなる。そのため中山間地域の稲作は経営的に不利である。そこでA経営の受託地区のうち中山間地域のI地区と平地地域のK地区を例にとって，収益性を比較してみたい。両地区

第12-4表　作業管理に用いる作業記録簿等の概要

項目	地図	作業記録簿
管理する情報の範囲	圃場ごと	地区ごと
情報の内容	圃場の場所 作業実施日 作業者名	作業実施日 作業完了日
草刈り作業担当者の利用内容	圃場の場所の確認 作業実施日の記録 作業者名の記録	作業実施日の記録 作業完了日の記録
草刈り作業管理担当者の利用内容	作業の実施状況の判断 作業する地区の指示	

の概要は**第12-5表**のとおりであり，畦畔管理作業時間は**第12-5図**，管理費用は**第12-6図**に示されている。I地区の作業時間はK地区の2.0倍であり，両地区間には3.1時間の差があった。刈払機だけで作業した場合には，I地区はK地区の3倍以上の時間を要し[注1)]，両地区間の作業時間の差も3.1時間より大きくなる[注2)]と推測できる。このことから，A経営では，大型機械や自走式草刈機など作業能率の高い方法を導入することで全体の作業時間を短縮し，作業時間の差を縮減していると考えられた。

畦畔管理作業の費用は，K地区では6,953円，I地区では12,017円であった。両地区の畦畔管理作業の費用を比較すると，I地区はK地区の1.7倍であり，面積比2.1倍，作業時間比2.0倍より小さくなった。これは，作業時間が長い小型機械工程にパート等労賃が低い労働力を投入したことによると考えられる。

2) 中山間地域の収益性の低さへの対応

K地区とI地区の畦畔管理作業の費用の差額とA経営のデータ等を用い

第12-5表　A経営の受託地区（K地区，I地区）の概要

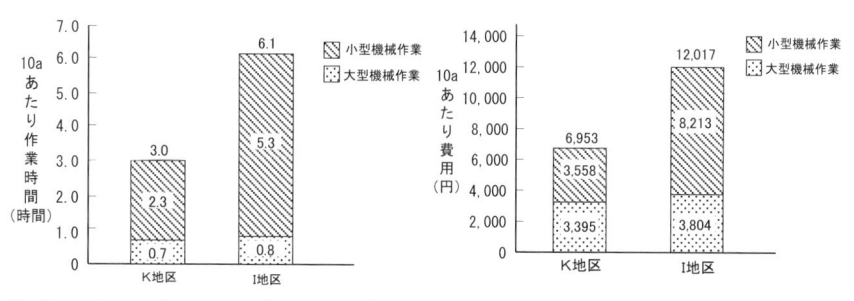

項目	単位	K地区	I地区
地区の別	-	平坦地	中山間地
拠点からの距離	-	1km以内	2km
経営受託水田の面積	a	2,279	387
畦畔の面積	a	235	83
畦畔の割合	%	10	22
圃場整備	-	1990年完了	1996年完了

第12-5図　K地区とI地区の畦畔管理作業時間の比較

第12-6図　K地区とI地区の畦畔管理作業の費用の比較

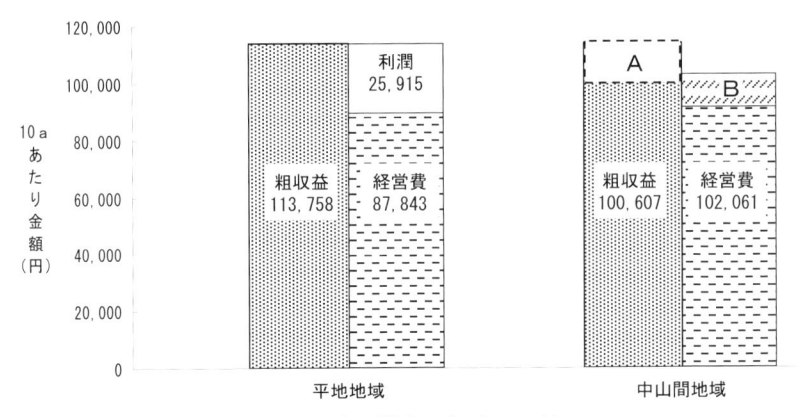

第12-7図　平地地域と中山間地域の稲作の収支の比較
注：1）A経営からのヒアリングを基に作成した。
　　2）Aの部分は中山間地域における稲作の減収分であり，Bの部分は中山間地域における作業負担を加味したものである。

て，中山間地域と平地地域の稲作の収支を比較した（第12-7図）。

　中山間地域では，日照条件や作業性の悪さなどから生産性が低く，A経営のヒアリングから10aあたりの粗収益（米の売上げ）は，平地地域に比べて13,151円少なくなっている（第12-7図のA）。一方，畦畔管理作業の費用を加えた支出は，第12-6図から平地地域より5,064円多いと考えられた。さらに，ヒアリングによると中山間地域の狭隘な圃場では，田起し等トラクタによる作業時間は平地地域の1.5倍程度であることから，中山間地域の労働費を平地地域の1.5倍と見積もった（第12-7図のBの部分）。これらを考慮して試算した結果，平地地域では10aあたり25,915円の利潤が見込めるが，中山間地域では利潤はマイナスになっている。このことから中山間地域では，日照時間の短さや狭隘な圃場条件による作業性の悪さから収益性が低いとされているが，畦畔管理作業の負担も収益性を低下させる要因であるといえる。

　A経営では，中山間地域の低い収益性を補完するために，意識して平地地域に進出し規模拡大や隣接した水田の受託を進めている。先に述べたように，後発のA経営は経営開始当初は，中山間地域など条件の悪い圃場の受託を進め（第12-2図①②），受託の実績を重ねるとともに，地元地域で農地集

積を進めながら，中山間地域の低い収益性をカバーするためにやや離れてはいるが平坦な地域での規模拡大を進めた（第 12-2 図③④）。

3）入念な畦畔管理の経営戦略

A 経営の入念な畦畔管理には，地域の信頼を得て経営受託の増加や面的集積をスムーズに行うというねらいがある。水田作業を効率的に行うために，受託する水田はできるだけ隣接していることが望ましい。特に後発の A 経営にとっては，担い手の競争的構造の中で，軋轢を生むことなく規模を拡大するためには，農家からのニーズの高い畦畔管理を入念に行うことで信頼を築き，受託者として指名されるようにする必要があった。

それには，地域に自らの経営理念や経営方針を理解し，受け入れてもらうことが必要である[注3]。それまでこの地域では，付加価値を高めた米の直売や 100ha を越える規模の水田作経営はなく，A 経営は後発ながらパイオニア的存在であるといえる。これまでにない経営行動をとる経営者の価値観は，一般的には地域には受け入れられにくい。自らの利益追求のために受託先を取捨選択するのではなく，条件不利な地区の委託を受けることで，地域を支える経営であるとの認識をもってもらう必要がある。あえてコストが大きい畦畔管理を丁寧に行うことで，家産を預ける受託者・貸し手の信頼を得ることは有効であった。

さらに，米の高付加価値販売が，中山間地域の畦畔管理の負担増大を吸収している側面がある。**第 12-7 図**で示された 10a あたり 27,369 円の利潤の差は，A 経営の 10a あたりの米の販売量は約 500kg であることから，1kg あたり 55 円高く販売することで補えると考えられる。実際には直売の米は一般的な価格[注4]より 200 円以上高い 450 円で販売しており，中山間地域で生じた所得の減少をカバーしているといえる。

畦畔管理は，委託農家からの要求から手を抜くことができない作業であり，規模拡大のネックであるが，入念に行うことで地域の信頼を蓄積し，経営発展に結びつけることができる。A 経営は企業経営に発展した原点が畦畔管理作業の確実な実施であり，そのために直接収益を生まない畦畔管理に機械化体系を導入し専門のチーム編成と管理システムによって効率的に実施する体制を構築した。このような A 経営の対応は，大規模経営体の経営理念や経

営戦略と，水田管理を負担に感じる農家のニーズが合致し，中山間地域の不利な条件を規模拡大や経営発展に繋げているモデル的な事例であるといえる。

6. むすび

　事例としたA経営は，夫婦二人の家族経営から正社員6名，パートタイム従業員16名を雇用し，経営受託86ha，水田作業受託延べ65haの大規模経営に発展した。また，生産だけではなく直販を手がけそれを拡大してきた。家族経営の枠組みを超えて企業経営に展開した例といえる。

　その拡大過程をみると，収益性の高い投資先を選択して成長してきたのではなく，むしろ担い手といわれる経営が受託を避ける条件不利な農地を引き受ける形で展開した。そして地域の農家の信頼を蓄積し，平地地域での拡大の可能性を地道に広げてきたのである。その際に，直接収益を生まない畦畔管理部門に機械化技術体系を導入する投資を行い，畦畔管理の専門チームを編成し，管理システムを形成するという経営行動をとっている。そこには，地域の農地を維持するという経営者の強い使命感が投影されており，農家の家産を預かっているという意識が強く表れている。それゆえに単収水準が低いうえに管理コストが大きな負担となる中山間地域の水田を要請に応じて受託してきた。

　このように，A経営は地域との信頼形成を基盤に規模を拡大して成長を遂げてきたといえる。経営者は，条件が悪い水田を受託して発生する損失について，長期的観点から地域の信頼を蓄積して将来の農地集積を実現するためのコストであるという認識をもっている。これは，稲作における高い技術水準と効率性，収益性の高い直販部門があるからこそもちえる経営戦略といえる。地域のために不採算部門を敢えて包含し，経営トータルで利潤を確保し，将来の発展に備えているといえる。

　土地利用型の農業にあっては地域の農家の信頼がなければ規模拡大は難しい。信頼を得るためには，利潤が期待できない部門にも経営資源を配分することは避けられない現状にある。そのため中山間地域という条件不利な地域での委託要望に対して，A経営は利潤が得られなくても信頼を得るために受託を拒まず，規模拡大を続けてきた。単に企業利潤を短期的に追求するだけであれば，利潤がマイナスになる資源配分は行われない。企業経営では「賃

労働者なき経済」の家族経営と異なり，雇用労賃を切り下げて不利益性に耐えることは難しい。卓越した技術と経営者能力があってこそ，経営の発展と地域農業の維持発展を両立することができるといえる。

とはいえ，米価が低下を続けて行くならば，不利益部門を経営全体でカバーすることに限界が出てくると考えざるを得ない。このことは将来の利益を見越して短期的な不利益を受け入れるという対応は現状の形のままでは困難になってくることを意味する。さらなる高付加価値を目指した米作りと加工部門のウエイトを高めることが模索されていると同時に，大きな構造変革によって農地の集積が画期的に進むことを当経営者は期待している。

注：1）鬼頭ら[2]の調査では，中山間地域における刈払機による単位面積あたりの草刈り作業時間は平坦地の1.5倍程度であった。I地区の畦畔の面積はK地区の2.1倍であることから，刈払機のみで作業を行った場合，I地区はK地区の3倍以上の時間を要すると考えられる。

注：2）鬼頭ら[3]の調査では，大型機械による草刈り作業の能率は刈払機の約5倍である。大型作業工程を刈払機のみで行うと，I地区の草刈り作業時間は9.3時間（5.3時間＋0.8時間×5），K地区では5.8時間（2.3時間＋0.7時間×5）となり，3.5時間の差となる。

注：3）大規模水田作経営と地域の関係について，宮武[4]は，経営者が社会性を発露することにより地域における経営観の理解が促進し，規模拡大や農地集約が進むと整理している。

注：4）「平成19年度産米及び小麦の生産費」によると，東海地域の作付け規模5.0ha以上に区分される稲作経営では，10aあたりの主産物粗収益109,080円，主産物数量491kgである。精米歩合を90％とすると，白米1kgあたりの価格は246.8円となる。

［参考・引用文献］

[1] 愛知県（2010）：「愛知県水田農業基本方針」，p. 5.
[2] 鬼頭　功・淡路和則・三浦　聡（2010）：「傾斜地水田における畦畔管理負担の評価」，『農業経営研究』，48（1），pp. 67-72.
[3] 鬼頭　功・淡路和則・三浦　聡（2010）：「大規模水田作受託経営における畦畔管理作業の実態と経営対応」，『2010年度日本農業経済学会論文集』，pp. 62-68.
[4] 宮武恭一（2007）「大規模稲作経営の経営革新と地域農業」，独立行政法人農業・食料産業技術総合研究機構中央農業研究センター
[5] 山田　勝（2008）：「担い手の経営確立と支援方策―愛知県における水田農業改革をめぐって―」，『与件大変動期における農業経営』，農林統計協会，pp. 143-161.

第13章　畑作における企業農業経営の現状と課題
―契約生産と人的資源管理への取り組み―

金岡正樹

1. はじめに

　九州の農村でも高齢化，過疎化は進んでおり，認定農業者が十分に確保出来ていない地域では担い手の脆弱化，農業生産活動の停滞が危惧されている。その一方で，南九州（鹿児島県と宮崎県）畑作では，地域農業の担い手として地域経済の活性化にも期待される，法人形態の企業農業経営の展開が一部に見受けられるようになっている。

　本書における企業農業経営の定義は，「家族従事者よりも多い雇用従事者を雇用し（外形基準として示す必要がある場合の目安），利潤追求を目的とした農業経営のこと」を指すこととされている。これまで土地利用型農業では，企業経営の成立は困難であると言われてきたなかで[注1]，南九州畑作で展開している企業農業経営が注目される。そこで，本章の目的は，九州の主要畑作地帯である南九州で展開している，露地野菜作を含む甘しょ等の畑作物を主力に栽培する企業農業経営を対象に，その経営の現状と地域農業に果たしている役割を明らかにすることにある。

　以下では，南九州における畑作農業を統計資料と既往文献から概観し企業農業経営が出現する状況を捉え，九州における企業農業経営の動向についてアンケート分析から概観する。次に，南九州畑作を対象としたトップクラスの企業農業経営の事例調査から，その実態とともに地域農業に果たしている役割を明らかにする。

2. 企業農業経営の動向と特徴―南九州畑作を対象として―

(1) 南九州畑作の概況と企業農業経営の胎動

　九州の主要畑作地帯である南九州畑作は，宮崎県南部から鹿児島県大隅・薩摩半島を中心に展開している[注2]。南九州畑作地帯は，台風の常襲と夏季の干ばつ，火山灰土壌等の自然条件の厳しさに対応する防災営農として，夏

作に甘しょや飼料作物，茶の栽培が主力であり，冬作には他の国内主要畑作地帯と同様に露地野菜など労働集約的作物の導入がなされ，大消費地から離れた遠隔地農業として産地化が進みつつある。南九州の農家戸数は著しく減退しており，総農家戸数では1960年から2005年には36％まで減り，2000年から05年まででも販売農家は17％減少している（「農業センサス」各年版）。そのため農地の出し手は増加し，販売農家1戸当たり経営耕地面積は1.4haと逓増している。農家世帯構成は，夫婦のみの一世代割合が4割と高く，高齢農家率は全国平均1割に対して3割をも占めている。同居農業後継者のいる農家割合は，全国平均の4割に比べて2割と少ない。零細規模農家層の割合はかつてに比べ緩和されたとはいえ，地域農業の担い手の少ない地域が多く，依然として主体形成力は弱く，規模拡大による個別農家の上向という構造変化は緩慢である。畑の耕地利用率は1970年の140から2000年には105まで粗放化が進行し（「作物統計」各年版），栽培作物選択や耕地利用の有り様などから近年は土地生産性も停滞している。その上，他産業の展開も乏しい市場遠隔地であるため，農家労働力の脆弱化が農業構造の変化にストレートに結び付き，農地の流動化は進んでいる。一方，経営耕地面積規模別農家数の増減分岐は既に5ha以上層にせり上がっており，これら階層を都府県平均と比べると雇用依存度や法人化率，販売や加工等の垂直的多角化への取り組み割合が高く，販売首位部門が露地野菜で契約生産の割合が高い特徴を有している（「2000年農林業センサス」）。その中で経営者能力の高い主体が，農地を短期間に集積して大規模な経営を一部で展開している。

　岩本[5]など多くの論者が，畑作地帯は外部環境や営農主体の変化が農家構成や生産構造にストレートに反映されがちな傾向をもち，経営展開がダイナミックなのもこうした要因が作用していると指摘されてきた。平成18年度日本農業経営学会鹿児島大会の地域シンポジウム「畑作地帯におけるたくましい農業経営の胎動」では，担い手の脆弱化が農業構造の変化にストレートに結び付き，大規模経営や食品企業の農業参入など，その経営主体の性格と形成プロセスが討議されている。これら経営では販売管理や事業多角化に取り組まれているのが特徴である。久保田ら[3]は，大規模法人経営を中心に，大型小売店との産直，食品企業と連携した多様なマーケティングの展開などから，地域の社会的資本や人的資源を広く巻き込んで進展していることに注

目している。また、田代[6]は農家出自の地元食品卸、加工企業の農業進出について、契約生産の進展→契約農家の高齢化→（原料確保のために）→作業受託→借地直営農場の農業法人設立というケースが多く、地域農業の担い手の一つに位置づけている。これらは一般企業の農業進出と異なり、経営者だけでなく従業員も農家出身者であり、地域に根ざした農業者の共同体としての内容を担保し得るとしている。

(2) 法人アンケートからみた企業農業経営の概観

企業農業経営の詳細な実態を表す公式の統計はまだ整備されていない。先述の企業経営の外形基準からは雇用従事者が多く利潤追求を目的とした経営であれば、多くの経営で法人形態を選択するものと考えられる。2010年世界農林業センサスでみると、法人化している農業経営体は、全国で2.2万社、農業経営体に占める割合は1.3％である。農業地域別に農業経営体に占める法人の割合は、北海道が6.5％と最も高く、南九州はそれに次ぎ1.7千社で2.2％となっており、南九州は法人経営の多い地域である。

ここでは九州における企業畑作経営の概況を把握するために、農業生産法人に対するアンケート調査結果から概観しておこう（**第13-1表**）注3)。経営耕地面積は平均15ha、借地により経営面積規模の拡大がなされている。関連会社を含むグループ全体の売上高（以下、単に「売上高」と略記）は平均2億円、経常利益は652万円、売上高経常利益率は2.4％である。経常利益が計上されていることが示しているように、結果として利潤の追求がなされているものと推察される。また、法人設立から平均13年経過しており、設立時の売上高は平均5,200万円で、現在までに売上高は約4倍に増加して

第13-1表 売上規模別にみた事業多角化の取組状況

売上高 (千円)	法人数	経営耕地面積 (ha)	借地率 (%)	多角化の取組割合 (%)	部門数	多角化部門 (事業規模が小さく、売上のセグメント回答が行われていないものも含めて表示)	自社農産物販売割合 (%)	加工原料自社割合 (%)	従業員数 (人)	人件費総額 (万円)	売上高人件費率 (%)	正職員1人当売上高 (万円/人)
～3未満	6	8.8	54.4	33.3	1.5	加工、作業受託、観光	75.0	100.0	5.5	560	41.0	592
3～5未満	5	9.4	33.1	80.0	2.0	加工(4)、宿泊、作業受託、観光	48.0	41.7	6.4	1,192	31.2	1,525
5～10未満	6	8.2	77.6	100.0	1.8	加工(2)、集荷(3)、レストラン、宿泊、作業受託	89.2	91.7	12.8	2,500	34.7	1,782
10～30未満	9	14.7	77.6	55.6	1.7	加工(2)、集荷(3)、観光、小売	63.3	43.3	14.1	3,728	21.2	2,263
30以上	4	62.1	87.5	75.0	2.0	加工(2)、集荷(3)	43.3	100.0	31.3	6,550	14.3	2,077
計(平均)	30	16.1	60.3	59.6	1.8		66.4	61.3	13.1	2,802	28.6	1,671

注:1) 多角化部門の( )は、当該事業を実施している法人数で、非表示は1法人のみが実施していることを示す。
資料：本調査のうちで、多角化部門、売上高、人件費及び雇用に関する項目に、欠測値の無い法人データの組み替え集計。

おり，一年当たりの平均売上高増加率は36％と高い成長を遂げている。

　この高い成長を成し遂げているのは，経営耕地面積拡大による事業量の増大に加え，短期的には売上高拡大を目的とした事業多角化による成長戦略の採択にあると思われる[注4]。農産物生産以外の事業へと多角化している法人の割合は6割に及び，事業領域を広げている法人が多い。多角化している事業数は，農業生産部門以外に1部門の経営が74％，2部門18％，3部門9％であり，多角化している事業数は多くはない。1部門の内容は，農産物加工が36％，自社生産以外の作物を農家などから購入し販売する集荷事業は28％，直売所，観光12％などである。1～3億円層の44％の法人で販売，加工を中心に関連会社を設立している。事業多角化は売上高拡大を目指した内部成長戦略であると同時に，多角化した事業部門を分離・独立させグループを形成する過程でもある。

　法人の正職員とパートを含む平均雇用人数は13人であり，正職員のいる法人は77％で平均8.1人を雇用し，パートのいる法人は75％で6.9人雇用している。売上高が多いほど従業員数及び1社当たりの人件費総額は増加傾向にあるが，売上高に占める人件費割合は低下する傾向にある。雇用形態別にみた法人の雇用は，補助労働力にパートを活用しつつも，基幹労働力としての正職員での職種と人数が多く，家族労働力よりも他人労働力の割合が高い。事業多角化では，経営戦略にとっての経営資源の意義が問われる。

　経営体を「経営資源の塊」と考えると，発展段階により必要とされる経営資源の性格も異なる。生産の規模拡大が経営戦略上の上位にある段階では，経営資源として単純労働力の確保に重点が置かれる。しかし，経営が大きくなるに従い，単純労働より熟練を要する作業が必要となり，さらに規模が拡大し労働者が増加すると，労働者に対する業務的管理労働が増加し職長が必要となる。そして，徐々に内部労働市場が形成され，長期継続雇用がなされるようになり，正職員の割合も高まる。また，販売，加工など事業の多角化が進められるに従い，経営者は経営者管理職能から，より企業者職能が要求される戦略的管理労働へシフトするため，業務的，中間的管理労働が出来なくなり，販売管理，財務管理，労務管理など専門知識を必要とする管理労働の確保が重要になる。売上高や従業員規模の大きさ，多角化部門が，幹部・後継者の育成のために正社員を確保する必要性を高めていると考えられる。

個別経営の展開に必要となる経営資源確保は，高齢化等による離農の増加によって土地の確保が容易となっても，地域人口の減少では労働力確保の困難化が危惧される。九州では，2ha前後から夫婦2人での対応に負荷が掛かり，5ha以上層では過半が臨時雇を雇用し，10haを超えると常雇の割合が一挙に高まり，雇用に依存する傾向にある。企業畑作経営は，多くの雇用を抱えながら，農業生産部門に加え集荷や加工などの事業多角化を図っている姿が浮かび上がる。集荷・加工事業は，地域の農家で生産される農産物を集荷販売し加工も行い，地域から従業員を雇用して雇用創出効果も発揮している。

3. 企業農業経営の展開事例―南九州畑作を対象として―

次に，南九州畑作地帯で展開している，露地野菜作を含む甘しょ等の畑作物を主力に栽培するトップクラスの企業農業経営を対象に（第13-2表），その経営の現状と地域農業に果たしている役割をみてみよう。

(1) 集出荷事業を核として展開するA社

A社は露地野菜の集出荷を柱とし加工事業へ展開し，関連会社を含む売上

第13-2表 企業畑作経営事例の概要

法人名	A	B	C	D
売上高(億円)	15	9	5.2	1.6
資本金(千万円)	5.1	5	1	0.3
経営耕地面積(ha)	90	120	90	22
甘しょ以外の作物構成割合(%)	―	100	75	40.5
耕地利用率(%)	―	250	127.8	132
事業部門	生産+集出荷+加工	生産+集出荷+加工	生産+集出荷+加工	生産+集出荷
集出荷事業の委託農家数	3法人+664戸	2JA+20戸	3法人+1戸	2法人+48戸
社内組織	企画広報 研究開発 加工野菜事業部 農産仕入部 集配部 生産部 販売営業部	事業部 総務部 耕種部 農産加工部 茶業部	生産一課 生産二課 加工課 事務	事務員は居るが，社長に権限が集中しており，社内の組織は形成されていない。
従業員人数(人)	66	124	66	14
基幹労働力(人)	16	23	33	8
パート(人)	50	80	33	6
中国人研修生(人)	0	12	11	0
主要顧客数(社)	85	50	40	9
うち量販店(%)	70	20～30	7	0
うち食品企業(%)	20	70～80	83	100
うち市場出荷等(%)	10	0	10	0

高約 15 億円であり，経営耕地面積 90ha，従業員数 66 名を擁する企業畑作経営である（第 13-1 写真）。現社長は 1976 年に会社員から実家の 2.5ha 畑作繁殖牛複合経営に就農し，86 年には親子二世代に兄夫婦を加えた家族 6 人で近隣農家の農産物を集荷出荷する事業を開始した。翌年には 6 人を雇用して保険など就業条件と取引

第 13-1 写真　A 社の本社事務所と集出荷・加工施設

上の信用を得るため青果物商の部門を法人化，95 年には農業生産法人に改組し認定農業者となり，新規就農者も雇用し従業員 22 人，経営耕地面積 18ha，売上高 9.4 億円までに拡大した。98 年には経営耕地面積は 28ha となり，集出荷施設にカット工場を新設し，従業員 30 名，売上高 10 億円となる。2000 年には営業部門を強化して取扱量も増やし，経営耕地面積 51ha，従業員 35 名，年間加工数量 16t と業容を拡大した。03 年には加工工場を増床し年間加工数量 60t，経営耕地面積 60ha，従業員 60 人，売上高 12 億円となる。これまで順次規模拡大が続き，現在では資本金 5 千万円で社長個人 24.8%，アグリビジネス投資育成，従業員持ち株会，取引先などが出資している。

　経営耕地面積 90ha は地域の離農者からの借地が 9 割で，圃場の移動コストを低減させるために 10 分以内に集約しているものの，約 200 カ所の圃場に分散している状況にある。作付作物は，里芋，ゴボウを主力に，ほうれん草，小松菜，キャベツ，人参など数十品目の野菜がある。

　生産販売の方式は契約栽培を中心としており，83 年に地元生協，86 年に里芋，ゴボウを農家へ生産委託し量販店へ出荷を開始している。契約生産では高価格販売は望めないが，価格変動は概して小さい。販売先の確保と信用を得れば，販売量と価格も予測出来るので，生産計画と機械施設の投資が容易となる利点がある。

　しかし，自社農場だけでは取引先からの要望を満たすだけの生産量を確保することが困難となっている。そのため「委託生産」[注5]農家 667 戸で任意組合を設立し，作物毎に部会制を敷き品種，肥料，農薬を統一してロット確保に努めている。

事業は多角化しておりその柱は集出荷事業で，取扱量の6割は委託生産組合農家，2割を非組合員農家，1割を自社農場からで，残りを農協，地方卸売市場から集め顧客に販売している。自社農場は委託生産してもらう農家へ提示する栽培・原価等のデータ収集と実証圃場，契約数量の過不足を調整する場として位置づけている。

取引顧客数は85社で，内訳は量販店7割，外食産業2割，市場出荷が1割である。顧客を多く持つことで（例えばA社の顧客層には向かなくても，B社の顧客層には受け入れられるなど），需要先に合わせて各規格の高価販売を目指している。

ICTを利用したトレーサビリティとGAP導入による生産管理システムの構築で経営効率化に図っている。この利点は，第一に従業員が毎日1時間半掛けていた日報作成時間の省力化，第二に原価計算が出来ることで，契約生産等の単価決定時の基礎資料として再生産価格に利潤を上乗せした交渉力につながり不利な値引き交渉に応じなくて済むこと，第三には生産履歴の管理を確立していることで顧客に安全・安心感を示せること，第四に自社ブランド確立に利用できるとともに新たな取り組みである農産物輸出のツールともなること，第五に農作業経験の無い従業員に作業手順を示せるなど人的資源管理にも利用できることにある。各分析帳票はグラフ化され，従業員に直感的に分かるよう工夫している。従業員自らの「気づき」を促進し，経営者の感覚を従業員に持たせ人材育成にも利用している。

現在，量販店の規格外品となる農産物が年間1千t発生する。そのうち400tは，S等の低価格品をネーミングや小分け，袋詰めで付加価値を付け，収穫量の2～3割を占める残りの規格外品600tで，カット等1次加工による高付加価値化に取り組んでいる。青果販売と規格外品の付加価値化による加工販売の割合を5：5となるよう目指している。パッケージを含む加工販売は，実需ニーズを把握でき，相互理解の促進で顧客拡大に結びついている（第13-2写真）。

第13-2写真　集出荷施設でのパック詰め作業（イメージ）

従業員は基本的に社内各部署に固定するが，販売，加工，企画部員は栽培経験が重要との考えから生産部門を経験させている。各部署に責任者と副責任者を置いている。また，人材派遣・業務請負業も行う関連会社を地元の退職者 15 名と設立している。この関連会社は農業生産法人として農産物生産も行っているが，主要業務は A 社直営農場の農作業が 5 割，集出荷・加工施設 3 割，委託生産農家の作業受託が 2 割である。研修生も半年間の試用期間はここに所属し従業員は約 20 名である。

(2) 自社での生産加工一貫体制の構築を目指す B 社

B 社は自社での生産から加工までの一貫体制を構築している。顧客の仕様に応える業務加工用野菜のオーダーメード生産を推進し，顧客との関係性を強化している。また，生産加工の一貫体制は，トレーサビリティが明瞭で顧客への安心感を与えている。

現社長は 1965 年に営農を始め，その後に里芋，ゴボウの集出荷事業を開始し，89 年頃は家族労働力 3 名と雇用労働力 7 名の 10 名で経営耕地面積 20ha 弱の経営を行い約 30 社と取引していた。95 年には認定農業者となり経営耕地面積 50ha，従業員 20 名に規模拡大し売上高は 2 億円，2000 年頃には 70ha を従業員 40 名程度で集荷事業が売上の半分を占めていた。その後，自社生産部門を強化して，04 年に農業生産法人に集出荷事業を吸収合併させ，06 年に加工施設を操業させ売上高は 9 億となっている。

現在，経営耕地面積は 120ha で，所有地割合が 50％程度と高いものの，移動時間 1 時間圏内に 100 以上の団地に分散している（第 13-3 写真）。作付作物の主力はゴボウ，里芋に冬作のキャベツ，大根，人参，ケールで，加工用ほうれん草，茶，甘しょ，タマネギ，枝豆が最近増加している。甘しょの作付割合を減らし，通年で露地野菜の輪作に取り組むことで耕地利用率 250％と集約化を図っている。

作付作物の中心は食品・総菜メーカーなど業務加工用の契約生産で，販売

第 13-3 写真　B 社の従業員による農作業風景

先は関東，関西の大都市圏 50 社に上る。量販店向けの青果向け販売は規格が細分化されており，採算が合わないため取引をしていない。契約栽培では欠品を生じさせないように作付量に余裕を持たせている。顧客からのオーダーが入る→価格交渉→契約達成→余剰農産物は紹介された会社にスポットで売却する→その会社が翌年オーダーを出す→作物や作付面積が増加するという構図にある。

1989 年設立当時は集出荷事業の売上高構成が 7～8 割と高かったが，現在では自社原料による加工に注力している。一部，委託生産農家 20 戸と 2 農協から集荷しているが売上高の 15％に押さえ，加工部門の売上目標は 3 億円としている。近年の集出荷事業の問題は，委託農家の高齢化などで生産能力が低下し，集荷する農産物の量，質ともにぶれることである。そのため当社で栽培マニュアルを作成し，委託農家を指導することで収穫量と品質が安定してきたので今後は拡充する方向にある。

会社組織は事業部，総務部，耕種部，農産加工部，茶業部で構成され，新設加工部長は内部異動させ工場長には経験者を採用しパートを増員している。また，近年は大手飲料メーカーとの契約生産で荒茶加工までを含む茶を導入している。冷凍・カット工場の増設による事業拡大は，管理能力に限界を感じており，さらなる発展には管理者層の人材育成が重要と考えている。戦略的な意志決定は部長級以上で行っているが，部長の下には将来の管理職候補を付け OJT を行っている。さらに，品目，播種，機械作業，農薬などの 15 単位の担当を決め，人材育成と失敗のリスクを回避するため，主と副担当を付け業務的管理を移譲している。作業班の構成員は，時期別に対象作物や作業に合わせて変更している。基幹労働力は農作業経験後に，オペレータ，加工，選果，事務，営業など社内異動させてキャリアを積ませている。なお，当社でも収支の現状把握と生産工程の改善を重視して，ITC を活用した原価計算と生産履歴を経営管理システムとして導入している。

(3) 法人間連携とともに人材育成にも取り組む C 社

C 社は大根の生産から加工までを主力としつつ，キャベツでは企業農業経営間連携による出荷組織の運営にも取り組んでいる。また，急速な経営規模と多角化により，必要となる人材育成，インセンティブシステムとガバナン

スについて幾つかの特徴的な取り組みをしている。当社は1993年に先代が父親から経営移譲を受けて経営耕地面積5haから営農を開始し、98年に認定農業者となった後に借地を集積し、2001年には経営耕地面積20ha、従業員15名で法人化、その後5年間に90haまで急速に拡大しパートや中国人研修生を中心に従業員66名まで大規模化している（第13-4写真）。

第13-4写真 C社の本社社屋

当初の主力品目は漬物用大根であったが、福岡の業者へ加工用に洗い大根を出荷したところ、価格がそれまでの19～23円/本から約200円/本と5倍以上の高価格販売ができた。その後、漬物用から加工用にシフトし、加えて量販店へも出荷するようになった。現在の売上高構成は7割が大根、2割がキャベツで、1割が焼酎用甘しょなどである。

経営耕地面積は90haで2km圏内に38%の農地を集約している。作付延べ面積は115ha、耕地利用率128で、これ以上の面積拡大は考えていない。

顧客は40社で、業務加工用の契約栽培を中心としているため食品加工企業が33社と多く、仲卸4社、量販店3社と続く。食品加工のベンダーは取引量が多く、原料確保を当社のみに依存した会社も存在するようになっている。製品差別化のためにエコファーマー、有機JAS認証、かごしま農林水産物認証（K-GAP）、大根では登録商標も取得している。

主力の大根はおでん、ツマ、サラダ用の業務加工用であり、11～5月は主に自社生産ができ、委託生産は町内3法人と1農家への40ha分である。農業ファンドから2億円の融資を受け、2010年に生産加工の一貫生産体制を強化するために総工費7.5億円で集出荷・加工施設を整備し、新たに50名を雇用し初年度売上8.6億円の計画をしている（第13-5写真）。加工施設の拡大により通年操業が必要となり、

第13-5写真 加工施設でのキャベツ芯抜き作業（イメージ）

当社で生産出来ない時期には青森の農協から荷を引いている。

キャベツの出荷，加工については，4法人1農家で任意出荷組合を08年に設立し，当社で事務局と加工施設と集荷トラックの混載を利用している[注6)]。設立契機は，8ha程度の作付では顧客からの需要量を当社だけでは満たせなかったことによる。これは参画した他の企業も同様であり，作付面積50ha，出荷数量2,900tとして生産側のロットを大きくすることで交渉力を強化し加工・流通コストの削減に取り組み，各社が契約生産していた関西，関東，九州圏内の12社へ1次加工して出荷する体制を整備している。

現在の従業員は66名，うち中国人研修生は11名いる。ここまでの企業規模になると，家族・同族だけでは運営出来ないので他人労働力を多く雇うが，数10人以上の規模になると隅々まで目が行き届かなくなり，ガバナンスの点で中間管理職の育成や，インセンティブを与えにくいなどの課題を抱えている。そのため，隣町の借地20ha分を生産管理していた支社を別会社化し，次世代の後継経営者と管理層育成の場，従業員のスキルアップの場，営農上の新しい経営方式にトライアルする場として位置づけている。

現在の本社従業員は，大きく生産一課（大根，馬鈴しょ，里芋担当），生産二課（甘しょ，キャベツ担当），加工課の3つのグループに分かれている。生産三課は，夏期の農閑期対応で兼任が多い。生産部門は課長—主任（実質職長）—社員4人—（パート4人程度）を単位に活動している。これまでの急激な面積拡大は，主にパートの増員で対応している。生産部門は生産収穫・選果グループ，支社の部単位程度の規模で管理してきており（第13-1図），班の増加に伴い部単位で再編してきた。戦略的な意志決定は部長以上級の生産企画グループで決定し，中間管理は部長級以上，業務的管理は課長，主任クラスに移譲されている。

圃場毎の原価計算を実施しているが，経費などの細かい点も含めて情報をオープンにすることで従業員の意識を高めている。機械毎に各管理担当者を決め，点検記録簿を付け経費削減目標も与えている。管理職は何人の部下を適正に管理できるのかなど，組織管理の原則を模索している。また，就業規則，職階，人事評価と昇進方法，役職手当を含む賃金体系など，人的資源管理の再構築に取り組んでいる。

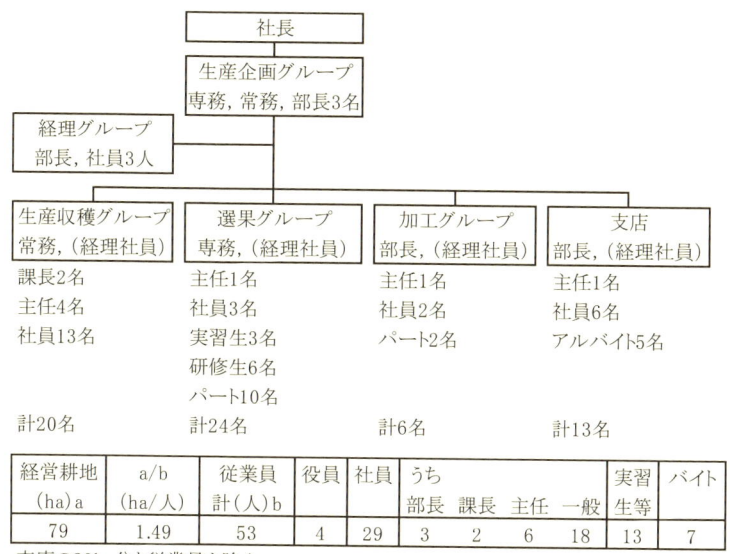

第13章 畑作における企業農業経営の現状と課題 (249)

```
                    ┌─────────┐
                    │  社長   │
                    └────┬────┘
                    ┌─────────────────┐
                    │ 生産企画グループ │
                    │専務,常務,部長3名│
                    └────┬────────────┘
  ┌─────────┐          │
  │経理グループ│────────┤
  │部長,社員3人│         │
  └─────────┘          │
```

生産収穫グループ	選果グループ	加工グループ	支店
常務,(経理社員)	専務,(経理社員)	部長,(経理社員)	部長,(経理社員)
課長2名	主任1名	主任1名	主任1名
主任4名	社員3名	社員2名	社員6名
社員13名	実習生3名	パート2名	アルバイト5名
	研修生6名		
	パート10名		
計20名	計24名	計6名	計13名

経営耕地 (ha)a	a/b (ha/人)	従業員 計(人)b	役員	社員	うち 部長	課長	主任	一般	実習 生等	バイト
79	1.49	53	4	29	3	2	6	18	13	7

支店の20ha分と従業員を除く

規模拡大による経営組織変化(～H19)

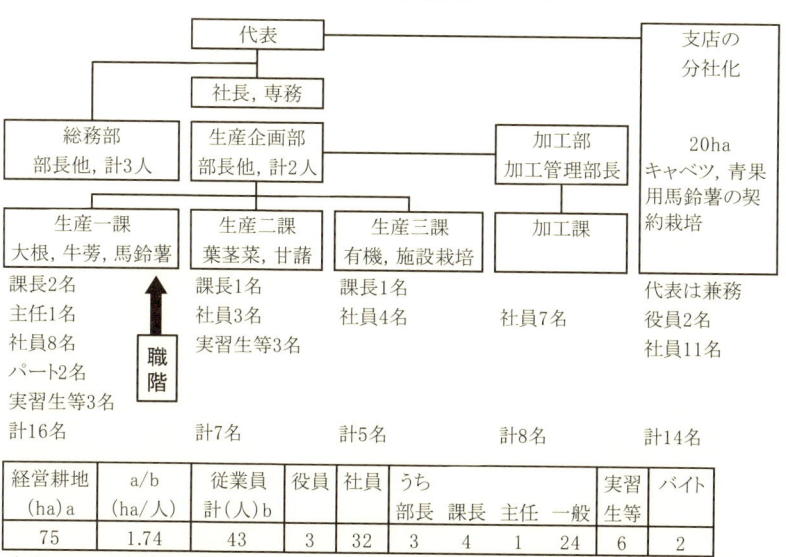

```
                ┌────────┐              ┌────────┐
                │  代表  │──────────────│ 支店の │
                └───┬────┘              │ 分社化 │
                ┌────────┐              │        │
                │社長,専務│             │ 20ha   │
                └───┬────┘              │キャベツ,青果│
                                        │用馬鈴薯の契│
                                        │約栽培  │
```

総務部	生産企画部			加工部	
部長他,計3人	部長他,計2人			加工管理部長	

生産一課	生産二課	生産三課		加工課	
大根,牛蒡,馬鈴薯	葉茎菜,甘藷	有機,施設栽培			
課長2名	課長1名	課長1名		社員7名	代表は兼務
主任1名	社員3名	社員4名			役員2名
社員8名	実習生等3名				社員11名
パート2名					
実習生等3名	←職階				
計16名	計7名	計5名		計8名	計14名

経営耕地 (ha)a	a/b (ha/人)	従業員 計(人)b	役員	社員	うち 部長	課長	主任	一般	実習 生等	バイト
75	1.74	43	3	32	3	4	1	24	6	2

支店の20ha分と従業員を除く

適正規模化のための経営組織変化(H20～)

第13-1図　C社における経営組織の変遷

(4) A社委託農家から企業農業経営へ発展したD社

 D社はA社傘下の委託生産農家から，企業性を帯びて新たに企業農業経営へと発展している。就農当時の兼業農家から，A社傘下で農産物を出荷する専業農家を経て2003年に資本金3百万円で法人化し，現在の売上高は1億6千万円に達している。経営耕地面積22ha，作付作物は甘しょ20ha，馬鈴しょ5ha，大根3ha，高菜1haであり，甘しょを基幹に4年6作の輪作体系を組み耕地利用率132と高い。作付作物は地場の食品企業向けに全量契約栽培で，出荷先の長期継続的確保，農産物価格の安定化に努めている。

 事業部門は生産以外に集荷事業に多角化している。委託生産農家は法人2社を含み約50戸であり，焼酎用甘しょ，ポテトチップス用馬鈴薯，漬物用大根で計110ha分を集荷している。栽培技術や出荷計画の指導は社長が担当している。委託農家には地域のサラリーマンと同等の年収400万円を目標にして，甘しょを主力に生産性を上げつつ，新規作物導入に挑戦するよう助言している。契約農家のうち高齢農家，作業が遅れている農家，病気などの緊急時に農作業を受託することで支援している。現在では高齢農家で甘しょ生産のネックとなる苗の供給に支援の重点は移っており，苗は年間約80万本を供給している。

 先進的な技術取得を積極的に行っており，新品種の有色甘しょも早期に導入し，商社のコーディネートで焼酎メーカーと連携して新しい焼酎銘柄を開発した。発売当初に機内販売や商社の系列ホテルだけで供され，幻の人気焼酎となっている。PB商品を作る企業へ持って行き，スポンサーをつけ，新品種の販路開拓をしている。原料農産物生産を行う上では基本的な行動で，最終商品である消費者を想定したビジネスベースでの発想が必要と考えている。

4. おわりに

 以上，南九州畑作で展開している企業農業経営を対象に，その経営実態と地域農業に果たしている役割をみてきた。最後に，これまでのまとめと企業経営展開上の今後の課題を述べてみたい。

 南九州を対象とした企業畑作経営は，経営者能力の高い経営者が，契約生

産を中心とした生産販売方式により，短期間に借地と雇用拡大による経営耕地面積の大規模化と集出荷や加工事業など川下への垂直的多角化を図り，独自の販売ルートを確立し短期間での発展を成し遂げている。共通した特徴としては，以下の点を挙げることができる。
①一般の農家と比較して企業畑作経営で共通する生産販売方式は，いわゆるプロダクトアウトの市場出荷型から，業務加工用を中心とした契約生産方式のマーケットインへと移行していることにある。多くの農家は特定の顧客を持っておらず「作りたいけれど，売り先がない，売値が決められないから投資も出来ない」といった状況とは対照的である。
　さらに，販売面での優位性は，第一に生産委託農家を含めて特定品目の取扱数量が多いことにあり，第二に生産履歴管理を確立していること，生産・加工・流通過程の一貫体制を実際に見せられることは顧客に安全・安心感を示せること，第三に，自社農場で契約数量の過不足を調整できることがある。
②計数管理と人的資源管理の側面からのGAPやICTを活用した生産管理手法の導入は，食の安全・安心への対応，トレーサビリティの確保，農作業経験の少ない従業員への農作業事故，農薬などの誤使用防止，農作業手順の習得に用いるためで，リスクと教育訓練コストの低減にも効果をもたらすものと考えられる。とりわけ原価計算システムは，経営管理において詳細な原価把握ができ，契約時の価格交渉に利用している。
③事業多角化の進展していることが挙げられる。契約生産の取引量の増加により，自社生産では需要が満たせずにロット確保のために周辺の農家へ委託生産や企業農業経営間のネットワーク化など，集出荷事業を併設するようになり，そして規格外品の多さから商品化率と付加価値を確保するために1次加工を中心とした事業へ多角化する方向にある。
　企業農業経営では組織拡大で専門化による分業は進みつつあるが，基幹労働力の人件費の源泉は生産部門からではなく，集出荷や加工事業による収益を生産部門へ「内部補助」していることが推察される。労働生産性の低い生産部門をもつ企業農業経営の成立には，収益事業への多角化が必須ではないかと思われる。
④地域農業に果たしている役割は，離農跡地の受け手となることで，耕作放棄の防止に役立っていることがある。集出荷・加工施設の併設は，地域の雇

用創出にも貢献している。また，地域の農家を傘下収めた産地化では，高齢農家の作業支援，傘下経営の指導で D 社のように発展していくなどの貢献も見て取れる。

　一方，短期間での成長は，企業経営展開上の今後の課題を内包している。①零細分散と借地争奪の課題がある。各社とも経営耕地は本社近隣への集約化，団地化，地権者の了解を得て畦畔の取り外しを図っているが，大規模化に伴い圃場枚数は多く狭隘な圃場もある。また，対象事例の所在市町村には 50ha 以上の企業畑作経営が複数存在しており，新たな農地拡大は容易ではなくなってきている。

②財務管理を高度化する課題がある。巨額投資となることで低コスト資金の調達，雇用が多いことから毎月の給与支払いなど資金繰りといった財務管理基盤の強化，顧客の購入量に占めるシェアを上げ交渉力を高めている一方で顧客の信用リスクも高まっている。

③人材育成を含む人的資源管理と組織整備の課題が挙げられる。補助労働力の作業員確保では，地域全体で女子パートが高齢化しており，中国人研修生を受け入れている。南九州は最低賃金が国内でも最も低い地域で，研修生の人件費は管理費を含めると地域労働市場からの雇用と比較して決して低コストではない。それでも多くの研修に依存するのは，毎日の欠勤が無く作業計画が立てやすいこと，各人の作業効率が高いこと，作業班の他の従業員の刺激となることからである。今後，安定的に補助労働力を確保できるかは検討を要する。また，企業経営での基幹労働力は，家族，同族以外の他人労働力が不可避で，永続企業体として展開し続けるには人材を確保，育成する組織整備が重要になる。金岡[10]の基幹労働力について職務満足分析をした結果では，モチベーションを高めるために経営参画を促し，従業員に権限委譲して裁量権を与え，独自活動を各々の責任において遂行させる経営組織の整備が求められる。経済的報酬に関わる分野の改善は不断に実施する必要があるが，動機づけ要因の改善に必要な組織構造改革は大きな収益性向上や追加費用も必要なく，経営組織の整備にもなるので管理施策としては優先的に改善することが求められる。

注：1) 岩元・佐藤[1]では，酒井[2]による「農業における企業経営を『利潤を獲得すること

を目標にして多数の労働者を雇用して商品たる農畜産物を生産する単位組織体である』と厳密に規定すると,一部の大規模畜産経営では企業経営が成立しているが,それ以外では日本農業において企業経営は成立していないし,一般に成立する条件もないということになる。」というのが当時の農業経営学界の一般的な認識であった。

注：2）南九州畑作の農業構造の動向と農業経営の展開方向については,久保田ら[3],金岡[4]を参照されたい。

注：3）金岡ら[7]は,九州各県の日本農業法人協会会員リストを中心にリストアップし,耕種経営を対象として 2006 年 11 月に郵送法により実施。

注：4）垂直的多角化の動機は,成長機会・収益性の機会をとらえることにあり,法人の全体規模の増大,利潤のプールによる資本危険の分散,一貫生産による技術的合理化,取引費用の削減によるコスト低減,価格設定を行える,顧客の直接獲得,流通経路・消費者の囲い込みなどが新山[8]で挙げられている.

注：5）2000 年世界農林業センサスの農家以外の農業事業体調査で,販売目的の事業体を地域別に「委託生産」を行った事業体数割合は,全国平均 5.0％で南九州は 8.1％と全国で最も高く,耕種の１事業体当たり委託農家戸数は 41.9 戸である。

注：6）詳細は西・金岡[9]を参照されたい。

［参考・引用文献］

[1] 岩元 泉・佐藤 了（1993）：「企業形態論」,長憲次編『農業経営研究の課題と方向』,日本経済評論社,pp. 149.

[2] 酒井淳一（1980）：「農業経営の企業形態」,吉田寛一・菊元富雄編『農業経営学』,文永堂出版,pp. 45.

[3] 久保田哲史・金岡正樹・後藤一寿（2009）：「需要構造変動下の南九州畑作農業の変容と模索」,福田晋編『西日本複合地帯の共生農業システム』,農林統計協会,pp. 64-106.

[4] 金岡正樹（2010）「南九州における農業構造の動向」,九州沖縄農業研究センター『都城研究拠点五十年の歩み』,pp. 5-9.

[5] 岩本純明（1994）：「畑作農業変革の胎動」,今村奈良臣編『農政改革の世界史的帰趨』,農山漁村文化協会,pp. 181-196.

[6] 田代洋一（2006）：「南九州の企業的農業」,『集落営農と農業生産法人―農の共同を紡ぐ―』,筑波書房,pp. 227-243.

[7] 金岡正樹・田口善勝・後藤一寿（2007）：「農業法人の多角的事業展開における人材確保」,『2007 年度日本農業経済学会論文集』,pp. 69-74.

[8] 新山陽子（1997）：『畜産の企業形態と経営管理』,日本経済評論社.

[9] 西 和盛・金岡正樹（2009）：「加工用キャベツの契約取引における関係性の構築」,『日本農業経済学会大会報告要旨』,K6.

[10] 金岡正樹（2010）：「農業法人従業員に対する職務満足分析の適用」『農林業問題研究』,46（1）,pp. 69-74.

第14章　建設企業の農業参入事例と地域農業における役割
―生産管理革新に着目して―

河野　靖・南石晃明

1. はじめに

　本章では，建設企業の農業参入の事例として，親会社が建設企業である有限会社あぐりを事例として取り上げる。同社は，愛媛県で最初に農業参入を行った事例であり，精密農業の実践など生産管理革新を実現しながら，地域農業において一定の役割を果たしている事例として評価できる。以下では，まず第2節において，愛媛県における法人経営の農業参入の現状を概観する。その後，第3節において，有限会社あぐりの概要と特徴を整理・考察する。第4節では，地域農業における企業経営の役割を検討し，最後に第5節においては，本章のまとめを行う。

2. 法人経営の農業参入の現状―愛媛県の場合―

　本節では，地域における企業農業参入の状況を明らかにするため，愛媛県を対象としてその現状を明らかにする。愛媛県における企業農業参入の状況あるいは参入意向の調査としては，輪木（2008）[12]や愛媛県農業振興局による調査がある。

(1) 組織形態別にみた農業経営の動向

　愛媛県における農業経営を組織形態別に見ると，株式会社などの会社法人

第14-1表　愛媛県における

年度	計	法人化している				
		小計	農事組合法人	会社			
				株式会社（特例有限会社も含む）	有限会社	合名・合資会社	合同会社
2010年度	33,175	389	71	223		9	
2005年度	38,681	343	16	205	24	3	
2000年度	45,047	497	112	223	17	3	

資料：愛媛県企画情報部管理局(2010)[1]，愛媛県企画情報部管理局(2005)[2]

232社が農業経営を行っている。有限会社の廃止で株式会社等会社法人が一時期増加したが，過去10年間，会社法人全体の数にはほとんど変化はみられない（**第14-1表**）。ただし，法人化していない家族経営をも含めて農業経営体の総数が減少しており，地域農業において農業法人経営が担うべき役割は今後も増加すると考えられる。

(2) 法人経営の農業参入の動向

愛媛県農業振興局農産園芸課が2010年9月に実施した調査によれば，農業生産法人を設立して農業参入している企業が22法人，農地法の改正に伴い農地の賃借許可により参入している企業が5法人，農地を利用しない部門へ参入している企業が4法人，特定法人貸付事業で参入している企業が9法人となっている。参入業種別では建設業13法人，食品関係7法人，小売販売業7法人，NPO法人2法人，その他11法人であり，建設業からの参入が多い。これは，後の事例紹介でも述べるが，公共事業の減少に伴う建設投資の大幅な減少など建設業界を取り巻く環境が大変厳しく，新たな分野へ進出を模索する中で地域に密着した活動を行ってきた法人が農業への参入に踏み切ったものと考えられる。また，農業分野では生産者の減少，高齢化により耕作放棄地が増加し地域農業の担い手となる人材が不足しているなか，地域農業の新たな農業の担い手として法人経営への期待が高まっている。

法人経営の農業参入の動向を，参入年次別にみると，以下で事例紹介を行う有限会社あぐりが，2000年11月に愛媛県内で最初の参入法人として農業に取り組んでいる。その後，2004年に1法人，2005年に1法人，2006年に4法人，2007年に4法人，2008年に7法人，2009年に3法人，2010年に1法人が，農業生産法人設立や特定法人貸し付け事業活用により農業へ参入している。

組織形態別農業経営体数

各種団体	その他の法人	地方公共団体・財産区	法人化していない
74	12	1	32,785
87	7	2	38,336
141	1	3	44,547

(2) 参入形態に着目した法人経営の農業参入の事例

　地域農業における法人経営の役割が増加する中，多様な主体が農業参入を行っている。参入形態に着目した農業参入に関する調査としては，輪木(2008)[12]が県内の既参入法人の実態を取りまとめている。この調査(2007年10-12月実施)では，農業生産法人による参入事例として4法人，特定法人貸付事業による参入事例として5法人の概要が整理されている(**第14-2表**)。

　農業生産法人として参入した4法人は，全てが建設業者である。建設業からの農業参入の理由としては，公共事業の減少に伴う雇用の維持のための進出であると考えられるとしている。これらの参入企業は，規模拡大の意向も強く，地域農業における新たな担い手として重要な役割を果たす可能性は大きいとしている。参入企業のうち，後に本章で詳しく取り上げる「有限会社あぐり」(**第14-1表**では，有限会社Aと記載)は水稲45haを栽培している。その他の法人は，野菜・果樹を主体としており，栽培耕地面積は0.13〜1ha程度である。また，営農技術の習得方法について，有限会社あぐりは，役員，従業員が農業体験で習得したり，農業技術を保有していたとしている。その他の法人では，農協，普及組織からの指導により農業技術を習得したとしている。生産された農産物の販売については，全ての法人が，独自に販路を開発して販売(計画含む)している。なお，農業参入にあたって苦労，困難だった点については，農地の確保や初期投資資金の確保についてほとんどの法人が指摘している。

　特定法人貸し付け事業により参入した5法人は，株式会社・NPO法人・企業組合とその法人形態は多様であり，そのため参入目的も地域振興を目的とするもの，生産あるいは販売面の強化を目的としたものなど多様である。栽培作物は野菜，水稲，花きであり，栽培耕地面積は0.4〜0.8ha程度である。営農技術の習得方法については，多くの法人で，役員，従業員が農業技術を保有していたとしている。また，生産された農産物の販売については，全ての法人が，独自に販路を開発して販売(計画含む)している。農業参入にあたって苦労，困難だった点については，農地や確保，初期投資資金の確保，安定した販売の確保が指摘されている。なお，**第14-1表**でB株式会社と記

第14章 建設企業の農業参入事例と地域農業における役割 (257)

第14-2表 愛媛県における農業参入事例

(1) 農業生産法人による参入

	有限会社A(松前町)〔建設業からの参入〕	有限会社G(大洲町)〔建設業からの参入〕	株式会社S(今治市)〔建設業からの参入〕	F株式会社(愛南町)〔建設業からの参入,建設業は廃業〕
法人名(所在地)				
法人の設立時期	H12.11	H17.6	H18.8	H19.7
耕作面積	45ha	0.13ha(施設)	0.6ha	1ha
作物名	水稲が大半、野菜(じゃがいも、レタス、サトイモほか)	野菜(水菜、ホウレンソウ、小松菜ほか)	果樹(ブルーベリー)	野菜(ブロッコリー、レタス、キャベツ)
農業従事者数	5名(繁忙期:10名程度建設会社から応援)	1名 パート4・5名	3名 パート1名(除草ほか)	1名 パート1・2名(除草、定植ほか)
認定農業者手続き	認定農業者	認定農業者	認定手続き中	検討中
農業参入の経緯	○余剰人員の活用 ○ビジネスチャンスとして農業に魅力	○余剰人員の活用	○余剰人員の活用	○ビジネスチャンスとして農業に魅力
営農技術の習得方法について	役員、従業員が農業経験、技術を保有	普及組織からの指導	農協、普及組織からの指導	農協からの指導
生産された農産物の販売	独自に販路を開拓して販売	独自に販路を開拓して販売	独自に販路を開拓して販売を行う計画 観光農園も検討	独自に販路を開拓して販売を行う計画
農業参入に当たって苦労、困難だったこと	○農地の確保 ○初期投資資金の確保 ○販路の確保	○農地の確保	○農地の確保 ○初期投資資金の確保	○初期投資資金の確保
今後の経営面積	経営面積を拡大したい	経営面積を拡大したい	経営面積を拡大したい	現在の経営面積を維持
農業参入、経営改善に当たって必要な支援	○経営計画の実効性が上がるマーケティング支援	○技術的な支援	○初期投資に必要な資金の融通 ○制度の簡素化(認定農業者)	○初期投資に必要な資金の融通 ○技術的な支援

(2) 特定法人貸付による参入

	NPO法人G(新居浜市)〔ボランティアの支援・活動〕	B株式会社(宇和島市)〔野菜苗の生産・販売〕	H株式会社(西予市)〔農産物委託販売、産直市の運営〕	企業組合I(宇和島市)〔どぶろく製造による地域活性化支援〕	S株式会社(八幡浜市)〔魚肉ハム、ソーセージなどの加工食品製造〕
法人名(所在地)					
法人の設立時期	9.912.11	H13.10	H18.9	H18.9	S26.10
農地の借入開始時期	H17.7~(5年間)	H18.10~(5年間)	H19.1~(3年間)	H19.5~(5年間)	H19.8~(10年間)
耕作面積	0.4ha	0.8ha	0.6ha	0.5ha	0.6ha
作物名	野菜(白いも)	野菜苗	野菜(大根、キャベツほか)	水稲	花き(胡蝶蘭)
農業従事者数	1名	150名(野菜苗生産を含む従業員数)	1名	1名	正社員2名 臨時2名 パート15名
農業参入の経緯	○地域振興と消費者交流の促進	○生産、販売まで一体的に行うため ○生産部門を吸収することにより企業価値を高めるため	○出荷体制の強化(出荷品の拡大、安定化)	○ビジネスチャンスとして農業に魅力	○ビジネスチャンスとして農業に魅力(子会社である有限会社Gからの移譲)
営農技術の習得方法について	地元農業者からの指導	役員、従業員が農業技術あり	役員、従業員が農業技術あり 普及組織からの指導	役員、従業員が農業技術あり	役員、従業員が農業技術あり
生産された農産物の販売	独自に販路を開拓して販売(生食用と焼酎用がある)	独自に販路を開拓して販売	独自に販路を開拓して販売(自社の既存販売ルートを活用)	独自に販路を開拓して販売(予定)	独自に販路を開拓して販売
農業参入に当たって苦労、困難だったこと	○参入手続きが面倒〔特区協議の際の農地取得の下限面積の関係〕	○なし〔関連会社の農業生産法人において事業実施済み〕	○農地の確保 ○初期投資資金の確保	○なし〔どぶろく特区での取組みであるため〕	○なし〔子会社の農業生産法人からの事業譲渡〕
今後の経営面積	経営面積を拡大したい	経営面積を拡大したい	新たに農業生産法人を設立し、面積拡大の予定	商品販売状況により面積拡大の可能性あり	現在の経営面積を維持
農業参入、経営改善に当たって必要な支援	○安定した販路の確保	○初期投資に必要な資金の融通 ○人材の確保	○希望に合った農地の提供	○なし〔どぶろく特区での取組みであるため〕	○なし〔子会社の農業生産法人からの事業譲渡〕

資料:輪木(2008)[12], p.52

載されている「ベルグアース株式会社」は山口園芸を母体としており、代表取締役社長の山口一彦氏は農家出身である。このため、農業内部から発展した企業農業経営に区分することができ、他産業からの「参入」とは異なっている。同社については、河野・山口（2010）[6]などを参照。

3. 有限会社あぐりの概要と特徴

(1) 経営の変遷

有限会社あぐりは、道路舗装工事を主体に行っている株式会社愛亀の西山周社長が 2000 年に愛媛県松前町に設立した農業生産法人である（**第 14-3 表**）。西山社長は、大手建設会社勤務を経て、1984 年に金亀建設株式会社（社名変更によりその後、株式会社愛亀）入社し、2000 年 11 月、代表取締役に就任している。それと同時に「あぐり」を設立している。

建設会社の受注する公共事業が少なくなる 4 月から 10 月が農繁期に当たることから、建設会社から十数名が派遣され、専属の職員とともに農業生産を行っている。「地域雇用の新しい担い手をめざし、『人』『食』『農』を考えた脱農薬・脱化学肥料による資源循環型農業」という経営方針を掲げ、食品残さを自社培養有用微生物群により発酵・熟成処理し、環境にも配慮し

第 14-3 表　有限会社あぐりの変遷と概要

年度	内容	栽培面積
2000年11月	有限会社あぐりを設立	社長所有 60a
2001年度	売上1,500万円 自社培養の有用微生物,「ぼかし」の自社製造	
2002年度	売上2,000万円	
2003年	松前町,伊予市からの借入農地多数	200筆, 22ha
2003年度	売上2,400万円 認定農業者認定 エコファーマ認定	
2004年度	売上高2,500万円	
2005年度	売上高3,100万円 「立ち上がる農山漁村」選定	
2008年度	売上高6,600万円 「第13回環境保全型農業推進コンクール優秀賞」	
2009年3月	農業情報学会「農業・食料産業イノベーション大賞」受賞	
2010年	剪定枝堆肥化プラント導入 売上8,300万円	400筆, 50ha (200人の地主)

た無化学肥料栽培に欠かせない高品質なぼかしへとリサイクルし，土づくりへと有効利用している。

親会社である「愛亀グループ」は，長年「金亀建設」という社名で舗装業を中心として地域で活動してきたが2008年4月11日に社名を「愛亀」と改めた。舗装業を中心とする「株式会社愛亀」や農産物の生産を行う「有限会社あぐり」など関連企業9社からなる愛亀グループのコンセプトは「街は生きている。私たち愛亀企業グループは，地域インフラの町医者です」とある通り，地域に密着した活動を行っている。

(2) 経営の概要

2000年に社長の所有する60aの農地をもとに有限会社あぐりを立ち上げ農業を始めたが，設立当初は，地域の農業者から「素人にやれるものか」との声も多く，周囲の理解を得るのに時間がかかった。しかし，次第に有限会社あぐりの農作物は安全・安心というイメージが定着し，真面目に農業に取り組む姿勢が認められ，地域の農業後継者の一員と認められるようになってきた。当初60aでスタートした農業生産は周囲の理解を得て農地管理や作業委託の件数も年々増え，2010年には400筆，50haになり，現有の機械設備や人員での栽培限界を超える規模となっている。

生産は設立当初から米，野菜とも無農薬・無化学肥料栽培を行っている。米の販売単価は無農薬・無化学肥料での生産であることを強調し，500円/kgで行っており，受託面積の増加に伴って，米の販売金額は2003年の500万円が，2005年には2,000万円，2009年には4,500万円と増加してきている。販売は松山市内道後温泉のホテルや料亭・レストラン，松山市周辺のレストランへ提供するとともに，市内量販店での販売やインターネットでの販売も行っている。さらに，加工品の販売も視野にいれ，「あぐり米」を使った清酒を県内の酒造会社で試作している。

建設会社を親会社としていることから，建設業では当然のこととして取り組まれている資源のリサイクルに目を向け，食品残渣を利用した土づくりにもスムーズに取り組んできた。微生物発酵装置（第14-1写真）により処理した「ぼかし」を無化学肥料栽培に利用している。また，地元の松前町の一般家庭より出される剪定枝等の堆肥化施設を（第14-2写真）を2010年に導

第14-1写真　食品残渣を利用した土づくりに用いる微生物発酵装置・微生物製造機

第14-2写真　剪定枝等の堆肥化施設

入し，地元と一緒になってこれらのリサイクルにも取り組んでいる。

(3) 経営戦略およびビジネスモデルの概要

　西山社長はあぐりのホームページで「くじけず，おごらず」と題し，次のように述べている。「私の生業は，舗装工事中心の建設会社です。当然，昨今の工事の減少に伴う経営の低迷は必至で，特に長年真摯に技を磨いてきた技能社員をいかに温存し，この状況を乗り切るか，『災い転じて福となす』の方程式はないのかと悩み，農業に目を向けました。そして『建設，農業は表裏』，『食の安全，安心』，『地域農作業の新たな担い手』，『地産地消』，『地域循環型営農』など盛りだくさんのキーワードとともに2000年秋，私が所有する農地60aをもとに有限会社あぐりを思い切って立ち上げました。それは地域の休耕地や担い手不在の農家から田んぼをお借りし，建設技能工による，脱農薬，脱化学肥料という一見無謀な営農のスタートでした。工事が比較的少ない春から秋は松山市近郊では稲作の農繁期で，一定数の技能社員を一定期間，建設から田んぼへシフトしています。圃場一つを工事現場と見て，工程管理に組み込み，原価計算は工事で培ってきたノウハウを流用し効率を高めていますが，同じ自然のもと，人工物を造るのと，作物を育てるのとでは大違いです。やはり農家の方はスゴイ。だから地域の農家の方にお叱りも頂戴しながら，その地域に溶け込む努力を皆で怠らないようにして，地域独特の農習慣や農作業のコツを習っています。おかげで60aから出発しましたが，5年を経た現在，約42haの土地を地域からお預かりして，

当初の 70 倍の土地を耕作しています。」

　あぐりの生産に対するこだわりは，「無農薬・無化学肥料栽培」であり，愛媛県特別栽培農産物として第 1 号の「無農薬・無化学肥料栽培」の認証を 2010 年に受けたことでもわかる。もう一つは，地域に密着した取り組みである。建設業も同様であるが，地域に認められなければ生産活動を継続できない。特に，農業生産は水管理を始め，堆肥や資材散布時の匂いによる周辺への影響など地域に理解されなければ取り組むことはできない。社長のあいさつのタイトルである「くじけず，おごらず」がモットーである。

(4) 人材育成への取り組み

　あぐりでは，「地域雇用の新しい担い手をめざし『人』『食』『農』を考えた脱農薬・脱化学肥料による資源循環型農業」という経営方針を掲げ無農薬・無化学肥料栽培での良食味な農産物の生産と収量の安定をめざしている。公共事業が比較的少なくなる 4 月から 10 月に親会社から十数名の技能工を有限会社あぐりに派遣し，有限会社あぐりの専属職員である 4 名とともに圃場管理に当たっている。

　建設業に携わっていた従業員は，当初は「農作業」に対する戸惑いがあった。このため，あぐりの専属職員をリーダとする班体制を取るとともに，各圃場の管理を担当制とすることで圃場管理に責任を持たせるなどの工夫により，「自然相手の労働」を楽しむ気運も出てきた，ことが観察されている。騒音公害などで引け目を感じる建設労働に比べ，地域の環境に貢献しているという自負もよい効果を生んでいる。

　各作業者は 3ha 程度を担当することになり，水管理作業だけでも大変であるが，さらに無農薬栽培であるため夏場は除草作業（第 14-3 写真）に追われることになる。雑草の発生が多い圃場は紙マルチ栽培を行うなどの工夫を行っているものの，作業時間の多くを除草作業に割かざるを得ない状況になっている。しかし，日々の作業の積み重ねにより，地域の評価も高まり農地を委託する生産者が多くなってきた。

(5) 作業情報，圃場情報，生産情報を活用した生産管理

　あぐりは，建設会社が母体の会社であることから，特に設立されてから間

第 14-3 写真　水稲無農薬栽培における夏場の除草作業

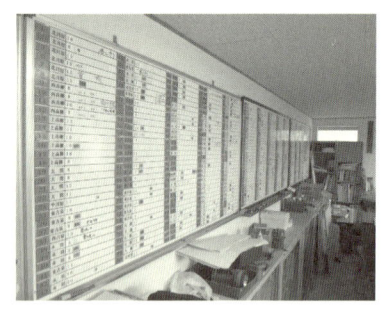

第 14-4 写真　400 筆に及ぶ圃場の作業進捗状況を把握するためのホワイトボード

もないころは，「コメ作り名人」のようないわゆる篤農家技術を保有していなかった。そのこともあり，作業全員が 400 筆に及ぶ圃場の作業進捗状況を把握し，効率的な作業ができるように，ホワイトボードを用いて圃場毎の情報を管理している（**第 14-4 写真**）。また，データベース管理ソフト（DBMS）を活用して，圃場毎の生産履歴情報を収集・集計・解析するソフトウエアを自社開発すると共に，圃場毎の土壌分析や米の味覚度など計測データに基づいて，栽培管理を行うなど，広義の「精密農業（Precision Agriculture）」の導入を積極的に行っている。これは，「経験と勘」でなく，データに基づく農業技術を確立することで，特別な農業技術を有しない従業員による生産管理を実現することにも貢献している。

　なお，あぐりは，土壌分析は，東京農工大学と地元企業が共同で開発した近赤外線を利用したトラクタ装着型の「土壌センサ」を用いている（二宮・加藤（2007）[11]）。また，米の味覚度などのデータの収集・分析は，愛媛大学との共同研究によるものである。さらに，カーボン・フットプリント（Carbon footprint）への取り組みや，九州大学が「農匠ナビ・プロジェクト」等において開発している「営農可視化システム FVS」（南石（2011）[7],[10]）の現地実証試験にも取り組むなど，大学や研究機関が研究開発を行っている新技術の導入に積極的である。

1）データベースによる作業情報，圃場情報，生産情報の管理と活用

　あぐりでは，農業ではおろそかにされがちな生産工程管理を本業である舗

装工事と同様に，圃場を一つの工事現場と見て，工程管理に組み込み履歴管理を行っている。作業者がその日に，どの圃場に対し，何の資材を投入し，どの機械を使用し，何の作業を，何時間行ったかを日報に記入する。その後，事務職員がこのデータをデータベース（DB）に入力している。この DB を利用することで，複数年にまたがる圃場の利用状況や投入資材の情報などの管理を行い，これらの情報を生産管理にフィードバックすることが可能になっている。この DB には，生産物の量や品質，土壌分析の結果も含まれており，生産計画作成時には，膨大な作業情報，圃場情報，生産情報を活用し，生産計画や作業計画に反映させることが可能になっている（第 14-5 写真）。また，土木工事で培ってきたノウハウを活用して，生産原価管理を行い，生産効率を向上させている。

(2) 土壌センサによる土壌情報の計測と活用

土壌分析に利用している「土壌センサ」（第 14-6 写真）は，近赤外線という光の特徴を利用し，土中の水分・有機物・全窒素量など，土作りの基本となる様々な土壌情報をリアルタイムに測定する。また，トラクタ本体には，50cm 程度の精度で位置情報の計測が可能な DGPS を搭載しており，高精度な土壌分析マップ（第 14-7 写真）を作成することが可能である。先祖代々の土地を耕す篤農家では経験の積み重ねによって土の状態を判断するが，新規に農業に参入した有限会社あぐりには経験がないため，土壌管理，施肥管理を測定データをもとに判断する精密農業が必要であったともいえる。さらに，圃場ごとの収量と科学的な食味分析データを蓄積しており，土壌管理，

第 14-5 写真　膨大な作業情報，圃場情報，生産情報を整理した帳票

第 14-6 写真　土壌分析に利用している土壌センサ

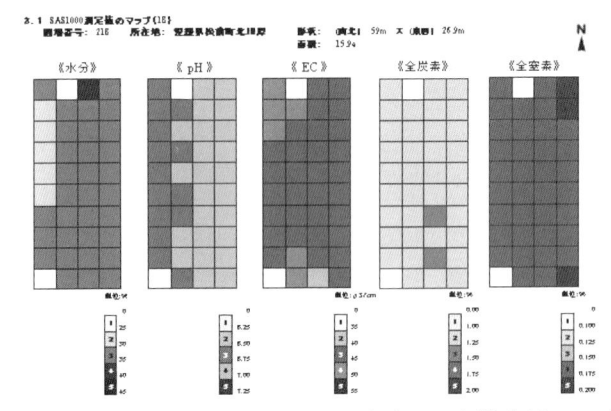

第14-7写真　土壌センサを用いて作成した土壌分析マップ

施肥管理，圃場条件などを加味しながら，生産にフィードバックしている。

(3) 営農可視化シスステムFVSによる農作業自動記録の試み

　現在，作業者が行っている作業内容は日報というかたちで作業者自身が様式に書き込むことでデータの蓄積を行っているが，細かな作業の切り替えまでを記録することは不可能である。作業者は複数の作業を同時に進めたり，いくつかの作業を細かく切り替えたりして実施しているため，正確な生産コストを把握するには自動的に作業内容を記録する必要があると感じている。そこで，愛媛県農林水産研究所と協力して，九州大学が開発している「営農可視化シスステムFVS（Farming Visualization System）」（第14-8写真）（南石（2011）[7]，の現地実証試験に取り組んでいる。FVSは，高精度の位置測定を行うDGPS，農作業の様子を記録する2台のカメラ，作業者が触ったものを識別するICタグリーダを装備しており，作業者が，いつ，どこで，何に触ったかという詳細な作業内容の連続計測と可視化（第14-9写真）を可能にするシステムである。これらのシステムを利用することで詳細な作業内容を把握することで，生産コストの分析を進めたいと考えている。

(4) データに基づく生産管理に対する経営方針

　上記で紹介した，データに基づく生産管理について，西山社長は次のように述べている（河野・大森（2010）[5]）。

第14章　建設企業の農業参入事例と地域農業における役割　(265)

第14-8写真　営農可視化システム
FVSの現地実証

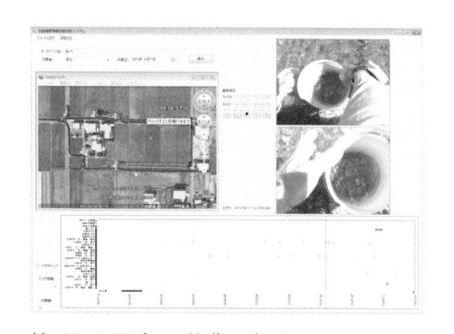

第14-9写真　営農可視化システム
FVSによる表示例

出典：南石・河野・江添（2011）[9]

　商売をするうえではいかに売るかということが重要となる。そのために，どうすればいいかを常に考えている。データを開示する必要があるかどうかということを，常に疑問に思っている。詳細なデータを，米を購入いただく人に開示することも重要かもしれないが，むしろ，詳細なデータを取って，そのデータに基づいた栽培管理をしているそのことの方が重要だと考えている。精密な農業・安全な農業を確実に実施しているということ自体が重要で，データ全てを開示するということでなくても信頼されるようになると考えている。全てのデータを開示しても，そのデータにどういった意味があるかを理解していただくことの方が大変で，データそのものを読んでいただかなくても，自社の品質管理システムがしっかりしていて，十分に稼働していることが重要であると感じている。このことは，まさにGAPであるが，有限会社あぐりではGAPを意識することなく，これまでの考え方がそのままGAPにつながるシステムとなっている。しかし，今後は何らかの形でGAPを導入していく必要が出てくるのではないかとも考えている。

　圃場の履歴は，圃場ごとのコストを考えていく上でどうしても必要なデータとなる。コストを削減するためには各圃場に，どれだけモノを投入し，どれだけの作業を行ったかわからなければ削減のしようがない。1kgの米を作る原価がいくらなのかわからないような状況ではダメだと考えている。これまでの農業（家業として行ってきた農業）であれば，コスト管理は必要なかったのかもしれない。しかし，企業としてやる上ではそうはいかない。それぞれの工程を管理し，コスト管理が行えて初めて成り立っていく。

これに関連して「精密農業」・「カーボン・フットプリント」もやっていきたいと思っている。圃場に有機物を投入し，圃場の力を高めなければならない，そうでなければ無農薬・無化学肥料での栽培はできないといわれるが，やみくもに有機物を投入していたのでは，田んぼが最終処分場になってしまう。これではいけないと考えている。圃場の状態をモニタリングし，年々変化する圃場の状況と生産される農産物の状態を把握して，投入量を決定しなければならない。

4. 地域農業における企業経営の役割

(1) 地域農業と有限会社あぐりの関係

あぐりは，社長所有の農地で無農薬・無化学肥料栽培を開始し，当初は，地域農業関係者からは「農業を知らない企業がどれほどできるか」とやや冷ややかな目で見られていた。しかし，その後，真摯に農業に取り組む姿勢が評価され，「あぐりに土地を預けよう」と依頼をする土地所有者が多くなり，現在では会社の管理許容量を超える勢いで農地の預け入れが多くなってきている。こうした背景から，地域においても「農業の担い手」としての認識が定着してきているといえる。なお，有限会社あぐりでは，設立当初は折り込みチラシなどにより農地の受け入れを PR していた。しかし，最近では農業者が管理できる部分は管理してもらい，作業の一部のみ受託し支援するような方法により，地域農業を支えている。

また，あぐりの位置する松前町では年間 580t 余りの剪定枝が排出され，廃棄物として処理されてきた。しかし，有限会社あぐりでは，これを堆肥化することで有効活用をはかっている。有限会社あぐりを含めグループ企業全体で，環境に配慮した取り組みを行っており，こうした幅広い取り組みもあり，地域社会において一定の社会的な評価を得るようになって来ている。

さらに，あぐりは最新のセンサや情報通信技術を活用した精密農業の実践など，農業イノベーションへの取り組みを積極的に行っている。最新技術を農業経営に活用しようとする姿勢は，地域農業に対して良い意味での刺激になっていると考えられる。

（2）地域農業と企業経営

　農業専従者が減少し，耕作放棄農地が増加している地域では，企業農業経営は，家族農業経営と同様に，地域農業の主要な担い手の一つであると考えられるようになってきている。企業農業経営には，主要な農業経営資源である農業人材の育成や農地の保全などの役割が期待されている。また，地域経済からみれば，企業農業経営には，雇用創出という役割も期待されている。

　これらの点についての企業農業経営の現状と意識を明らかにするため，泉（2011）[3]は，愛媛県の協力を得てアンケート調査を 2010 年 12 月に実施している。以下では，その概要を紹介し，地域農業における企業経営の役割について検討する。本アンケートは，愛媛県内の 140 社の農業法人経営に郵送方式により送付した。愛媛県等の資料によれば，2010 年 1 月 1 日時点で県内には 209 の農業法人が確認されているが，そのうち農事組合法人，畜産経営法人，休業中の法人が 69 社あり，これを除いた法人を調査対象とした。回答数は 50 社，回収率は 36％であった。回答法人経営の売上高を見ると，1000〜5000 万円未満が 49％で最も多く，次いで 1000 万円未満が 37％であり，5000 万円未満が 86％を占めている。

　回答法人の 73％が，過去 5 年間に従業員を少なくとも 1 人新規に雇用している。5 人以上新規雇用した法人も 26％あり，地域において一定の雇用創出の役割を果たしていると言えよう。

　雇用している従業員に対する研修の実施など人材育成については以下のような傾向がみられた。回答法人の 45％が自社あるいは行政等の制度を活用して研修を実施している。22％が自社のみで研修，18％が行政等の制度を活用して研修，4％は自社および行政等の両方で研修を実施している。売上高との関係では，自社研修を実施する経営は，行政研修を活用する経営に比較し，売上高が大きい傾向がみられる。従業員の雇用区分別にみると，34％が正規社員を研修の対象としており，30％が非正規社員も研修の対象としており，従業員の雇用区分別による違いは見られない。研修を実施する頻度は，回答法人（24 社）の 32％が毎月実施しているが，その一方で，採用後 1 回（18％），年 1 回（11％）のみ実施する場合もある。

　農地の保全については，回答法人の 30％が，過去に耕作放棄地であった

農地を耕作していると回答している。また，耕作放棄地になる可能性があった農地を耕作することで，38％が 0.1ha～1ha，42％が 1ha 以上の農地の耕作放棄化を未然に防いだと考えている。これらのアンケート調査結果は，回答者の主観的判断であるが，自社の活動が農地の耕作放棄化を防止する上で一定の貢献をしていると考えていることが理解できる。

5. おわりに

　本章では，建設企業の農業参入の事例として，愛媛県で最初に農業参入を行った親会社が建設企業である有限会社あぐりを事例として取り上げた。あぐりでは営農と有機リサイクルの循環を行うことにより環境保全型農業の実践を進めてきた。その中で地域と一緒になって木質系廃棄物を堆肥化したり，有機資材を使用することについて環境負荷がかかっていないか，土壌診断を行ったりしてきた。また，農作業情報，圃場情報，生産情報を活用した生産管理を実現している。具体的には，土壌センサや食味計測などを行うと共に，徹底した生産履歴の管理と食味等のデータを蓄積して，生産管理革新を実現すると共に，消費者への説明に活用してきた。今後，更に農業技術の進歩に目を向け，無農薬，無化学肥料での栽培方法の確立，収支面での農業経営の確立を進めている。

　愛媛県においては，ここで紹介したあぐりのように建設業からの参入が 13 法人と業種別では最も多い。建設業界では公共事業の減少に伴う，建設投資の大幅な減少など厳しい環境であることから新たな分野への進出を希望している。あぐりでは農業参入の動機の一つとして建設業余剰人員の活用を挙げているが，それにとどまらず独自の販路を開拓することで収益の安定確保を図っている。更に，地域農業の担い手であることを経営方針としており，このことが地域でも認められてきており，地域農業の主要な担い手の一員として，地域農業の維持・発展にも一定の貢献をしていると考えられる。今後，他産業から農業へ参入する場合にはこれらの点が重要となると考えられる。

　また，他産業からの農業参入は，他産業の生産管理や経営管理の農業への応用や，新たな視点からの農産物流通の提案などにより地域農業へ刺激を与えるといった波及効果も期待できる。こうした一種のイノベーションは，農家や農業関係者の意識を変える可能性があり，農業人材育成や農地保全など

の面でも，長期的な視点にたった地域社会の要請に応える可能性を有していると思われる。企業の農業参入が，地域農業の活性化に具体的にどのように貢献するのか，その問題点と限界も含めた実証的な解明が今後の課題である。

[付記]

本稿の執筆に際しては，（有）あぐり代表取締役社長西山周氏および事業部長大森孝宗氏のご協力を得た。ここに記して感謝の意を表します。

[参考・引用文献]

[1] 愛媛県企画情報部管理局統計課（2010）：愛媛県農林業センサス，http://www.pref.ehime.jp/toukeibox/datapage/nousen/2010nousengaiyou.doc.
[2] 愛媛県企画情報部管理局統計課（2005）：愛媛県農林業センサス，http://www.pref.ehime.jp/toukeibox/datapage/nousen/nousen2005/nousentop.htm.
[3] 泉　慎吾（2011）：「愛媛県における農業企業経営の地域農業への貢献に関する研究」，平成22年度九州大学農学部農業経営学研究室卒業研究論文，pp. 1-86
[4] 河野　章（2002）農業法人の経営展開と支援体制―愛媛県における果樹主体法人を事例として―，日本農業普及会平成13年度個別研究発表要旨．
[5] 河野　靖・大森孝宗（2010）「農業生産法人設立による建設業からの企業参入―（有）あぐりを対象として」，農業および園芸，86（1），pp. 204-208.
[6] 河野　靖・山口一彦（2010）「先端施設による大規模野菜苗生産型経営：ベルグアース株式会社」，農業および園芸，86（1），pp. 182-187.
[7] 南石晃明（2011）「農場リスク・マネジメントの情報通信技術」，農業におけるリスクと情報のマネジメント，農林統計出版，pp. 195-211.
[8] 南石晃明・河野　靖・菊池　孝・前山　薫・松浦貞彦（2010）：「農作業履歴自動収集・可視化システムの実証評価」，農業情報学会2010年度講演要旨集，pp. 13-14.
[9] 南石晃明・河野　靖・江添俊明（2011）ICタグリーダ・DGPS・カメラを用いた農作業情報の連続計測―営農可視化システムFVS高機能タイプの改良と現地実証―，農業情報学会2011年大会講演要旨集，pp. 41-42.
[10] 南石晃明[編著]（2011）「農林水産省委託研究『農家の作業技術の数値化及びデータマイニング手法の開発』の概要と成果（I）」（2010年度版PDF），http://www.agr.kyushu-u.ac.jp/keiei/NoshoNavi/NoshoNavi-seika2010.pdf.
[11] 二宮和則・加藤祐子（2007）：「土壌センサから始まる精密農業」，農林水産研究ジャーナル30（5），pp. 10-14.
[12] 輪木寿人（2008）：「他産業からの農業参入について」，調査研究情報誌ECPR，財団法人えひめ地域政策研究センター，Vol. 24, 49-55, http://www.ecpr.or.jp/pdf/ecpr23/ecpr23_7.pdf.

第 15 章　食品企業参入の現状と地域農業における役割
—参入企業経営の持続性に焦点をあてて—

山本善久・青戸貞夫・竹山孝治・津森保孝

1. はじめに

　本章に与えられた課題は，食品企業参入の現状を明らかにし，そこからみえてくる地域農業における役割を検討することにある。

　食品企業の農業参入は，既に販路を有した上での参入であることに加え，生産部門のリスクをフードシステム全体のなかで吸収可能であるという特徴を有することから，他業種からの参入と比較して一定の優位性が指摘されている[注1]。また，参入企業の多くは，加工原料の内製化を主目的とした参入[注2]であるため，必然的に企業本体部門の加工及び販売事業と連携した取り組みが展開され，1次産業から3次産業に及ぶ裾野の広い事業展開が想定される。したがって，地域雇用の創出など，地域経済・農業への波及効果が期待できる。

　このように，食品企業の農業参入は，他業種と比較して一定の優位性を持ち，地域経済への波及効果が期待できるものの，一方で，参入企業の経営実態に関する研究蓄積は必ずしも進んでいるとはいえず[注3]，参入後一定の期間を経過した企業が現在どのような経営内容にあり[注4]，そして，これまで企業内・外の環境変化や課題に対してどう対応してきたのか，について客観的経営データをもとに明らかにしたものはほとんどみられない。

　しかしながら，食品企業参入の地域農業における役割を検討するという見地に立てば，それらの議論の前提条件として参入企業の経営が継続可能な状況にあるという事実を明らかにする必要がある。すなわち，企業参入の動きが一過性のものではなく継続性を有し，地域農業に対する経済波及効果の発現や役割を今後とも果たしうる状態にあるのか，という論点への関心である。

　以上のような問題意識に立って，本章は以下の内容で構成される。

　まず第1に，島根県における農業参入企業の概要を紹介し，食品企業参入の特徴について整理する。

　第2に，参入後10年以上の農業経営実績を有する食品企業からの参入事

例を取り上げ，経営発展過程を整理するなかで前述の論点に接近したい。加えて，安定経営に向けた経営管理の要点を抽出する。

第3に，事例分析をもとに，食品企業参入の地域農業における役割について言及する。

2. 企業参入の概要と食品企業参入の特徴

島根県では，全国に先駆けて企業の農業参入支援に取り組み，新規就農者，認定農業者，集落営農組織及び農業法人などとともに，地域農業の担い手として位置付けてその育成・確保をおこなってきた[注5]。

2010年9月末現在における参入企業数は累計で82社であり，うち建設業58%，食品製造業11%，造園業5%，建設関連産業5%，その他（15業種）21%の順となっている。食品企業の参入数比率は，建設業に次いで多く，建設業とともに本県企業参入の中心的業種といえる。

以下では，筆者らがおこなった参入企業35社への聞き取り調査結果[注6]をもとに，島根県における参入企業の概要を示し，食品企業参入の特徴を整理する。

調査企業の概要を第15-1表に示した。導入作物は，建設業は果樹，野菜が中心であり，食品製造業は原料確保を目的とした野菜部門への参入に特化する傾向がみられる。造園業，農業関連業，その他の業種については，水稲，畜産，花き，特用林産物などへの参入がみられ，飼料会社や農機具販売業は，本業の技術・資本を生かし，それぞれ畜産や水稲栽培へ参入する動きがみられる。また，導入作物比率は，建設業での導入が多かった果樹29%，野菜

第15-1表 業種別・参入形態別にみた調査企業の概要

		業種 N=35		形態 N=35		経過年数 N=35		主な導入作物 N=35						農地確保 N=30				
		件数	比率	別法人	直接	5年以内	6年以上	果樹	野菜	水稲	畜産	花き	特用林産	自作地(ha)	借地(ha)	小計(ha)	1社当たり面積(ha)		変動係数
																	平均	中央値	
建設業		21	59%	16	5	13	8	9	5	2	2		3	31	79	110	5.8	2.7	1.1
食品製造業		3	9%	2	1	2	1		3					51	31	82	27.4	6.0	1.4
造園業		3	9%	3		1	2	1				1	1	41	14	55	18.4	1.6	1.6
農業関連業		5	14%	3	2	2	3		1	3	1			22	25	47	11.8	10.5	0.8
その他		3	9%	1	2	2	1			1		1	1	1		1	0.5	0.5	-
合計(社，ha)		35	100%	25	10	20	15	10	8	4	6	3	4	146	149	295	4.9	5.0	9.8
						71%	29%	57%	43%	29%	23%	11%	17%	9%	11%		49%	51%	100%
1社当たり面積	平均			10.8	7.1	9.0	10.7	2.9	13.9	17.7	19.6	1.1	1.0	4.9	5.0	9.8			
(ha)	中央値			5.2	4.3	4.0	5.3	1.6	5.7	21.0	11.0	1.0	1.0	0.6	1.0	5.2			
変動係数				1.6	1.1	1.5	1.7	1.1	1.7	0.5	0.9	0.5	-	2.3	1.5	1.6			

資料：聞き取り調査より作成。
注：1）表中に単位が記載されていない数値については，該当企業数を示す。

23%の順に多く,次いで畜産17%となっている。作物別にみた1社当たり平均経営面積は,畜産19.6ha,水稲17.7ha,野菜13.9haの順となり,ばらつきをみれば,果樹や野菜では大きく,水稲,花きでやや小さい傾向にある。

農地確保の状況は,回答の得られた30社の合計経営面積が295haであり,うち借地146ha（49%）,自作地149ha（51%）であった。借地・自作地比率を業種別にみれば,建設業で借地比率が高く,農業関連業がほぼ同率であるほかは,自作地比率が高い傾向にある。さらに,1社当たり平均経営面積は,食品製造業27.4ha,造園業18.4ha,農業関連業11.8ha,建設業5.8haの順に大きく（その他の業種は1社のみなので除外）,果樹,野菜部門への参入が中心の建設業において経営面積が小さい傾向にある。しかし,食品製造業や造園業においては,ばらつきが大きい傾向がみられ,参入企業間で大きな差異が存在する。

第15-2表に,業種別にみた売上高を示した。回答の得られた企業30社の直近の売上高合計は26.2億円,1社平均で87百万円である。ただし,変動係数の値が大きく,企業間に相当のばらつきがあることが確認できる。これら売上を業種別にみれば,1社当たり平均売上高は,農業関連業が333百万円,食品製造業が119百万円と比較的大きく,建設業では低い傾向にある。また,農業関連業及び建設業の変動係数が大きく,食品製造業の中央値が最も高い。つまり,農業関連業は売上高の多いものから少ないものまで大きな格差があるのに対して,食品製造業ではその格差が小さい傾向にある。

次に,業種別にみた経営実績の傾向をみておく。第15-1図に,計画目標と比較した経営実績評価と業種・経過年数の関係[注7]を示した。分析結果からは,「目標以上」との関係が強いものとして,「農業関連業,6年以上」が該当し,「概ね目標どおり」との関係は,「食品製造業,6年

第15-2表　業種別にみた売上高

	1社当たり売上高(百万)		変動係数
	平均	中央値	
建設業	20	10	1.4
食品製造業	119	104	1.0
造園業	63	45	1.1
農業関連業	333	43	1.5
その他	37	37	－
合計(26.2億円)	87	17	2.5

資料:聞き取り調査より作成。
注:1)　回答の得られた企業30社からの聞き取り調査より作成。
　　2)　サンプル数は30社である。

以上」との関係が強い。また,「目標をやや下回る」及び「大幅に目標を下回る」の各評価については,第2軸により判別でき,「目標をやや下回る」は,「食品製造業,5年以下」「造園業,6年以上」「その他,6年以上」「造園業5年以下」が該当する。「大幅に目標を下回る」は,「建設業,6年以上」「建設業,5年以下」が該当し,建設業からの参入企業において目標との乖離が顕著であることが明らかとなった[注8]。

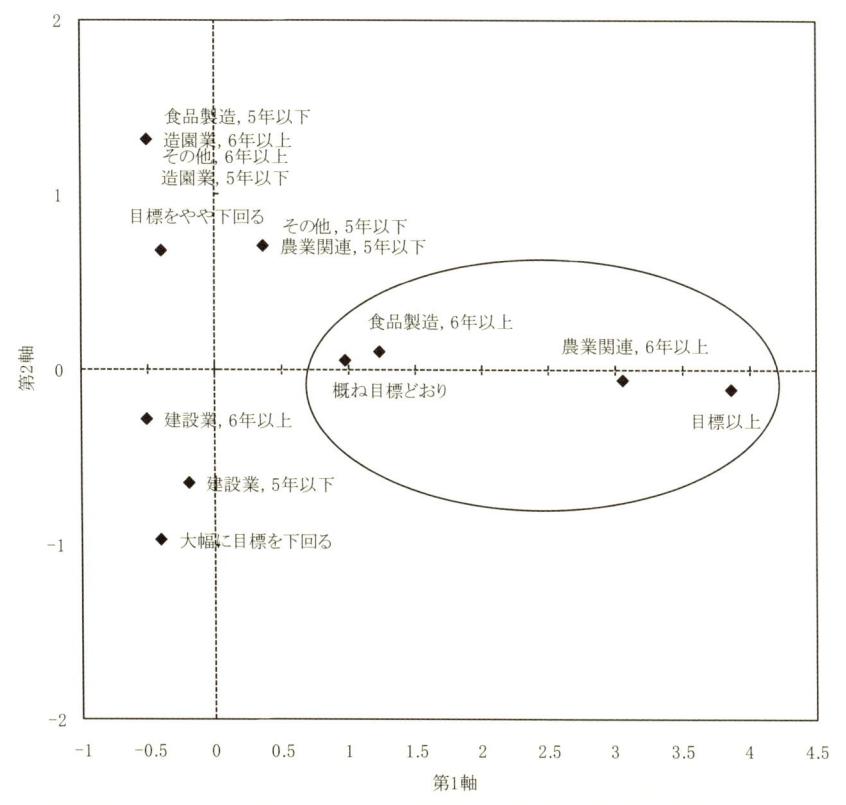

第15-1図 計画目標と比較した経営実績評価と業種・経過年数の関係
資料:聞き取り調査から作成。
注:1) 累積寄与率は79%であり,第1軸が55%,第2軸が24%である。
　　2) サンプルスコアから,第1軸は「目標以上」「概ね目標どおり」がプラスの値を示し,第2軸は,プラスの値が「目標をやや下回る」,マイナスの値が「大幅に目標を下回る」で分けられる。
　　3) ○で囲んだところが「目標以上」「概ね目標どおり」との関係が強い。

以上の結果から，食品企業参入の特徴を整理すれば次のようである。第 1 に，原料確保を目的とした野菜部門への参入に特化し，第 2 に，1 社当たり平均経営面積は他業種と比較して大きく（ばらつきもやや大きい），第 3 に，1 社当たり平均売上高が高く，尚かつ，企業間のばらつきが小さい傾向にある。そして，第 4 として，計画目標と比較した経営評価は，農業関連業と並んで良好な業種に位置付けられる。

以降では，具体的な事例分析にもとづく客観的経営データを用いて，食品企業参入の経営実態を明らかにし，企業の継続性の検証及び経営安定化に向けた要点について検討する。

3. 食品企業参入の実態と経営管理の要点—株式会社キューサイファーム島根を事例として—

(1) 生産及び組織構造の概要

第 15-3 表に，株式会社キューサイファーム島根（以下，キューサイファーム島根）の概要を示した。本章で取り上げるキューサイファーム島根は，島根県西部に位置し，清涼飲料水の原料（ケール）の生産・加工・販売を主な事業としている。法人設立は 1998 年 10 月で，清涼飲料水原料の安定的な確保を目的に，健康食品・青汁・冷凍食品の製造販売を主な事業とするキューサイ株式会社（以下，キューサイ，出資比率 10%）及び役員（出資比率 90%）の出資により，資本金 5.5 億円で設立された。現在は，出資金を減資

第 15-3 表　キューサイファーム島根の概要

項目	概要
主な事業	清涼飲料水の原料生産・加工・販売
設立年次	1998年10月
参入目的	清涼飲料水原料の安定的な確保
出資金	設立当初　　　　現在 5.5億円　　　　1千万円
出資比率	キューサイ:10%　キューサイ:49%
法人形態種別	株式会社, 農業生産法人, 認定農業者
関連企業（親会社）	キューサイ株式会社
キューサイの主な事業	健康食品・青汁・冷凍食品の製造販売

資料：聞き取り調査より作成。

し，資本金1千万円，出資比率はキューサイ49％，役員51％となっている。

第15-4表に農業部門の概要を示した。キューサイファーム島根の主要な栽培作物はケールであり，自作地51ha及び借地20haの合計71haで栽培している。2010年のケール延べ作付面積は42haで，春作10ha，秋作32haとなっている。2009年の生産量実績は967tでありやや少ないが，販売予測や他農場との兼ね合いから生産調整を実施した結果であり，気象災害や大きな病害虫が発生しなければ，10a当たり収量は4,500kg程度が可能である。

第15-4表　農業部門の概要

	ケール	備考
自社経営面積	71ha	
うち 自作地	51ha	
借地	20ha	
延べ作付面積	42ha	春作10ha, 秋作32ha
契約栽培	55ha	
うち 九州	50ha	農家数50戸
島根県	5ha	農家数10戸

資料：聞き取り調査より作成。
注1）：延べ作付面積は2010年実績及び予定である。

また，借地は地権者と直接交渉し決定され，1年契約を基本とする。なお，自社栽培以外に契約栽培が55haあり，総契約農家数は60戸程度存在する。そのうち，50ha，50戸は九州地域での契約栽培であり，5ha，10戸が島根県（近隣地域）での契約栽培となっている。これら契約農家からの買い取り価格は，定額単価となっており，無農薬栽培のため，虫食い50％までを買い取り可能としている。

自社及び契約栽培により生産されたケールは，キューサイファーム島根において冷凍青汁や粉末青汁という形態に加工され，1次加工品，または，2次加工品としてキューサイへ納入される。最近では，これまでの主力製品であった冷凍青汁から粉末青汁へ商品需要がシフトしており，現状の売上比率はそれぞれ，50％ずつである。

第15-2図に，キューサイファーム島根の組織構造と関連企業との関係を示した。当社の組織体制は，役員2名，正規職員27名，契約社員10名，期間雇用196名である。うち，農場部門の正規職員は5名であり，ケール部門とその他野菜部門に区分されている。なお，作業ピーク時には最大40名体制としている。加工部門は，工場長を含めた正規職員が18名であり，生産技術部門と品質管理部門が配置されている。作業ピーク時には契約社員や期間雇用を含めて200名体制となっている。その他，管理部門（総務・経理）

(276)　第Ⅲ部　「企業経営」の現状と地域農業における役割

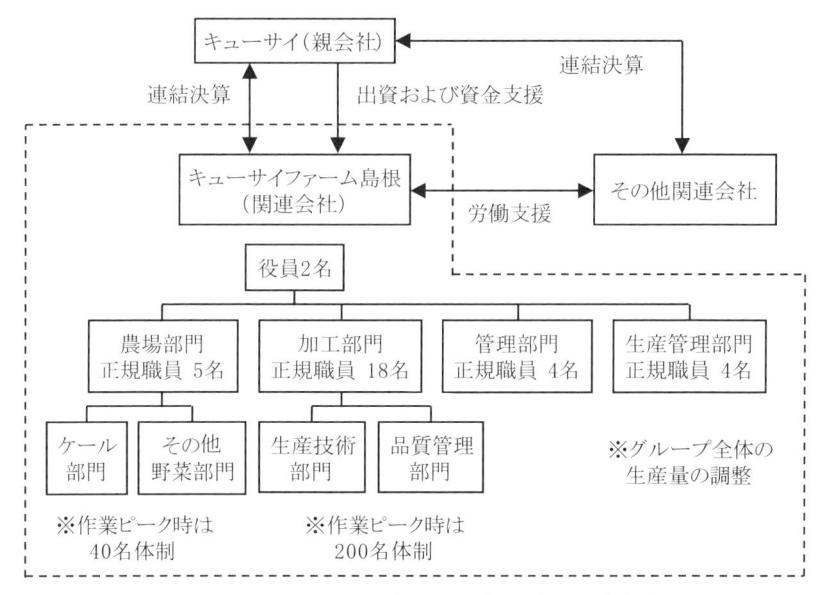

```
                    キューサイ(親会社)
         連結決算  ↑↓    ↑↓              ↘ 連結決算
              連結決算   出資および資金支援
         ┌─────┼────────────────────┐
         │  キューサイファーム島根 ←──労働支援──→ その他関連会社
         │    (関連会社)
         │        │
         │      役員2名
         │   ┌────┬────┬────┬────┐
         │ 農場部門  加工部門  管理部門   生産管理部門
         │ 正規職員5名 正規職員18名 正規職員4名 正規職員4名
         │ ┌──┬──┐  ┌──┬──┐
         │ ケール その他 生産技術 品質管理    ※グループ全体の
         │ 部門  野菜部門 部門   部門        生産量の調整
         │ ※作業ピーク時は  ※作業ピーク時は
         │  40名体制      200名体制
         └──────────────────────────┘
```

第15-2図　キューサイファーム島根の組織構造と関連企業との関係
資料：聞き取り調査から作成。
注：1）図中の点線部分がキューサイファーム島根の組織構造を示す

に4名の正規職員，生産管理部門にキューサイファーム島根から1名とキューサイからの出向者の3名が配置されている。生産管理部門は，関連会社全体の生産量を管理・調整する機能を有するが，キューサイファーム島根の最終的な生産量は，当社で決定できる仕組みとなっている。なお，組織内では，業務ごとに職員が固定化されており，基本的に業務間ごとの移動はおこなわれていない。ただし，加工部門では，作業ピークの異なる他工場からの人的支援があり，それらは，期間的な出張扱いになっている。

　また，人事管理は，役員は親会社を含めたなかの異動であり，キューサイファーム島根の正規社員の採用は，当社の代表取締役が決定権を有し，期間雇用の採用は，各部門の長の判断で可能となっている。

(2) 経営発展過程と現状の経営評価

1) 経営発展過程

　第15-3図に，キューサイファーム島根の経営発展過程を示した。当社の農業参入は1998年であり，栽培の開始は1999年である。販売は，栽培2年

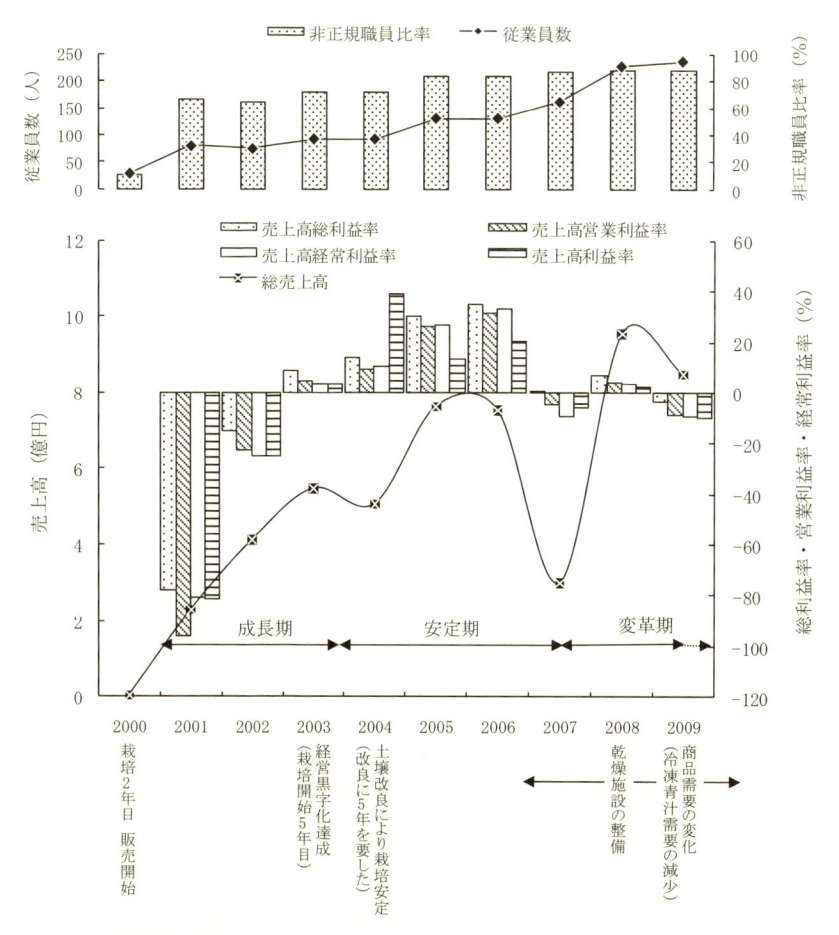

第15-3図　キューサイファーム島根の経営発展過程
資料：聞き取り調査より作成。
注：1) 2007年は会計期間が異なるため参考値である。

目にあたる 2000 年から始まり，この年の販売額は 280 万円であった。その後，順次作付面積を拡大するとともに，土壌改良を実施したことで栽培が安定したため，栽培開始 5 年目の 2003 年には経営の黒字化を達成している。これら，参入時から経営黒字化を達成する 2003 年までの期間は，単年度赤字でありながらも，売上の急激な増加傾向がみられることから，企業経営の成長期と捉えることができる。

　また，経営黒字化を達成した 2003 年から 2006 年の間は，売上を増加させながら，経営の単年度黒字を計上している。さらに，成長期における累積赤字の解消を図り，参入期間を通じた経営の黒字化を達成している。したがって，これらの期間は，参入期間を通じて最も経営の良好な安定期といえよう。

　2007 年以降は，主力商品である冷凍青汁需要の減少に伴い，経営方針の転換が求められたことから，2008 年に外部資金を活用し乾燥製造ラインを整備することで商品需要の変化に対応している。これら，2007 年以降は，既存商品から新規商品への転換が迫られる変革期と位置付けられる。この変革期において当社では，新たな設備投資により粉末青汁という新商品への転換を図り，急激な売上高の上昇を達成している。しかしながら，経営数値をみると，利益率が安定的にプラスの数値を達成できておらず，製造段階での更なる効率化が今後の課題と考えられる（なお，2009 年については，在庫の適正化を図るために大幅な生産調整を実施している）。

　次に，従業員数の推移をみれば，栽培 3 年目の 2001 年に大幅に増加しており，これは，作付面積の拡大とともに生産量が増加したことに対応したものと考えられる。その後，経営の安定期にあたる 2003 年から 2006 年までは，売上高増加や収益黒字化を達成したことにより，さらなる増員が図られている。そして，2007 年以降の企業経営変革期では，商品需要の変化に対応するために，主として加工製造部門で大幅な人員増加が図られている。また，2005 年以降は期間雇用を中心に人員増を図っており，2009 年時点での非正規職員比率は 88％となっている。

2）当初計画と比較した経営評価

　第 15-4 図に，当初計画と比較した現在の経営評価を示した。先にみたように，キューサイファーム島根は 1998 年に農業参入してから 12 年を経過し，

第 15 章　食品企業参入の現状と地域農業における役割　(279)

	大幅に想定を下回る	想定よりやや劣る	概ね想定どおり	想定以上

収益性
- 売上高の推移
- 総利益（粗利益）の推移
- 営業利益の推移
- 経常利益の推移
- 税引後利益の推移

栽培
- 生産量
- 農地の取得
- ほ場条件
- 栽培技術の習得
- 栽培計画の実行

販売
- 単価
- 出荷品質
- 販売先の確保
- 消費者ニーズの把握
- 計画出荷

組織力
- 農業技術者の育成・確保
- 農業技術者の技術レベル
- 栽培体制の確立
- 販売担当者の育成・確保
- 販売担当者の営業能力・レベル
- 販売対策の確立
- 企業間・他機関との連携

本社への原料供給を目的としているため、販売担当者の設置や対策は行っていない。（回答困難）

	想定より多い	概ね想定どおり	想定より少ない	想定より大幅に少ない

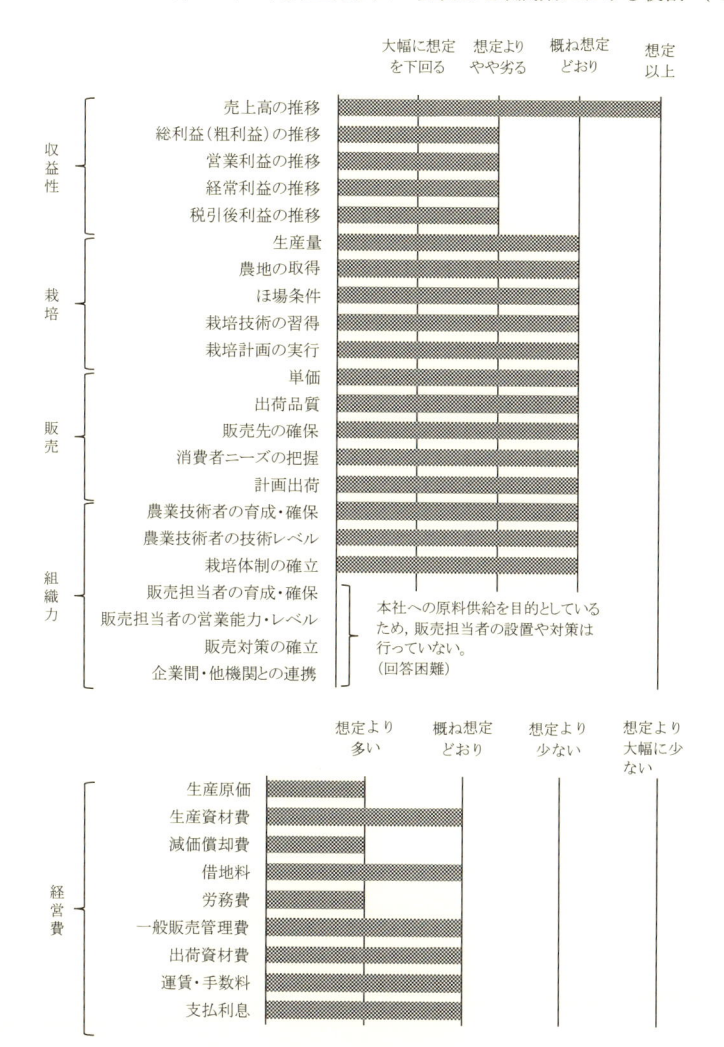

経営費
- 生産原価
- 生産資材費
- 減価償却費
- 借地料
- 労務費
- 一般販売管理費
- 出荷資材費
- 運賃・手数料
- 支払利息

第15-4図　当初計画と比較した現在の経営評価
資料：聞き取り調査から作成。
注：1) 各項目について，「想定以上」「概ね想定どおり」「想定をやや下回る」「大幅に想定を下回る」または，「想定より大幅に少ない」「想定より少ない」「概ね想定どおり」「想定より多い」の4つの選択肢から回答を得て，当初計画と現在の経営評価との比較を行った。なお，各選択肢は，便宜上，4点，3点，2点，1点に変換しグラフとして示した。

その間，順次経営拡大が図られてきたところである。ここでは，当初計画と比較し，現状の経営がどのレベルに到達しているのかを経営者の評価から明らかにする。

経営の最も重要な評価項目である収益性は，売上高が「想定以上」という評価である一方，総利益，営業利益，経常利益，税引後利益が「想定よりやや劣る」という評価であった。これら評価は，2008年以降の実績が大きく反映された結果であり，新商品への転換を図るなかで，利益率の継続した黒字化が達成されていないことによるものと判断できる。しかし，参入期間全体で評価するならば，これまで概ね順調に推移してきており，ほぼ計画どおりの収益性を確保できていると考えてもよかろう。

その他，栽培，販売，組織力にかかる項目は，全て「概ね想定どおり」という評価であった。特に，圃場条件については当初恵まれていなかったものの，堆肥散布，除礫，排水対策により，野菜栽培に適した土質に改良が図られている。また，栽培技術（基本技術）は，参入初期に他地域から篤農家を招いた研修会・指導を実施することで習得している。その後は，自社独自のデータベース（栽培履歴）を構築し，生産の安定化を図っている。なお，技術・人材育成手法の詳細は後述する。

経営費は，生産原価，減価償却費，労務費が「想定より多い」という評価であった。当社では2008年以降，新商品への転換を図るなかで，大幅な人員増加や追加投資を試みている。しかしながら，新たな取り組みであるがゆえに，現状において必ずしも効率的な運営にまでは至っていないことが，やや厳しい評価に繋がっている。今後は，時間の経過とともに新規取り組みの効率化が図られれば，「概ね想定どおり」の評価へ近づくと思われる。なお，その他の項目については，「概ね想定どおり」の評価となっており，当初計画どおりに推移しているといえる。

(3) 人材育成手法及び経営理念・計画の意義

1) 技術習得・人材育成手法

前述したように，基本的な栽培技術については，参入初期に他地域の篤農家による指導により習得している。しかしながら，土壌・天候などの自然条

件は，地域ごと，または，栽培年次により大きく異なり一様ではない。また，近年の異常気象や温暖化の影響で栽培手法もそれに併せて対応させる必要がある。キューサイファーム島根では，その対応策として，作業記録のデータベースを用いている。このデータベースは，現場で得られた栽培・作業記録を電子化し蓄積することで，栽培計画やほ場ごとの栽培管理に活用しようというものである。データベースの内容は，株サイズ，収量，土壌分析結果，作業記録など多岐にわたり，トライアンドエラーを繰り返しながら多くの従業員の手によって構築されている。また，このデータベースが，経験年数の浅い従業員に対して，栽培管理の目安となるだけでなく，技術継承や栽培部門の人材育成にも大きく貢献している。

2) 経営理念・計画の意義

当社には明文化された経営理念や計画が存在する。経営計画については，部門ごとに品質目標が示され，それを達成するための行動目標が設定されている。これら経営計画については，企業経営一般において広く用いられるところであるが，当社が特に重要視しているのが，経営計画の上段に位置する経営理念・方針に関する教育・指導である。

当社の現在の従人員数は，235名（役員含む）であり，そのうち派遣社員や期間雇用が206名存在し，会社全体の88％を占める。このように，正規以外の職員が大半を占め，また，近年従業員数が増加するなかで，品質・行動目標の本質的な意義を示す経営理念・方針が全ての従業員へ伝わりにくい環境にある。しかしながら，これら経営理念・方針の教育・指導の徹底が図られなければ，作業態度や商品品質など経営全般に悪影響を与えると認識されており，最優先に取り組むべき課題として捉えられている。

このように，当社の経験上，現場段階で設定されるアクションプランの本質的な意味・意義を全従業員へ指導することは，計画を効果的・効率的に進めていく上で重要であり，従業員を多く抱える組織では，経営理念・方針を含めた指導の実施及び体制づくりが重要なポイントになるといえる。

(4) ビジネスモデルとリスク管理

第15-5図に，キューサイファーム島根のビジネスモデル[注9]概念図を示

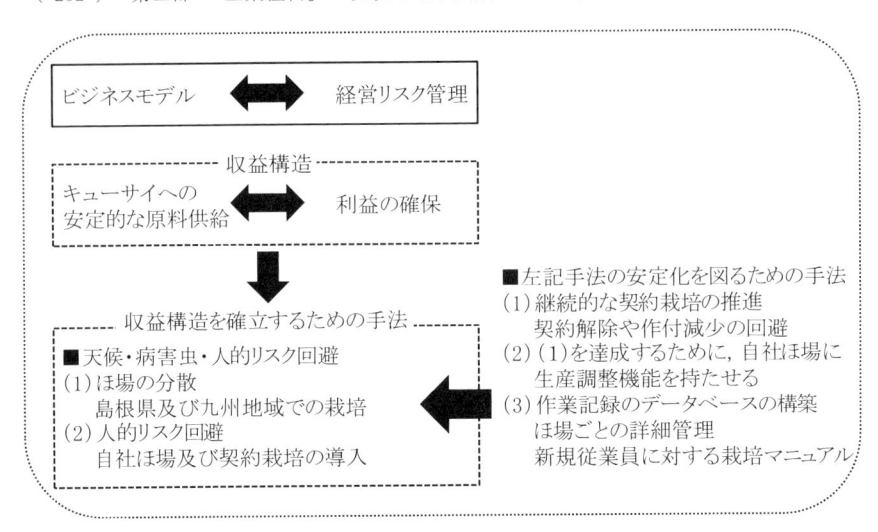

第Ⅲ部 「企業経営」の現状と地域農業における役割

```
┌─────────────────────────────────────────────────┐
│  ┌──────────────┐      ┌──────────────┐         │
│  │ ビジネスモデル │◄────►│ 経営リスク管理 │         │
│  └──────────────┘      └──────────────┘         │
│                                                 │
│     ┌─ ─ ─ ─ ─ ─収益構造 ─ ─ ─ ─ ─┐              │
│     │ キューサイへの                │              │
│     │ 安定的な原料供給 ◄──► 利益の確保 │           │
│     └─ ─ ─ ─ ─ ─ ─ ─ ─ ─ ─ ─ ─ ─┘              │
│                  │                              │
│                  ▼                              │
│  ┌─ ─ 収益構造を確立するための手法 ─ ┐  ■左記手法の安定化を図るための手法 │
│  │ ■天候・病害虫・人的リスク回避  │    (1) 継続的な契約栽培の推進     │
│  │ (1) ほ場の分散                │         契約解除や作付減少の回避   │
│  │    島根県及び九州地域での栽培  │◄── (2)(1)を達成するために，自社ほ場に│
│  │ (2) 人的リスク回避            │         生産調整機能を持たせる    │
│  │    自社ほ場及び契約栽培の導入  │    (3) 作業記録のデータベースの構築 │
│  └─ ─ ─ ─ ─ ─ ─ ─ ─ ─ ─ ─ ─ ─┘         ほ場ごとの詳細管理      │
│                                           新規従業員に対する栽培マニュアル│
└─────────────────────────────────────────────────┘
```

第 15-5 図　キューサイファーム島根のビジネスモデル概念図
資料：聞き取り調査より作成。

した。当社の設立目的は，健康食品の製造販売会社であるキューサイへ加工原料を安定的に供給することにある。したがって，販路は参入時に既に定まっており，キューサイの販売戦略に従い，過不足なく原料を提供することが最も重要な使命である。これら，生産から販売にかかるビジネスモデルは，キューサイファーム島根のみで完結するものではなく，親会社及び関連会社間の仕組みとして捉える必要がある。そのようななかで，あえて生産部門であるキューサイファーム島根のみを照射し，生産部門のビジネスモデルとして示すならば次のようである。すなわち，生産部門からの安定供給を可能とするビジネスモデルとして，第 1 に，生産圃場の分散（同地域以外での作付）による天候，病害虫及び人的リスクの回避である。そして，第 2 に，それを達成するための手法として，契約栽培面積（農家数増加も含む）の増加と，それらを維持するための継続的な栽培契約の取り組みである。また，第 3 に，圃場ごとの詳細管理が可能となり，かつ，栽培マニュアルとしても利用できる作業記録データベースの構築である。以上の 3 点が生産部門の安定化を経営目的とした当社のビジネスモデルとして示すことができる。

　また，以上の 3 点については，ビジネスモデルでもあり，一方で，農場管

理，農業経営のリスク管理手法としても捉えることができる。例えば，当社では，近年契約栽培面積を増加させる方向にあり，2006年に10〜15ha程度であった契約栽培面積を2009年には55haまで増加させている。この間，自社農場面積は一定で保ちつつ，生産拡大を契約栽培の増大により達成している。つまり，同地域以外での作付拡大という手法を推し進めることにより，天候・病害虫及び人的リスクからの回避を図ることで農業経営のリスク管理をおこなっているのである。さらに，生産量の調整を伴う販売部門や需要動向の変化に対しては，自社農場の作付面積を変動させることで対応し，契約栽培農家の契約解除や作付減少に繋がらない仕組みを整えている。このことは，自社農場が生産量調整のバッファーとして機能し，契約栽培農家の離脱（生産基盤の脆弱化）を防ぐ役割を担っていることを示している。

(5) 安定経営に向けた経営管理の要点

以下では，事例分析から抽出された安定経営に向けた経営管理の要点について示す。

経営管理の要点として，第1に，安定生産を図る仕組みづくりがあげられる。キューサイファーム島根では，それを契約栽培の推進という形で達成しており，自社農場に生産調整機能を担わせることで，契約栽培農家の離脱を防ぎ，農家数及び面積を確保している。また，このことは，ほ場の分散による天候・病害虫・人的リスク管理を同時に達成するものでもあり，安定生産及び収益構造を確立する上で，当社の重要な手法となっている。とりわけ，参入企業の多くが収量・品質面などの技術的課題を抱えているなかで[注10]，安定生産や経営リスク回避の視点から本手法は示唆に富んでいる。

第2に，安定生産を支える技術的基盤となる作業管理データベースの構築である。このデータベースにより，ほ場ごとの詳細管理を実現しており，併せて，経験年数の浅い従業員に対する技術マニュアルとして機能している。特に，非正規社員を多く抱える当社では，このデータベースの存在は，安定生産を達成する上で重要であると認識されている。従業員の大幅増加を伴う経営発展段階にある参入企業にとって，安定生産に取り組む上で参考になる手法といえる。

そして，第3に，従業員に対する経営理念及び方針の教育・指導である。

本事例のように従業員（特に期間雇用）を多く抱える企業では，現場段階において，品質目標や行動目標は周知されるものの，その本質的意義を説明した経営理念・方針までは十分に周知されているとはいい難いのが実態である。しかしながら，品質・行動目標達成のためのアクションプランを効率的・効果的に進めるためには，その上段に位置する経営理念・方針を全従業員がすべからく理解することが肝要である。当社では，これら経営方針に関する従業員教育を企業成長・発展を左右する重要課題と位置付けており，多数の従業員数を抱える企業，または，従業員の増加を伴う経営発展段階にある企業でも同様に，組織運営上の重要な課題になると考えられる。

4．食品企業参入の地域農業における役割―むすびにかえて―

　まず，地域農業における役割を論ずる前に，本章の論点である，参入企業経営の継続性について整理しておく。事例分析で取り上げたキューサイファーム島根は，年々売上高を増加させており，参入5年目で黒字経営に転じている。その間，事業規模の拡大に伴い，人員増加を図るなど，組織内部の整備も併せて実施している。当社の現状は，商品ニーズの変化に伴い，新商品の生産に向けた転換期に位置付けられるが，需要の変化に対応するための設備投資をおこなうなど，経営発展・拡大へ向けた動きに余念がなく，継続性を十分に有した経営が展開されていると判断できる。しかしながら，一部で食品企業の農業参入からの撤退がみられるなか，今後は，多くの事例分析を通じた研究蓄積をもとに，多様なビジネスモデルが存在するであろう食品企業の農業参入において，適切な処方箋を示すことが求められる。

　そのような中で，本章で示したキューサイファーム島根では，契約栽培の導入や地域雇用の創出など，地域と上手く連携し，互いに補いながら共栄の道を歩んできており，また，それこそが，当社のビジネスモデルであり，一方で，リスク管理手法として機能している点は多くの示唆に富む。

　最後に，食品企業参入の地域農業における役割について言及しておく。筆者らの調査では，参入企業に対し，市町村担当者の多くが「地域農業の中核的役割・機能」や「雇用の受け皿」へ期待していることが明らかとなった[注11]。つまり，参入企業の受け入れ側である地域農業の期待は，地域経済効果を発現するようなインパクトのある参入であるといっていい。本事例では，企業

参入により，①農地の有効活用が図られただけではなく，②周辺農家との契約栽培を導入し新規作物の産地化を図り，尚かつ，③栽培部門及び加工部門で新たな雇用を創出するなど，地域経済へ対し多くのプラス効果を発現させているという点で，地域農業の期待に応える取り組みと評価できる。

しかしながら，契約農家の高齢化により，当社のビジネスモデルの肝である"継続・安定した契約栽培の推進"に関して若干の不安が残る。今後は，安定的な生産量を確保するための新規契約農家の確保，とりわけ，若手農業者をどう取り込んでいくのか，が焦点になると思われる。また，本事例のような契約栽培を取り入れた生産体制の構築は，天候・病害虫・人的リスクの回避という経営のリスク管理においても有効であり，特に，安定的な原料生産・供給を企業命題とする食品企業の参入においては，これからも多くの企業で取り入れられるであろう経営手法と考えられる。したがって，そのビジネスモデルを支えるために必要な産地維持・育成を含めた経営手法の確立が食品企業の参入において安定経営を達成するための重要なポイントになると考えられる。一方，これは地域農業の側面からみれば，食品企業へ期待する大きな役割ということになろう。これら産地維持・育成については，企業及び地域農業双方にメリットのある事柄であるため，今後は企業と地域農業がより強く連携し，互いに共栄する道を模索することが必要であると思われる。

注：1）室屋[4]は，大手食品企業の農業参入における優位性として，フードシステムを通じたリスク吸収という側面を指摘している。

注：2）例えば，山本・竹山[7]は，島根県における食品企業の農業参入においては，全て加工原料の内製化を目的とした参入であることを紹介している。

注：3）例えば，食品企業の参入概況や経営実態について示したものとして，室屋[4]，[5]，盛田[6]がある。しかしながら，企業経営実態を時系列に捉え，企業の経営発展過程を財務数値などの客観的経営データを用いながら整理したものはほとんどみられない。

注：4）参入経過年数と経営実績の関係について，澁谷[2]は，アンケート調査から参入企業が経営黒字化を達成するのに平均 7.6 年要し，参入年数の経過とともに，経営状況が良化することを明らかにしている。また，山本・竹山[7]，山本[9]は，島根県における参入企業へのアンケート調査から，経過年数とともに経営状況が良化する傾向を明らかにしている。

注：5）島根県における参入企業支援の取り組み経過については，青戸[1]を参照されたい。

注：6）調査の詳細は，山本・竹山[7]，山本[9]を参照されたい。

注：7）各企業に計画目標と比較した現状の経営評価を，「目標以上」，「概ね目標どお

り」，「目標をやや下回る」，「大幅に目標を下回る」の 4 つの指標から選択してもらい，それらの評価と業種及び経過年数との関係をコレスポンデンス分析を用いて示した。なお，分析には，回答の得られた 28 社のデータを用いている。

注：8） 建設業からの参入企業においても，経営実績の良好な企業は存在し，ここでは全体傾向を示したに過ぎない。なお，経営実績（評価）別にみた企業の特徴を技術・販売・組織的対応の 3 つの視点から整理したものとして，山本[9]がある。経営良好企業と不良企業の差異については，そちらを参照されたい。

注：9） ビジネスモデルとは，日本農業経営学会農業経営学術用語辞典編纂委員会[3]によれば，「売上や利益を獲得するためのビジネスのしくみ」と定義されている。本稿では，この定義にもとづき，キューサイファーム島根の収益最大化を図るしくみ（具体的には，キューサイへの安定的な原料供給を達成するしくみ）をビジネスモデルとして捉えている。

注：10） 山本・竹山[7]では，参入企業の経営実績の低迷が，技術的要因によるものであることを指摘しており，経営実績が不良なほど，収量や品質などの栽培技術的課題を経営低迷要因とする傾向を明らかにしている。

注：11） 参入企業の評価を受け入れ地域側の視点から分析したものとして，山本・竹山[8]がある。山本・竹山は，島根県内全市町村へのアンケート調査から，参入企業へ期待する効果として，「施設園芸の担い手」，「地域農業の中核的役割・機能」「雇用の受け皿」への期待が大きいことを明らかにしている。

［参考・引用文献］

[1]青戸貞夫（2011）：「地域農業からみた企業参入の意義と展望」，『農業および園芸』，86（1），pp. 131-142.
[2]澁谷往男（2007）：「地域中小建設業の農業参入にあたっての企業意識と課題」，『農業経営研究』，45（2），pp. 23-34.
[3]日本農業経営学会農業経営学術用語辞典編纂委員会編（2007）：『農業経営学術用語辞典』，農林統計協会，pp. 199.
[4]室屋有宏（2004）：「株式会社の農業参入―事例にみる現状とその可能性及び意義について―」，『農林金融』，2004.12, pp. 38-60.
[5]室屋有宏（2005）：「株式会社が取り組む有機農業」，『調査と情報』，2005.5, pp. 5-10.
[6]盛田清秀（2006）：「食料産業の農業参入と農地制度の課題」，『農業経営の持続的成長と地域農業』，養賢堂，pp. 66-78.
[7]山本善久・竹山孝治（2008）：「農業への参入企業の経営実態からみた経営低迷要因と課題」，『近畿中国四国農研農業経営研究』，18, pp. 13-23.
[8]山本善久・竹山孝治（2009）：「農業への企業参入に関する市町村担当者の評価と意識特性」，『島根県農業技術センター研究報告』，39, pp. 25-30.
[9]山本善久（2010）：「農業への企業参入における経営実態と経営評価別にみた企業の特徴」，『農業経営研究』，48（2），pp. 101-106.

あとがき

　本書は，日本農業経営学会が，平成21年度および22年度に実施した企業農業経営に関する下記2回の研究大会シンポジウムの成果に加えて，学会員による関連研究成果も含めて，「次世代土地利用型農業と企業経営」に関する研究成果として体系的に取りまとめたものである．具体的には，本書第I部および第II部については，学会誌『農業経営研究』（第47巻第4号および第48巻第4号）に掲載されたシンポジウム座長解題およびシンポジウム論文に，その後の最新の動向などの加筆修正を加えて収録している．また，第III部については，大会シンポジウム・コメンテータおよび平成22年度研究大会地域シンポジウム（下記参照）の成果と共に，『農業および園芸』の企業農業経営の特集（下記参照）のうち学会員による成果に基づき，これらを再構成すると共に解題を加えて収録している．なお，序章については，本書全体の問題意識と内容・構成を解説すると共に，本書における主要用語解説を行うため書き下ろした．

　上記の両研究大会については，以下の第14期役員（平成20年9月～22年9月）が担当した．新山陽子会長（京都大学），増渕隆一副会長（農業・食品産業技術総合研究機構），樋口昭則副会長（帯広畜産大学）のご助言を得ながら，企画担当副会長が中心となってシンポジウム・テーマ案の選定および座長の人選を行い，理事会等の了承を経て決定されたものである．

　本書誕生の契機となった大会シンポジウムのテーマ選定に至った経緯を以下に要約的に紹介する．平成22年度に企業の農業参入を大会シンポジウムのメインテーマとして取り上げることについて，会員の中には時期尚早ではないかとの意見もあった．また，平成23年度に企業経営をメインテーマとして取り上げることについては，家族経営の軽視につながるのではないかとの懸念もあった．こうした意見や懸念は，農業内部においては主に家族経営とその組織が大勢を占めていることから，ある意味では当然のものである．

　その一方で，農業外部からの企業参入が社会的に大きな注目を集め，一部の報道等では，農業内部には生業的な家族経営しか存在せず，内発的発展が期待できないかのような誤解が生じていた．現実には，農業内部からも家族経営が発展して，参入企業の経営戦略や事業規模と比較しても全く見劣りし

ない農業経営が存在している。ただし，こうした農業経営についても，農業内部では「企業的経営」という用語を使うことが多い。これは，今までの研究蓄積との関連もあり，また，「企業」という用語についての理解が，農業内部と農業外部で違いがあるためでもある。さらに言えば，農業外部においても，一般の新聞・雑誌やTVなどの報道，そして一般の経営学や経済学においても，「企業」という用語に対する理解は，一つではないであろう。

こうした用語の問題をも含めて，農業経営の発展過程と最新の動向について，その事実を体系的に整理すると共にその意味を吟味し，さらに，次世代の農業経営についての見通しとあるべき姿について考察することは，日本農業経営学会の果たすべき社会的使命の一つであろう。こうした意気込みが，どの程度達成されたかは甚だ心もとないが，本書が契機となり，次世代の農業経営についての研究が深化し，農業内外の方々の相互理解に多少なりとも貢献できれば，望外の幸せである。

無論，今後さらに研究蓄積が必要な課題も残されているが，これらについては，特に若手研究者の果敢な挑戦を期待したい。なお，本書は，学術的な専門書ではあるが，第Ⅲ部では現地の写真なども収録して，農業にあまり馴染みのない方々や学生達にも企業農業経営について，できるだけ具体的なイメージをもって頂けるように配慮している。

最後に，本書編纂の契機となった平成21年度および22年度の日本農業経営学会シンポジウムの実施にご尽力頂いた座長，報告者，コメンテータの方々をはじめ，大会開催校実行委員会の方々，学会役員の方々に，改めて厚く御礼を申し上げたい。また，本書の編纂に多大のご尽力を頂いた編纂委員の方々，原稿ご執筆を頂いた方々，『農業および園芸』特集にご執筆頂いた方々，関連調査等にご協力頂いた関係者の方々にも心から御礼申し上げる。なお，商業ベースにのりにくい本書刊行を快くお引き受け頂いた（株）養賢堂および同編集部小島英紀氏にも感謝の意を表したい。

日本農業経営学会・第14期副会長（企画担当）
本書編纂委員会委員長
南石晃明

[本書各章が基づいている初出論文等]

　本書が基づいている日本農業経営学会学会誌および研究大会シンポジウム・地域シンポジウムを以下に示す。なお，日本農業経営学会については，学会 Web サイト（http://fmsj.ac.affrc.go.jp/）を参照されたい。

平成 21 年度日本農業経営学会研究大会（『農業経営研究』第 47 巻第 4 号収録）
　日程：2009（平成 21）年 9 月 19 日（土）～9 月 21 日（月・祝）
　第 2 日　9 月 20 日（日）　シンポジウム　9：00～17：00
　会場：東京農業大学世田谷キャンパス（東京都世田谷区桜丘 1-1-1）
　テーマ：農業における企業参入の現状と展望
　座長：木南　章（東京大学）・木村伸男（岩手大学）
　報告；
　第 1 報告：農業への企業参入をめぐる動向　清野英二（全国農業会議所）
　第 2 報告：企業による農業ビジネスの実践と課題　薆和　章（ファーストファーム（株））
　第 3 報告：地域農業と企業との連携関係の構築　仲野隆三（富里市農業協同組合）
　第 4 報告：農業における企業参入のビジネスモデル　渋谷往男（三菱総合研究所）
　コメント：小松泰信（岡山大学）・内山智裕（三重大学）・森嶋輝也（北海道農業研究センター）

平成 22 年度日本農業経営学会研究大会（『農業経営研究』第 48 巻第 4 号収録）
　日程：2010 年（平成 22 年）9 月 16 日（木）～9 月 19 日（日）
　9 月 18 日（土）　シンポジウム　9：30～17：00
　会場：秋田県立大学秋田キャンパス（秋田市下新城中野字街道端西 241-438）
　テーマ：農業における「企業経営」の可能性と課題
　座長：南石晃明（九州大学），土田志郎（東京農業大学）
　報告；
　第 1 報告：農業における「企業経営」発展の論理と展望　酒井富夫　（富山大学）
　第 2 報告：農業における「企業経営」の実態と課題—経営実務の視点から—　佛田利弘（（株）JAMM）
　第 3 報告：農業における「企業経営」の経営展開と人的資源管理の特質—水田作経営を対象にして—　迫田登稔（東北農業研究センター）
　第 4 報告：農業における「企業経営」と「家族経営」の特質と役割　内山智裕（三重大学）

コメント：金岡正樹（九州沖縄農業研究センター）・前山　薫（岩手県農業研究センター）・淡路和則（名古屋大学）

9月17日（金）　　地域シンポジウム　13:00～17:00
テーマ：経営革新による地域農業の発展 ― 消費者・関連産業との提携 ―
座長：津田　渉（秋田県立大学）・長濱健一郎（秋田県立大学）
報告：
第1報告：変わる秋田のコメビジネス　藤岡茂憲（（有）藤岡農産代表取締役）
第2報告：旧村型集落営農法人のチャレンジ　工藤　修（農事組合法人たねっこ代表）
第3報告：「地域に根ざした6次産業を目指して，鈴木幸夫（（株）秋田ニューバイオファーム代表取締役）
第4報告：食と農の未来を拓く流通システムの創造，増島昭雄（横浜丸中青果株式会社常務取締役・南部支社長，物流本部長）
第5報告：食をキーワードとした新たな経営の構築，梅津鐵市（（有）イズミ農園代表取締役）

　本書第Ⅲ部は，以下の特集のうち日本農業経営学会会員による成果の一部について加筆修正を行い収録している。「特集　農業における『企業経営』－家族経営発展と企業参入－」，『農業および園芸』，第86巻第1号，養賢堂，2011年．

農業における「企業経営」特集の目的と構成，南石晃明（九州大学大学院　農学研究院）
【解説編】
1. 農業における「企業経営」とイノベーション　南石晃明（九州大学大学院　農学研究院）
2. 農業の経営主体と法人・企業の政策的位置づけの変遷　谷脇　修（前・全国農業会議所事務局長）
3. 農業における企業参入の分類と特徴　渋谷往男（（株）三菱総合研究所）
4. 地域農業からみた企業参入の意義と展望　青戸貞夫（島根県　農林水産部　農業経営課）
5. 家族経営から発展した企業農業経営の現状　竹内重吉・南石晃明（九州大学大学院　農学研究院）
6. アメリカ農業にみる家族農場の変容と企業化実態　斎藤　潔（宇都宮大学　農学部）
【事例編Ⅰ：家族経営の発展事例】

1. 米生産・販売による大規模水田作経営の展開と従業員の能力養成－（有）フクハラ・ファームを対象として－　藤井吉隆（滋賀県農業技術振興センター）・福原昭一（（有）フクハラファーム　社長）
2. 米の生産・加工・販売による米ビジネス一貫経営－（株）大潟村あきたこまち生産者協会を対象として－　涌井　徹（（株）大潟村あきたこまち生産者協会　代表取締役）
3. 契約栽培による大規模畑作経営－（株）さかうえを対象として－　坂上　隆（農業生産法人（株）さかうえ　代表取締役）
4. 先端施設による大規模野菜苗生産型経営－（株）ベルグアースを対象として－，河野　靖（愛媛県農林水産研究所）・山口一彦（（株）ベルグアース　代表取締役社長）

【事例編Ⅱ：企業参入の事例】
1. 食品企業の農地リース方式による農業参入－（株）関谷醸造を対象として－大仲克俊（（社）JA総合研究所）
2. 食品産業の農業参入における経営発展過程とビジネスモデル－（株）キューサイファーム島根を対象として－　山本善久・竹山孝治（島根県農業技術センター）・津森保孝（島根県農林水産部農業経営課）
3. 農業生産法人設立による建設業からの企業参入－（有）あぐりを対象として－河野　靖（愛媛県農林水産研究所）・大森孝宗（（有）あぐり　事業部長）
4. 農作業受託による運輸業からの企業参入－三星アグリサポート（株）を対象として－　市川　治（酪農学園大学）・大場裕子（酪農学園大学大学院）

編纂委員（責任編集者）および執筆者紹介

編纂委員（責任編集者）

南石晃明　九州大学大学院農学研究院・教授（序章，第Ⅰ部解題，第Ⅲ部解題，第9章，第14章，あとがき）

土田志郎　東京農業大学国際食料情報学部・教授（序章，第Ⅰ部解題，第Ⅲ部解題）

木南　章　東京大学大学院農学生命科学研究科・教授（第Ⅱ部解題）

木村伸男　岩手大学農学部・名誉教授（第Ⅱ部解題）

各章執筆者

門間敏幸　東京農業大学国際食料情報学部・教授（まえがき）

酒井富夫　富山大学極東地域研究センター・教授（第1章）

佛田利弘　株式会社ジャパン・アグリカルチャー・マーケティング＆マネジメント・代表取締役副社長（第2章）

迫田登稔　農業・食品産業技術総合研究機構中央農業総合研究センター・上席研究員（前・東北農業研究センター・主任研究員，第3章）

内山智裕　三重大学大学院生物資源学研究科・准教授（第4章）

清野英二　全国農業会議所新聞編集部・部長（第5章）

蓑和　章　ファーストファーム株式会社・代表取締役（第6章）

仲野隆三　富里市農業協同組合・常務理事（第7章）

渋谷往男　東京農業大学国際食料情報学部・准教授（第8章）

竹内重吉　九州大学大学院農学研究院・助教（第9章）

津田　渉　秋田県立大学生物資源科学部・教授（第10章）

長濱健一郎　秋田県立大学生物資源科学部・教授（第10章）

藤井吉隆　滋賀県農業技術振興センター・主査（第11章）

鬼頭　功　愛知県農業総合試験場・専門員（第12章）

淡路和則　名古屋大学大学院生命農学研究科・准教授（第12章）

金岡正樹　農業・食品産業技術総合研究機構北海道農業研究センター・上席研究員（前・九州沖縄農業研究センター・上席研究員，第13章）

河野　靖　愛媛県農林水産部農業振興局農産園芸課（前・愛媛県農林水産

研究所・主任研究員，第 14 章）
　山本善久　島根県農業技術センター・主任研究員（第 15 章）
　青戸貞夫　島根県西部農林振興センター浜田農業普及部・江津地域振興グ
　　ループ課長（前・島根県農林水産部農業経営課，第 15 章）
　竹山孝治　島根県農業技術センター・専門研究員（第 15 章）
　津森保孝　島根県農林水産部農業経営課（第 15 章）

注）原稿執筆時点の所属が現職と異なる場合には，前職を併記している。

Agricultural enterprise in the next generation:

Development of family farming and entry from non-agricultural sector

|JCOPY| <（社）出版者著作権管理機構 委託出版物＞

2013

次世代
土地利用型農業と
企業経営

著者との申
し合せによ
り検印省略

©著作権所有

定価（本体3400円＋税）

発 行 所 株式会社 養賢堂

2011年 8月31日 第1版発行
2013年 6月20日 第2版発行

編 著 者 日本農業経営学会
　　　　　責任編集
　　　　　南石晃明・土田志郎
　　　　　木南　章・木村伸男

発 行 者 株式会社　養　賢　堂
　　　　 代 表 者　及 川　清

印　刷　者　星野精版印刷株式会社
　　　　　　責　任　者　入澤誠一郎

〒113-0033 東京都文京区本郷5丁目30番15号
TEL 東京(03)3814-0911 |振替00120|
FAX 東京(03)3812-2615 |7-25700|
URL http://www.yokendo.co.jp/
ISBN978-4-8425-0488-9　C3061

PRINTED IN JAPAN　　　　　製本所　株式会社三水舎

本書の無断複写は著作権法上での例外を除き禁じられています。
複写される場合は、そのつど事前に、（社）出版者著作権管理機構
（電話 03-3513-6969, FAX 03-3513-6979, e-mail:info@jcopy.or.jp)
の許諾を得てください。

YOKENDO